U0187420

智能制造类产教融合人才培养系列教材

智能制造数字化制造运营管理

郑维明　方志刚　吕平　编

机械工业出版社

本书作为智能制造类产教融合人才培养系列教材，以西门子工业软件相关技术平台为支撑。针对制造运营中多而杂的业务，本书从系统化的角度，从制造执行系统（MES）出发，用通俗易懂的语言让学生理解数字化制造运营管理（MOM）业务，涉及工艺准备、车间排产、质量管理、物料管理、现场执行、设备管理、绩效管理等内容，尽可能地从业务到流程，从系统到功能，从理论到实操都做对应的介绍与说明。

本书共分为11章，前8章为基础篇，学生通过学习与操作可以掌握MES的基本概念并具备基本的操作水平，能在日后快速加入到相关的项目中。第9章至第11章为高级篇，学生通过学习与操作可以具备系统的配置能力，以及进行相关功能的扩展。在学习并掌握好对应的知识之后，学生可以顺利地参与到对应的数字化项目中，帮助企业从业务的视角出发，用数字化的思维来提出解决方案。

本书可以作为高等职业院校和职业本科院校机械、模具、汽车类相关专业教材，也可供从事产品设计和制造的技术人员使用。

为便于教学，本书配套有电子课件、制造运营系统扩展、自定义操作和接口开发调用更高级篇的电子样章等教学资源，凡选用本书作为授课教材的教师可登录 www.cmpedu.com 注册后免费下载。

图书在版编目（CIP）数据

智能制造数字化制造运营管理/郑维明，方志刚，吕平编 . —北京：机械工业出版社，2022.9
智能制造类产教融合人才培养系列教材
ISBN 978-7-111-71181-0

Ⅰ.①智… Ⅱ.①郑…②方…③吕… Ⅲ.①智能制造系统－高等职业教育－教材 Ⅳ.①TH166

中国版本图书馆 CIP 数据核字（2022）第 121509 号

机械工业出版社（北京市百万庄大街22号 邮政编码100037）
策划编辑：黎 艳 责任编辑：黎 艳
责任校对：李 杉 贾立萍 封面设计：张 静
责任印制：任维东
北京玥实印刷有限公司印刷
2022 年 10 月第 1 版第 1 次印刷
184mm×260mm · 22.25 印张 · 561 千字
标准书号：ISBN 978 - 7 - 111 -71181-0
定价：69.00 元

电话服务 网络服务
客服电话：010 - 88361066 机 工 官 网：www.cmpbook.com
010 - 88379833 机 工 官 博：weibo.com/cmp1952
010 - 68326294 金 书 网：www.golden-book.com
封底无防伪标均为盗版 机工教育服务网：www.cmpedu.com

西门子智能制造产教融合研究项目
课题组推荐用书

编写委员会

白光皓　余永畅　朱利刚　李　涛　杨恒德　黄娅华
李艳飞　陈为胜　李凤旭　熊　文　张　英　许　淏

编写说明

为贯彻中央深改委第十四次会议精神，加快推进新一代信息技术和制造业融合发展，顺应新一轮科技革命和产业变革趋势，以智能制造为主攻方向，加快工业互联网创新发展，加快制造业生产方式和企业形态根本性变革，同时，更好提高社会服务能力，西门子智能制造产教融合课题研究项目近日启动，为各级政府及相关部门的产业决策和人才发展提供智力支持。

该项目重点研究产教融合模式下的学科专业与教学课程建设，以数字化技术为核心，为创新型产业人才培养体系的建设提供支持，面向不同培养对象和阶段的教学课程资源研究多种人才培养模式；以智能制造、工业互联网等"新职业"技能需求为导向，研究"虚实融合"的人才实训创新模式，开展机电一体化技术、机械制造与自动化、模具设计与制造、物联网应用技术等专业的学生培养；并开展数字化双胞胎、人工智能、工业互联网、5G、区块链、边缘计算等领域的人才培养服务研究。

西门子智能制造产教融合研究项目课题组组建了教材编写委员会和专家指导组，在专家和出版社编辑的指导下有计划、有步骤、保质量完成教材的编写工作。

本套教材在编写过程中，得到了所有参与西门子智能制造产教融合课题研究项目的学校领导和教师的积极参与，得到了企业专家和课程专家的全力帮助，在此一并表示感谢，希望本套教材能为我国数字化高端产业和产业高端需要的高素质技术技能人才的培养提供有益的服务与支撑，也恳请广大教师、专家批评指正，以利进一步完善。

西门子智能制造产教融合研究项目课题组　郑维明
2020 年 8 月

前　言

　　制造业朝着工业4.0的方向发展，是以数字化建设为基础朝着智能化前进。做好制造业的数字化，其中重要的一点就是培养数字化的专有人才。打造数字化企业，是构建工业互联网的第一步，工业企业的高度复杂性意味着企业的数字化转型需要"量体裁衣"。本书的目的是培养专有人才具备这种"量体裁衣"的能力，通过制造运营管理（Manufacturing Operation Management，MOM）打通产品研发、工艺规划与自动化领域之间的鸿沟，通过MOM打造从客户订单下发、生产计划排产到生产执行、计划执行反馈的闭环管理，以数字方式实现阶段的转型，帮助企业完成全面的数字化策略，将自身产品和生产生命周期进行整合。

　　MOM产品组合需要能够对各种生产相关元素进行数字化，包括工艺规划、工艺准备、排程、制造执行、质量管理、物料协同、设备管理和智能制造。通过搭配使用这些解决方案，将焦点置于稳步提升生产率与弹性、缩短产品上市时间，对生产流程进行优化并提升运营成效。

　　本书系统地讲述了制造运营的理论知识，用通俗易懂的语言使读者快速理解制造的业务；循序渐进地安排实践操作内容，从基本的操作到简单的配置，都有详细的说明。

　　西门子工业软件有限公司不仅是工业4.0的倡导者，更是工业领域实践的排头兵，它提供了数字化企业所必需的多学科专业领域最广泛的工业软件和行业知识，涵盖机械设计、电子及自动化设计、软件工程、仿真测试、制造规划、制造运营等方面，帮助学校建立可以同时满足科研、实训与企业服务的产教融合平台。结合本书，西门子工业软件有限公司将提供对应的视频材料、操作环境等，希望读者在学习并掌握好对应的知识之后，可以顺利地参与到数字化项目中，快速上手数字化项目中用到的工具或系统，帮助企业从业务的视角出发，用数字化的思维来提出解决方案。

　　由于编者水平有限，书中不妥之处在所难免，恳请读者批评指正。

编　者

目　录

第1章

制造运营管理概述

1.1 制造运营管理行业术语

制造运营管理行业术语见表1-1。

表1-1 制造运营管理行业术语

序号	缩写	全称	中文解释
1	Opcenter	Operation Center	西门子 MOM 平台名称
2	OpcenterCR	Operation Center Core	西门子 MOM 平台核心
3	MOM*	Manufacturing Operation Management	制造运营管理
4	APS	Advanced Planning & Scheduling	高级计划与排程
5	AP	Advanced Planning	高级计划
6	AS	Advanced Scheduling	高级排程
7	MPS	Master Production Schedule	主生产计划
8	MRP	Material Requirement Planning	物料需求计划
9	MES	Manufacturing Execution System	制造执行系统
10	WIP	Work In Process	在制品
11	SOP	Standard Operating Procedure	标准作业程序
12	QMS	Quality Management System	质量管理系统
13	IQC	Incoming Quality Control	来料质量控制
14	SPC	Statistical Process Control	统计过程控制
15	PDM	Product Data Management	产品数据管理
16	PLM	Product Lifecycle Management	产品生命周期管理
17	ERP	Enterprise Resource Planning	企业资源计划
18	WMS	Warehouse Management System	仓库管理系统
19	WCS	Warehouse Control System	仓储控制系统
20	AGV	Automated Guided Vehicles	自动导航小车
21	SCADA	Supervisory Control And Data Acquisition	数据采集与监视控制
22	DNC	Distributed Numerical Control	分布式数控
23	RFID	Radio Frequency Identification	无线射频识别
24	PMC	Product Material Control	生产计划与生产进度的控制

1.2　制造运营管理 MOM 背景

在介绍 MOM 之前，需要先了解 MES。MES 即制造执行系统，英文全称是 Manufacturing Execution System。1990 年 11 月，美国先进制造研究中心 AMR（Advanced Manufacturing Research）提出了 MES 概念，旨在加强 MRP 计划的执行功能，把 MRP 计划通过执行系统与车间作业现场控制系统联系起来。1997 年，MESA（制造执行系统协会）提出了 MES 功能模型和集成模型，其中包括 11 个功能模型，同时规定，产品只要具备其中的几个模型，也属于 MES 系列的单一功能产品。

20 世纪 90 年代初期，中国就开始展开 MES 以及 ERP 的跟踪研究、宣传或试点，而且提出了"人、财、物、产、供、销"等具有中国特色的 CIMS、MES、ERP、SCM 等概念。国内最早是在 20 世纪 80 年代原宝钢集团有限公司从西门子工业软件有限公司（简称西门子公司）引进的 MES。国内工业信息化基本上是沿着西方工业国家的道路前进，很多企业、大学、研究院，甚至于国家、省、市级政府主管部门都开始跟踪、研究 MES。

美国仪器、系统和自动化协会（Instrumentation，System，and Automation Society，ISA）于 2000 年开始发布 ISA-SP95 标准，首次定义了制造运营管理（Manufacturing Operations Management，MOM）的概念，为制造运营管理划定了边界范围，更明确了该领域研究对象和内容的主要方向，确立并定义了在产品、计划、生产、质量、资源等主要运行区域的基础活动模型。

1.2.1　制造运营管理的概念

ISA 对 MOM 的定义是：通过协调企业的人员、机器、物料、环境等资源，将原料转化为产品的活动过程。它管理这个过程中使用哪些物料、设备、人等资源，在什么时间、什么地点、采用什么方式等进行生产活动。

1. 功能层次定位

ISA 以美国普渡大学企业参考体系结构（PERA）为基础，建立了企业功能层次模型。它将企业按功能划分为 5 层，并明确指出制造运营管理是企业功能层次模型中的第三层，定义为实现生产最终产品对应的工作流活动，包括协调、记录和优化生产过程等。制造运营管理的研究可划分为两个方向：一是针对制造运营管理的整体架构、主要功能模型、信息流等的定义；二是制造运营管理与外部系统（软/硬系统）之间的信息交互模型的定义。

2. 制造运营管理的整体架构

IEC/ISO 62264 国际标准参考美国普渡大学的 CIM 参考模型，给出了企业功能数据流模型，定义了与生产相关的 12 种基本模型及各个模型间相互的信息流。在此基础上，根据业务性质的不同，又将制造运营管理的内部细分为 4 个不同性质的区域，生成了制造运营管理模型，明确了制造运营管理的整体架构。

3. 基础信息资源定义

在明确了制造运营管理的范围、架构和信息交互模型的基础上，IEC/ISO 62264 国际标准建立了企业信息资源对象模型，以此构成企业信息的基础架构。即通过人员模型、物理模型、物料模型这 3 种基础资源模型来构建企业信息模型。使用这 3 种基础资源模型，加上参数模型和属性模型，进而建立生产过程模型。过程模型是指企业某一生产环节所需的原料、人、工装夹具等资源及生产所需的能力的要求，是生产过程的基本单元，所以过程模型对象是企业资源的基础单位。通过这些模型的组合使用，使制造运营管理与资源计划系统、及硬件系统之间的运营信息的交互有了模型的支撑，为制造运营管理与外部系统奠定了基础。

1.2.2 制造运营管理的目标

MOM 需要提供完整的制造运营管理解决方案，通过 MOM 打通产品研发、工艺规划与自动化领域之间的鸿沟，通过 MOM 打造从客户订单下发、生产计划排产到生产执行、计划执行反馈的闭环管理，以数字方式实现阶段的转型，帮助企业完成全面的数字化策略，将自身产品和生产生命周期进行整合。

MOM 制造运营管理产品组合需要能够对各种生产相关元素进行数字化，包括工艺规划、工艺准备、排程、制造执行、质量管理、物料协同、设备管理和制造智能。通过搭配使用这些解决方案，将焦点置于稳步提升生产率与弹性、缩短产品上市时间上，对生产流程进行优化并提升营运成效。

提升效率：MOM 提供对生产作业和质量管理的端对端能见度，将生产线的自动化作业设备和系统与产品开发、制造工程、生产和企业管理当中的决策者联系在一起。有了对生产的完整能见度，决策者可以快速识别产品设计和相关联的制造流程内需要改善的领域，并进行必要的营运调整，更顺畅且更高效地展开生产。

提高弹性，缩短上市时间：生产企业利用 MOM，可对其全球的生产流程进行统一的建模、可视化、最佳化、更新和协调；并收集生产数据、规划及排程、汇总，分析实时制造事件并做出响应。与 PLM、企业资源规划（ERP）和自动化进行整合，能够提供必需的生产流程弹性和扩充性，将异常处理能力最大化。企业经过全面优化的数字化策略为制造商提供了更充分的改善能力，使其能够快速对市场变化做出响应，并实现企业所需的创新。

1.2.3 《中国制造2025》规划

《中国制造 2025》是经国务院总理李克强签批，由国务院于 2015 年 5 月印发的部署全面推进实施制造强国的战略文件，是中国实施制造强国战略第一个十年的行动纲领。通过《中国制造 2025》行动纲领明确了坚持走中国特色新型工业化道路，以促进制造业创新发展为主题，以提质增效为中心，以加快新一代信息技术与制造业深度融合为主线，以推进智能制造为主攻方向，以满足经济社会发展和国防建设对重大技术装备的需求为目标，强化工业基础能力，提高综合集成水平，完善多层次多类型人才培养体系，促进产业转型升级，培育具有中国特色的制造文化，实现制造业由大变强的历史跨越。

在《中国制造 2025》中，制定了创新驱动、质量为先、绿色发展、结构优化、人才为本的五大基本方针；确立了从制造业大国向制造业强国转变，最终实现制造业强国的目标。

2015 年，中国已经成为世界第一大制造业国家，成为制造大国，但是我们还处于大而不强的阶段，跟世界强国相比，存在产品质量不高、产业产品竞争力不够等问题。随着《中国制造 2025》规划的制定和执行，大力发展智能制造，对于制造行业产品质量要求更高，企业间的竞争会更加激烈，质量可靠、成本低的产品未来将占据大量市场份额。这就要求企业的管理效率、信息化水平、自动化水平进行相应提升。

1.3 制造运营管理系统介绍

1.3.1 平台介绍

本书是基于西门子公司 MOM 产品中的 Opcenter Core 平台来进行介绍。Opcenter Core 解决方案可以监督、控制和同步协调全球生产，提供流程协同操作和最佳实践——带来最大的灵活性、最高品质的产品和更精简、更有效的操作，致力于实现最大的可配置性和构建面向服务的架构。Opcenter Core 的紧密集成解决方案套件包括行业特定、"开箱即用（OOTB）"应用程序和行之有效的实施方法，确保成功部署和尽快获利。超过 100 多家世界龙头企业，其中包括 AMD、Amkor、ASAT、康宁、日立、IBM、柯达、飞利浦和瑞萨电子等，正在使用这一平台。

Opcenter Core 前身是 Camstar。Camstar 于 1984 开发了第一个制造执行软件（MES）系统。1998 年，研发了企业制造执行系统的解决方案 InSite，为各种分布式生产设备的生产管理创建了一种最为灵活而可靠的方案，优化了资源配置，能快速地响应不断变化的情况，并将重要的制造信息实时地集成在一起。软件语言和结构等都基于国际通用企业信息交换标准 ISA – 95。西门子公司于 2014 年收购了 Camstar，并将 Camstar 整合至 Opcenter 中，能够提供一套更全面、覆盖行业更广的 MOM 方案组合，解决可追溯性、生产控制和企业级系统集成问题，以确保同时满足成本与交货周期两个目标。

1. Opcenter Core 平台总体描述

Opcenter Core 是西门子公司构建企业生产运营层面信息系统的通用平台。该平台基于 ANSI ISA – 95 标准开发。ISA – 95 标准由美国国家标准协会（ANSI）制订，它定义了通用的模型和相应术语，为系统能够更好地与企业的其他业务系统协同工作提供了有益的参考。

西门子 Opcenter Core 平台按照产品制造工艺规范对生产过程设定防错防呆机制，提供了一套从投入到产出全过程的完整行业功能全程监控产品。从人员、设备、工装夹具、物料、工艺及其参数、生产作业时间、异常处理等各方面实时地进行生产过程控制并保存完整的生产历史记录。基于生产历史数据，提供统计分析工具，为企业持续的生产过程改进提供充分的分析依据。

西门子根据 MOM 在各行各业的特性形成了不同的行业解决方案，例如针对半导体行业的半导体套件，针对高科技电子行业的电子套件，针对医疗器械行业的医疗套件，针对汽车行业的整车套件，针对大型装备行业的套件，以及针对食品、饮料行业的套件等。西门子通过"平台+套件"的模式来达到满足具体行业特点需求的解决方案，从而更好地应用到各个行业中。

2. Opcenter Core 平台特点

（1）多工厂支持　提供必要的实时可见性与控制来优化多个独立生产场所的生产工序。灵活的建模和配置选项既可使得每个工厂都能够保持所需程度的自主性，同时可采用统一的 MOM 平台，工厂与工厂之间的物料转移追踪可非常方便实现。

（2）高度可配置性　提供无与伦比的灵活性以及简化系统管理，快速提供制造运营中各种元素建模的工具——从设备、原材料到操作人员与生产过程都无须进行编程。西门子制造解决方案平台是高度可配置的应用程序，绝大部分的功能都可在系统内配置实现且无须编写代码，因此也降低了实施难度，提升了效率。

（3）强大扩展性　系统平台是基于 B/S 架构的制造执行系统，不仅能满足完整的企业工厂生产制造管理业务处理，而且可根据企业今后的发展和需求进行快速扩展，满足企业未来工厂生产业务的发展、重组与变革。

（4）内置开发工具　应用程序的所有组件都可以被再次扩展，通过使用"设计师（Designer）"工具复制及修改所有应用程序逻辑，可配置及定制开发服务，由平台自身集成的工具，即可满足对整个套件进行修改和开发。西门子提供高度灵活、高效率的用户界面配置工具（PortalStudio）及非常丰富的内嵌二次开发控件库。

（5）流程适应性　轻松地对工序流程进行配置，无须为了适应系统新需求而改变已经在企业中执行的生产流程。根据工序流程配置，系统可自动进行调整，以适应企业生产过程中不断变化的业务需求。

3. Opcenter Core 架构

Opcenter Core 平台架构如图 1-1 所示。

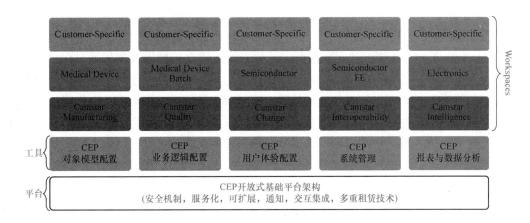

图 1-1 Opcenter Core 平台架构

（1）ISA-95 标准 系统设计完全基于 ISA-95 国际标准，定义了企业级业务系统与工厂车间级控制系统相集成时所使用的术语和模型。

（2）SOA 架构 采用先进的 SOA 架构，实现了系统的完全 SOA 化，包括系统应使用的 SOA 组件和生产执行系统应提供的服务等。

（3）分层架构 提供领先的四层体系架构，为客户实施 MOM 提供了开放、灵活和可拓展设置，是已验证的最成功的企业级 MOM 系统平台，为客户提供全面的数字化制造解决方案组合。

（4）100% 集成性 利用 MOM 解决方案将自动化设备、下一代制造架构、工厂实地操作、分布式系统、制造供应链以及面向客户的业务模式实现无缝整合。

（5）可靠的安全性 将安全功能与 Windows 和网络安全性紧密结合，从而提供了熟悉的界面来管理用户访问和管理权限。用户可以定义指定的角色组合，用于配置每一个用户特定的功能应用权限。

1.3.2 遵循标准

1. ISA-95 标准

国际标准化组织已经对 MES 功能做出明确的定义。首先是 MESA（Manufacturing Execution Systems Association），随后是 ISA（Instrumentation，Systems，and Automation Society），相继开发了相关模型，用于概述和标准化这类软件系统。

ANSI ISA-95 国际标准定义了企业级业务系统与工厂车间级控制系统相集成时所使用的术语和模型。该标准还定义了中间层 MES 应支持的一系列不同的业务操作。典型的 MES 环境能有效地帮助客户回答下述几个关键的生产问题：

（1）如何生产？

（2）可以生产什么？

（3）在什么时间要生产什么？

（4）在什么时间已经生产什么？

以上问题的解决分别可以参照 ISA-95 模型中的直接对应部分。这些问题可以概括为产品定义、生产能力、计划排产和生产绩效四个方面，体现了沟通控制级与企业级管理系统的基本业务流程。

2. 相关协议

（1）COM 接口　COM 即组件对象模型，是关于如何建立组件以及如何通过组件建立应用程序的一个规范，说明了如何可动态交替更新组件。它是微软公司为了电脑工业的软件操作更加符合人类的行为方式而开发的一种新的软件开发技术。在 COM 构架下，人们可以开发出各种各样的功能专一的组件，然后将它们按照需要组合起来，构成复杂的应用系统。一个 COM 程序只要其接口对外发布，则调用者可以很方便地实现两个程序的交互，而不必知道接口内部的逻辑细节。

（2）Microsoft. NET Framework　NET Framework 为微软新一代编程体系或架构，它是一个语言开发软件，提供了软件开发的框架，使开发更具工程性、简便性和稳定性。西门子 MES 所有有关的界面开发部分都是基于 Microsoft. NET Framework，易于开发和维护。

1.3.3　生产效益

MOM 提供了一整套解决方案，能够满足离散生产车间零件制造和复杂人工组装环境下制造运营的核心需求。通过对生产流程进行建模和定义，MOM 能够有效提高整个生产流程的能见度：

1）在产品设计与生产环境之间实现紧密的一致性和同步化。

2）能够在生产开始后引入产品设计变更。

3）通过作业指导来确保执行及时且正确。

4）在制品（WIP）的可追踪性、溯源和能见度，对于了解目前的生产状态及支持决策制定都是十分必要的。

5）产品偏差和不合规都能够得到最有效的管理，可与可客制化的判定和返工流程相结合。

6）支持行动性，各种装置都可用来作为客户端的现状。

1. 完整的 MES 解决方案

在当今的生产环境中，需要实时解决的管理问题数量大幅度增加，从而促进了 MES 从最初提供质量保证发展到覆盖车间管理中几乎每一个问题。加上更短的产品生命周期增加了制造车间的在制品数量，因此，更加需要实施更严格的车间控制，而传统的数据收集和监视方式已经不能处理当今的环境。

此外，在当今竞争异常激烈的环境中，制造商需要把握他们的生产情况，做出依据数据的决策并确保按照计划执行流程。为了满足当今制造环境的流动性，MES 应当成为一套融合追溯性、生产控制和企业级系统集成功能于一体的组合方案。

1）可追溯性：通过在生产过程中的实时数据收集，以及强大的报告功能来追溯产品和过程信息。

2）生产控制：通过在系统中加入各种制造规则，并在执行过程中实时校验工艺流程，从而可以实时减少差错，并改进关键绩效指标（KPI）。

3）企业级系统集成：通过标准应用程序接口，提供车间级信息或某个工厂信息或整个供应链信息与其他系统共享。

2. 管理现场：提供基于现场事实的决策支持能力

手工数据收集及基于孤立系统的质量管理不但延迟了根本原因分析，而且导致无效的"事后"改善措施和建议。通过从车间各个位置自动收集数据，包括直接从设备上解析数据，并以便于分析的方式显示数据，Opcenter 方案可以在失控之前纠正工艺流程。由于具有实时收集、通知和报警提供的扩展可视性，Opcenter 方案允许制造商基于实时数据做出决策，从而取得与众不同的成效。

3. 可追溯性：制造业行业发展的必然要求

环境与安全法规，例如 RoHS、WEEE 强制要求制造商自我申报是否符合法律要求并在需要时提供可追溯性查询，从而突出了可追溯性的必要性。如果发生了任何事故，可追溯性可以缩小产品召回的范围，从而有助于减少损失。提供可追溯性可以满足客户、市场以及法律规定的要求，从而大大提升了制造商的竞争优势。

4. 推行制造可追溯性的复杂性

当今许多情况下，制造业的动态是产品生命周期越来越短，而在车间同时生产的产品组合非常多。产品高度复杂化，零部件越来越精密、变化的趋势与快速迭代的新产品开发增加了发生质量事故的风险，而这些事故只能在后期最终用户使用环境中才能被发现。而且法规也要求制造商在产品推向市场之后，正确地获取并保留相关车间事件数据资料。在当今的制造环境中，传统纸张记录的方式不再履行可追溯性职能。

可追溯性查询的应用包括：

1）装配产品所用的零部件、工艺、作业、设备是否遵循了既定的标准？
2）质量事件是否影响到了整个制造工单，还是仅限于一个特定批次的零部件？
3）装配产品是否完整执行所要求的加工、检验流程？
4）产品成品的整体制造履历如何？

制造企业使用各种独立的车间系统无法满足这些类型的查询，因为在车间发生的事件数量大大增加，而传统的数据获取方式不再可行。在不断变化的生产环境中，要满足可追溯性要求，必须具备能够获取例外事件和集成数据共享的能力。

1.3.4 IT 效益

MOM 产品系列将用于开发和编制客制化使用案例的平台优势与预定义的行业特定原生功能相结合：

1）标准的行业特定功能可立即投入使用。
2）能够修改现有功能及开发新功能。
3）内建的扩充性，能够依据各个案例的需求量身打造和维护。
4）能够与外部和旧有 IT 系统连接和互动。

1.4 关于本书场景说明

本书基于西门子 Opcenter Core 平台，以电机的生产过程为例，通过明确学习目标、掌握理论知识、完成实践操作、再配合扩展知识，以西门子 MOM 平台为载体，使读者深刻学习制造运营管理的基本概念与管理思想。在具体的教学过程中将分初级和高级两个阶段，初级阶段主要涉及制造运营的基础数据准备、车间排产、物料管理、设备管理、现场执行、质量管理、绩效管理、系统设定、系统部署等内容，帮助读者初步掌握 Opcenter Core 平台；在高级阶段，通过高级配置、系统扩展、自定义操作界面、接口开发调用等内容来帮忙读者掌握更深层次的应用。

本书中主要以电机的生产过程为假设场景，有关场景的情况做以简单的说明。

1. 工厂情况

本场景涉及×××电机公司的零件工厂和总装工厂。零件工厂内分原料存放区、CNC加工区、钻床加工区、检测区以及零件（半成品）存放区。总装工厂包括原料存放区、两条总装线、成品存放区。各区域布局如图1-2所示。

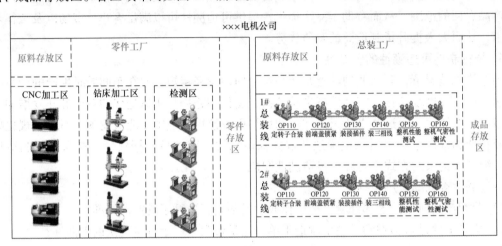

图1-2　×××电机公司工厂布局

2. 生产产品情况

该公司主要产品是电机，从产品的角度，电机分为很多系列，以电机E系列为例，涉及的零部件有壳体、定子组件、转子组件、接插件等。其中壳体由零件工厂通过铸造毛坯精加工生产而成，定子组件以及转子组件由外协厂商生产完成后送至工厂，接插件由供应商生产完成后送至工厂。产品结构简图如图1-3所示。

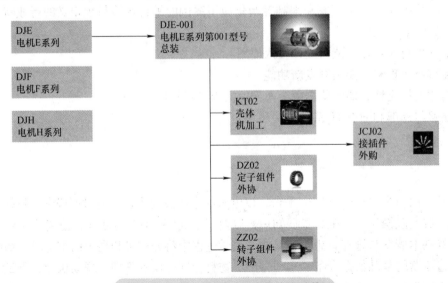

图1-3　×××电机公司电机产品结构

主要系统业务流程：

1）工厂接到 E 系统电机订单后，将订单通过 MRP 运算转换成内部的生产需求，产生生产工单及原料需求，组件加工需求发给外协供应商，供应商安排生产，生产工单发给计划部门进行排产，生产工单及原料需求从 ERP 传到 MES。

2）计划部门按照订单需求、生产现状、仓库原料情况等影响因素进行排产，确定排产计划后，将排产计划下发给生产线、仓库等部门，相关内容见第 3 章 制造运营车间排产。

3）原料及外购件由供应商生产完成后送至工厂，工厂安排人员对来料进行检验，合格的进入工厂仓库，不合格的退回给供应商，相关内容见第 4 章 制造运营物料管理。

4）仓库部门依据生产计划进行原料准备、出入库、配送等操作，相关内容见第 4 章 制造运营物料管理。

5）生产部门按照生产计划组织生产，相关内容见第 6 章 制造运营现场执行。

6）在生产过程中会涉及如何进行上料防错，如何进行生产件的在线管控，包括流程控制、工艺标准监控、批次的合并拆分、电子作业指导书的管理、核心组件的组装、主要质量检测点的质量事件处理等，相关内容见第 6 章和第 7 章 制造运营现场执行和制造运营质量管理。

7）在生产过程中可能还会涉及设备的日常维护、保养、监控等方面的情况，相关内容见第 5 章 制造运营设备管理。

8）在场景中将搭配绩效管理平台来帮助使用者了解生产进度等情况。

第2章

制造运营基础数据准备

2.1 学习目标

本章主要介绍制造运营管理基础数据准备模块的基本概念、主要功能、应用场景及实践操作。通过完成学习，学生要求能够达到以下学习目标：

(1) 理解 MES 建模基础知识与主要建模对象。
(2) 理解物理模型基础知识。
(3) 理解工艺模型基础知识。
(4) 理解制造执行事务。
(5) 掌握 MES 门户网站基本操作方法。
(6) 掌握根据特定的业务场景进行系统建模的方法。

2.2 理论学习

2.2.1 MES 建模基础知识

1. 工厂信息模型

工厂信息模型如图 2-1 所示，它由众多对象模型构成，用于描述和控制产品制造过程中的所有活动，用户使用 MES 门户来创建工厂信息模型，在 MES 的学习过程中，对对象模型掌握得熟悉程度越高，创建出来的工厂信息模型就越精确，所有对象模型可以被归为物理模型、工艺模型和执行模型三大类。

2. 建模

工厂信息模型是通过建模来构建的，在理解 MES 建模这个基本概念之前，首先要理解 MES 三个逻辑功能区域。第一个功能区域称为制造活动，可以理解为此区域内面向的是制造过程中的事务；第二功能区域称为制造模型，其包括工厂、工艺及生产资源的模型；第三个功能区域称为对象模型，它是组成系统的元数据，所有的制造活动和制造模型都是基于对象模型的，MES 的业务逻辑扩展也是针对对象模型扩展的。

建模是根据实际生产情况，基于 MES 配置对象模型以达到在 MES 中模拟实际生产过程的目

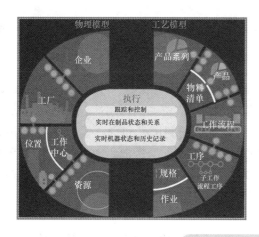

图2-1 工厂信息模型

的，用一个形象的比喻，就像是在搭积木，每一块积木就是一个对象模型，可以创建数个对象模型，因此所有的生产情况都可以使用模型表达出来。这种建模方式所带来的优势体现如下：

1）轻松地适应企业制造业务的变化和扩展。

2）弹性兼容企业各种不同的制造模式。

3）简单快速的系统维护。

3. 生产过程跟踪和控制

MES基于模型可以实现生产过程实时跟踪和控制管理，包括产品谱系跟踪、工艺过程跟踪、物料流转与消耗跟踪、资源效率与状态跟踪、质量控制与事件处理跟踪、过程控制与防呆管理、过程追溯管理等。容器是系统中在制品执行跟踪和控制管理的实体。过程追溯是基于容器现状信息和制造事务历史信息来实现的，其详细内容可以根据具体的业务要求进行配置，它由如下几部分构成：

1）查询：明确要查询出哪些容器。

2）历史主线信息：基于容器，列出所有发生过事务的记录。

3）制造事务历史汇总信息。

4）状态标签：显示容器的状态。

5）属性标签：显示容器的属性信息。

MES通过跟踪对象模型的历史变化情况，对生产执行过程实现透明化与管控，这个机制能够帮助企业应对行业质量合规性管理的要求。

4. 电子过程

电子过程提供了跟踪多个生产任务的方法，电子过程可以关联多个生产任务到一个工序规范。生产任务是基于某一个容器在工作流程中的某个步骤独立执行的工作单元，多个生产任务可以组合在一起以更细的颗粒度执行，多个生产任务可以被同一个人或不同的人以预定的顺序执行，这些任务可以被同时执行也可以在不同的时间执行。在当前容器被移转到下一道工序之前，MES会校验电子过程中所有预定义的生产作业任务是否已经都完成，只有全部任务都完成，当前容器才会被移转到工作流程中的下一个步骤。

5. 物料控制

MES可以基于单件和批次的方式对物料实施跟踪，MES可以将物料供应商列表、物料发料信息、零件和半成品等信息与某个生产批次关联起来，生产过程中所有物料消耗信息会被 MES 收集并记录在数据库中，构成完整信息。

6. 生产资源跟踪

MES 除了记录用于产品制造过程的生产资源信息（如机器设备、工具、生产作业人员），还可以记录与生产资源相关的其他信息，这些信息包括生产资源的可用性，数据收集结构以及设备的安装指导书等。这个层级的信息为 MES 计算资源的利用率和资源效率提供了基础。多个生产资源可以按一定的业务逻辑，形成一个资源组，在某一个资源组中的相关生产资源之间也可以建立逻辑上的关联关系，例如父与子的关系等。在 MES 中还可以对每个生产资源的状态进行管理，通过创建资源状态模型，实现生产资源状态的转换。

7. 在制消息

基于工厂模型，在制消息为生产过程传送特殊的指导和状态信息。在制消息是一个系统中可配置的工具，可以配置消息内容并传送给正在执行生产作业的人员。

8. 在制跟踪

基于实际的生产环境，MES 以配置对象模型的方式来跟踪和管理工作流程。基于工厂模型，生产过程信息会被系统实时收集并记录在数据库中，其可以作为生产管理报表和决策的基础信息，也可以反映出生产过程当前实时状态信息或者完整的生产过程历史信息。

9. 良率和缺陷跟踪

生产过程的详细信息被 MES 收集后，基于这些数据，可以采取不同的方式来计算良率，例如，可以计算某个产品批次的良率，可以计算某个工序的良率，也可以计算某个时间段的良率等。MES 支持对返工过程的跟踪，也可以对正常生产过程中的报废和不合格品处理过程进行跟踪。用户可以以生产作业人员、产品、工序以及生产资源等不同的维度来计算良率或者衡量当前生产绩效。

2.2.2 物理模型

1. 物理模型的要素

企业内实际的物理要素在 MES 中可以借助于物理模型来表达，物理模型包含如下的要素：

（1）企业　工厂模型中的最高层级，一个企业可以包括一个或多个工厂。

（2）工厂　一个工厂可以包括多个位置，也可以被关联到企业的下面。

（3）位置　一个位置指工厂中的一个物理位置，例如生产现场的一块工作区域。

（4）工作中心　一个物理或者逻辑上的生产制造执行区域，例如产品包装工作中心或者质量检查工作中心等。

（5）资源　非物料生产资源，如设备、工具、生产作业人员等。

2. 定义物理模型

在物理模型中，对象的建模要遵循一定的顺序，如工厂对象一定要先于位置和资源对象来创建，如图 2-2 所示。

2.2.3 工艺模型

1. 生产过程与工艺过程

生产过程是将原材料或半成品转换到最终产成品的全部劳动过程，本节以机械行业为背景

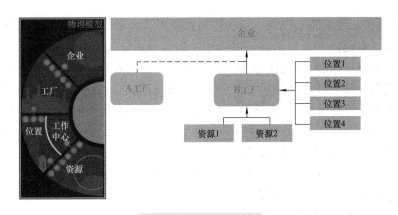

图2-2 物理模型示例

展开说明，生产过程包括两种类型的劳动过程，一种为主要的劳动过程，例如毛坯件的制造、零件的机械加工、零件的热处理、机器设备的装配、测试、检验等，另外一种为辅助的劳动过程，例如工装夹具的设计制造、工件和成品的存储和运输、加工设备的维护、保养和维修等。

根据上面的定义可以看出，机械产品的主要劳动过程是直接作用在被加工对象上的，因此工件的几何形状、尺寸和性能会发生一定的变化，这种直接的生产过程也称为工艺过程。可以这样理解这个概念，因为工艺过程的作用，所以工件的外在或内在的属性发生了变化。虽然辅助劳动过程没有直接使被加工对象发生变化，但在生产过程中也是不可缺少的。综上所述，机械产品的生产过程由直接生产过程和辅助生产过程组成，如图2-3所示。

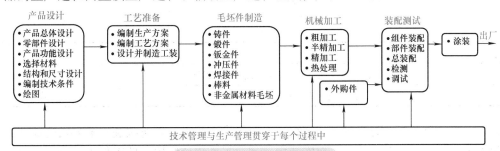

图2-3 机械产品的生产过程

根据机械产品的复杂程度不同，生产过程可能发生在一个生产车间、一家工厂或者多家工厂。在当今社会化大生产的背景之下，社会的分工越来越细，专业化协作生产越来越紧密，因此当今绝大多数机械产品不是由一家企业单独完成的，而是由众多的企业协作完成，例如大型客机的制造过程，就会采用很多企业的产品，例如飞控系统、水平尾翼、垂直尾翼、机翼、机身的主要部件等。企业间分工协作的优点是很明显的，可以提高生产率、降低制造成本、降低产品的研发和制造周期，今天制造业全球化的分工协作已经是大势所趋。

工艺过程是生产过程的一个重要组成部分，属于直接生产过程，会引起被加工对象外在和内在属性上的变化。工艺过程所包含的加工方法有切削、磨削、电加工、超声加工、电子束加工、离子束加工，激光束加工、化学加工等。

在进行零件加工时，必须具备一系列的条件，例如生产必需的工装夹具、模具等。这些条件的满足需要有制造工艺系统来支撑，工艺系统通常由物质分系统、动力分系统和信息分系统组成。物质分系统是最直观的，其由工件、机器设备、工装夹具等这些实物组成。动力分系统

（也称为能量分系统）指的是动力的供应、传输和应用管理系统，常见的动力类型有电能、热能和高压气体等。在现代工业生产制造过程中，信息分系统随时需要从生产过程中获取、传输、处理、分析和应用信息，以根据实时工况的信息，进行故障诊断、误差补偿和适应控制等工作。特别是在当今高度自动化的生产环境中，实时的在线检测数据、刀具磨损的信息都是动态变化的，设备加工程序需要根据实时信息进行及时的补偿，所以制造过程也是一个信息流高速流动的过程。综上所述，工艺过程是一个物质流动、信息流动和能量流动的动态过程。

1）生产过程由主要的生产过程和辅助的生产过程组成。

2）主要的劳动过程会改变被加工对象（工件）的外在和内在的属性。

3）主要的劳动过程称为工艺过程。

4）工艺过程必须由工艺系统来支撑。

5）工艺系统由三个分系统组成，分别为物质分系统、动力（能量）分系统、信息分系统。

6）人员操作工艺系统，系统驱动过程。

2. 工艺过程的组成

工艺过程由若干工序组成，工序是工艺过程的基本组成部分，每道工序又可以细分为安装、工位、工步等。工艺过程中的工序是指一个（或者一组）工人在同一个工作区域，对一个（或者一批）工件连续完成的那一部分工艺过程。根据工序严格的定义，构成工序的几个重要的要素——工人、工作区域、作业对象，一旦发生变化或者工作不能连续完成，则应该定义为另一个工序。在实际生产过程中，零件的工艺过程可以由不同的工序方案组成，以表2-1为例。

表2-1 工序示例

工序号	工序内容	设备
10	加工端面、钻中心孔、粗车端面外圆、端面倒角	车床
20	铣键槽、去毛刺	铣床

另外，在一个工序中需要对工件进行一次或者多次装夹，则每次装夹下完成的那部分工序内容称为一个安装。在工件的每一次安装中，通过工件移位装置，使工件本身相对于加工设备变换加工位置，每一个加工位置称为一个工位。还有一个重要的概念是工步，在机械加工中，加工表面、切削刀具、切削速度和进给量都不变的情况下所完成的工位内容，称为一个工步。为了简化工艺方案的编制，产生了两种特殊类型的工步，一种为合并工步，例如，在一次装配过程中连续对若干个螺栓进行若干次相同的拧紧作业，可以编制为一个合并的拧紧工步；另一种为复合工步，例如为了提高生产率，将几把不同的刀具组成一个刀具组同时加工一个工件上的几个表面，也可以看成是一个工步。

3. 工艺规程

工艺规程是规定产品或零部件加工工艺过程和操作方法等的工艺文件，是所有相关生产人员都应该严格执行的纲领性和纪律性文件。由于工艺规程的严肃性和重要性，工艺规程一旦确定不能随意变更，如果需要变更，必须严格地依照管理程序进行认真的讨论和严格的审批。那么工艺规程的作用是什么？工艺规程是生产和技术准备非常重要的依据，例如是投产之前对加工用刀具、夹具和量具的设计、制造和采购，老旧设备的技术改造或者采购新设备等决策的重要的依据，工艺规程还是企业生产计划、生产排程和调度、生产作业过程管理、质量检验等业务活动重要的依据。

（1）设计工艺规程应当遵循的原则

1）可靠地保证图样上所有技术要求的实现。

2）必须能满足生产纲领的要求。

3）在满足技术要求和生产纲领的前提条件下，要求工艺成本最低。

4）确保安全生产，避免对工人人身安全造成损害。

5）尽量减轻工人的劳动强度。

（2）设计工艺规程的步骤

1）阅读图样：了解产品的用途、性能和工况。

2）工艺审查：审查图样上的尺寸、视图和技术要求是否正确、完整和统一，找出主要技术要求和分析关键的技术问题。

3）设计产品制造的工艺路线，这是设计工艺规程的核心工作，其主要内容有选择定位基准、确定加工方法、安排加工顺序。

4）确定满足各工序要求的工艺装备（机床、夹具、刀具和量具等）。

5）确定各主要工序的技术要求和检验方法。

6）确定各工序的加工余量、计算工序尺寸和公差。

7）确定切削用量和材料定额。

8）确定工序时间定额。

9）准备工艺文件。

工艺路线是设计工艺规程中的一项重要工作，以机械加工为例，设计工艺路线时主要需要考虑选定零件各表面的加工方法、划分加工阶段、安排工序的顺序、确定工序的集中与分散程度几个方面。在机械加工过程中，对零件表面的加工品质有一定的要求，通常情况下需要进行多次的加工才能达到加工品质的要求，这个加工过程可以有多个不同的加工方案，方案的选择要从以下的几个方面来考量：

1）零件表面的技术要求。

2）加工方法要考虑零件表面粗糙度的技术要求。

3）首先确定被加工零件主要表面的加工方法，再确定其他次要表面的加工方法。

4）零件各表面的加工方法被确定了以后，还应综合考虑其他因素而调整工艺方案，例如为保证各加工表面的位置精度而需要采取的工艺方法。

5）工艺方案的制定要考虑方案的经济性和加工效率。

6）工艺方案的制定要考虑零件的几何结构、材料特性等因素。

7）工艺方案的制定依赖于生产资源的实际条件，例如加工设备的条件。

4. 工艺模型的要素

如图2-4所示工艺模型是工厂信息模型中控制的部分，其包括如下要素：物料清单、工序、规格、作业、工作流程、产品族、产品。

5. 产品和容器

MES使用两种最基础的对象来进行生产过程跟踪，分别为产品和容器，在MES中产品可以是原材料、零件、在制品、半成品或者成品，一个产品对象可以关联其对应的工作流程。

6. 产品对象

如果创建一个产品对象，则必须先明确产品相关的**产品类型**，产品类型包括原材料和零

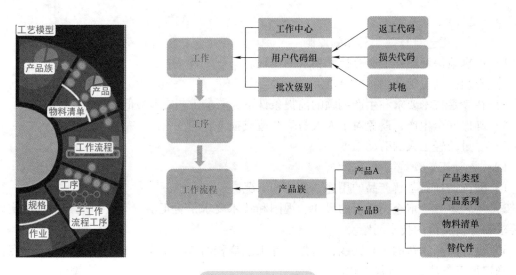

图2-4 工艺模型

件、在制品、半成品和成品等。另一个与产品相关的重要对象是**产品族**，一个产品属于一个产品族，产品族代表了一些有共同属性的产品，如图2-5所示。

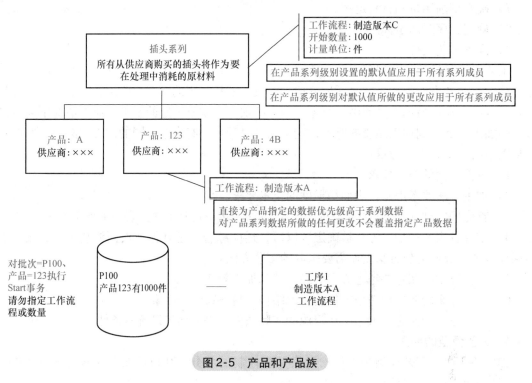

图2-5 产品和产品族

7. 容器对象

基于**容器**对象，物料在生产过程中被 MES 跟踪和控制，容器在系统中被唯一的号码标识，因此容器对象在生产过程中可以被精确跟踪并在过程中执行生产相关事务，容器对象有如下特点：

1）将生产物料从一个工序转移到另一个工序。

2）不仅能标识一个产品还能包含多个产品。

3）容器必须是有唯一的名称。

4）容器对象是有过期控制的，一旦过期则无法基于容器进行生产事务操作。

容器对象也有层级的概念，例如容器的层级可以是一批、一单位、一卷、一片或一个。值得注意的是，容器的层级和容器的测量单位是两个不同的概念。容器的层级是生产过程追溯的基本单位，例如产品是按一批、一卷还是一片为单位来执行过程追溯的。

8. 工作流程对象

工作流程对象用于表示产品详细的制造过程。如图 2-6 所示，工作流程对象由一系列预先定义好的工序组成，工序与工序之间连接起来就形成工艺路线，容器对象沿着工艺路线移动，执行生产事务和数据收集。

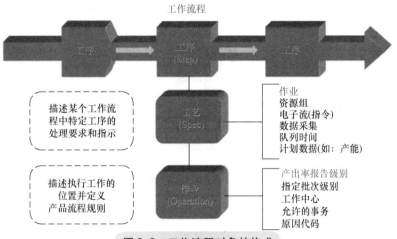

图2-6　工作流程对象的构成

9. 工序和路线

如图 2-7 所示，一个工作流程对象由多个工序组成，从一个工序到另一个工序存在路线。从一个工序出发可以存在多条路线，但其中只有一条路线为默认路线，其余的路线为可选路线，基于路线选择器可以预先设置规则条件来决定容器走哪一条路线。在这里强调，容器对象沿着工作流程中预设的路线移动到每一个工序，在该工序执行制造事务和相关的数据收集工作。

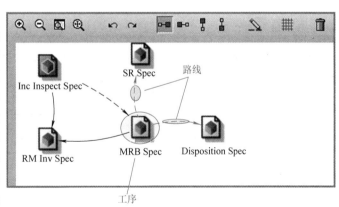

图2-7　工作流程对象中的工序和路线

10. 规范对象

容器对象沿着工作流程中的路线移动到工序上，在工序上执行制造事务和进行数据收集，那么究竟是如何精确地定义要执行哪些事务和收集哪些数据？为了解决这个问题，就需要使用规范对象，通过规范对象和其他生产过程相关对象之间建立关联的方式来定义生产过程中的详细规范，例如：规范对象与文档集对象关联，来定义当前步骤所需要使用的相关文档；规范对象与电子过程对象关联，说明有哪些具体的生产任务要执行；规范对象与资源组对象关联，说明当前的步骤需要使用哪些生产资源；规范对象与作业对象关联，说明当前要执行的作业的详细内容。

11. 作业对象

MES 规定，每一个规范对象都需要关联一个作业对象，如图 2-8 所示。作业和规范对象的关联使用才能使当前工序具备完整的制造执行信息。作业对象定义了当前工序制造执行的规范，例如：作业对象与工作中心对象建立关联，说明当前工序是在哪个工作中心开展制造活动的；通过在作业对象中设置不允许事务，说明在当前工序中哪些制造事务是不允许被执行的。

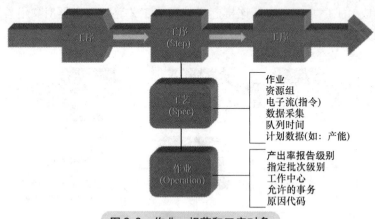

图 2-8 作业、规范和工序对象

2.3 实践操作

2.3.1 背景描述

本节教学实践环节的所有练习题都基于一个虚拟的企业，名为高新区电机公司。如图 2-9 所示，公司下属两个工厂，一个为生产机械零件的零件工厂，另一个为电机总装工厂。在零件

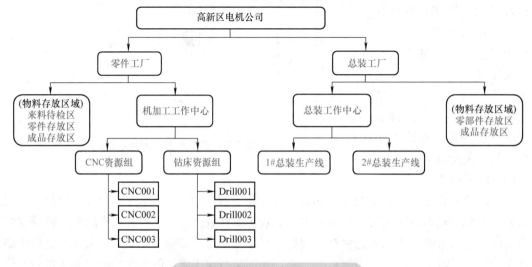

图 2-9 高新区电机公司物理模型

工厂中有三个存放物料的区域，分别为来料待检区、零件存放区和成品存放区。零件工厂中有一个机加工工作中心，这个工作中心关联两个生产制造资源组，分别为 CNC 资源组和钻床资源组，在 CNC 资源组中有三台 CNC 设备，其编号为 CNC001/CNC002/CNC003，在钻床资源组中有三台钻床设备，其编号为 Drill001/Drill002/Drill003。在总装工厂中有两个存放物料的区域，分别为零部件存放区和成品存放区，有一个总装工作中心，该中心关联两个资源组，分别为 1#总装生产线和 2#总装生产线。

2.3.2 系统门户概述

1. 通用界面元素

西门子 MES 门户网站是系统与使用者交互的界面，系统的使用者对 MES 的所有的操作都基于该门户网站。登录 MES 的操作过程如下：

1）单击系统门户网站的链接，启动系统界面，启动后的系统登录界面如图 2-10 所示。

2）输入系统使用者的用户名和密码。

3）选择系统域名。

4）单击"登录"按钮，登录 MES。

图 2-10 MES 登录界面

成功登录系统后，门户网站默认打开的是系统的主界面，如图 2-11 所示。

图 2-11 MES 主界面

MES 主界面包括四个功能区域，每个区域的名称分别为头部标题区、主导航区、命令行区和工作区。

（1）头部标题区　显示在界面的顶部，头部标题区提供如下的信息和功能：

1）菜单名，显示当前正在使用的菜单项。

2）显示当前工位信息，包括生产资源、生产单元、工作中心、工序、工作站。

（2）主导航区　在主界面最左侧，该区域内有一系列的导航按钮。单击不同的导航按钮，就可以打开相应的工作界面，例如系统建模界面、系统门户编辑界面等。

（3）命令行区　如图 2-12 所示，可以访问不同的信息和功能。不同的命令图标依据当前工作内容的不同而动态显示。

图 2-12　命令行区

2. 进入系统建模界面

主导航区建模图标如图 2-13 所示，单击 Modeling 图标，即可打开建模菜单。

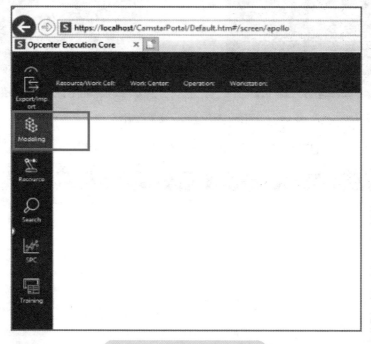

图 2-13　主导航区建模图标

如图 2-14 所示，建模菜单中每个菜单项的含义如下：Modeling 对系统生产制造业务对象模型进行建模；Modeling Audit Trail 提供对建模对象的所有更改的完整历史记录；Modeling ESig获取批准对建模对象进行更改的电子签名。

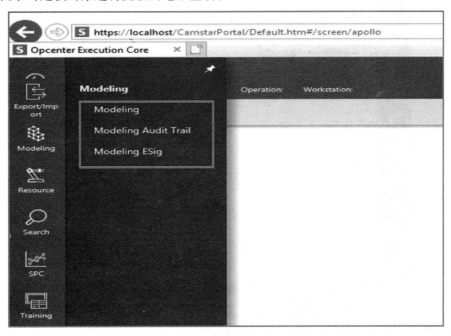

图 2-14　建模菜单

单击建模菜单上的 Modeling 菜单项，即可进入系统建模界面，如图 2-15 所示。

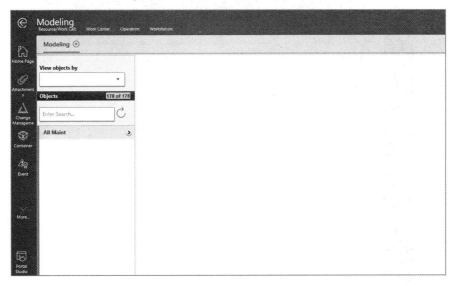

图 2-15　进入系统建模界面

第一个方法，单击图 2-16 中 All Maint 字段所对应的图标 ⊙，可以直接列出所有 MES 中定义的对象，读者可以选择一个对象实施建模。

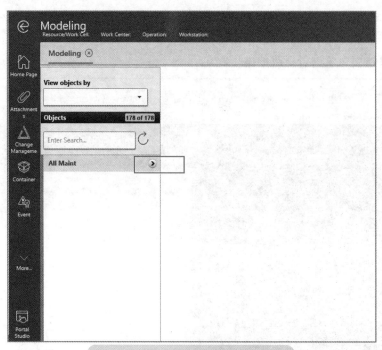

图2-16　列出所有模型的对象方法一

第二个方法，如图2-17所示，在 View objects by 字段对应的下拉列表框中选择 View All（Alphabetical），可以按字母排列的顺序列出所有系统中定义的对象。

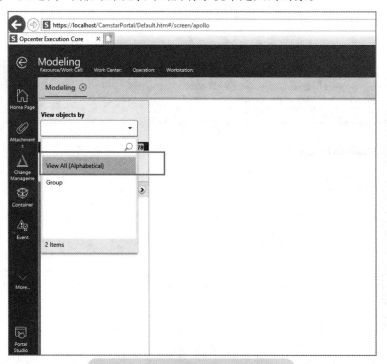

图2-17　列出所有模型的对象方法二

第三个方法，如图2-18所示，在 Objects 字段对应的文本框中输入关键字，例如 Spec，可以列出所有含有关键字的对象。

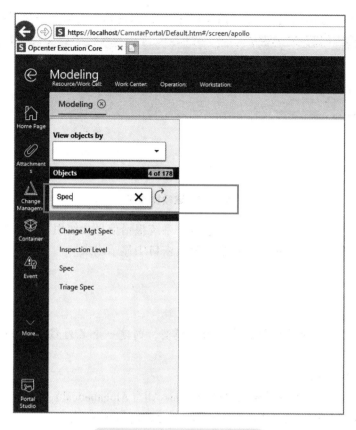

图 2-18 通过关键字查找对象

在建模界面中主要包括三个区域，分别为实例区、操作区和消息区。

如图 2-19 所示，实例区显示当前选定的对象所有实例。如果实例列表中包含多版本对象，则每个实例可以被继续展开，该实例的每个版本对象都可以被选择。

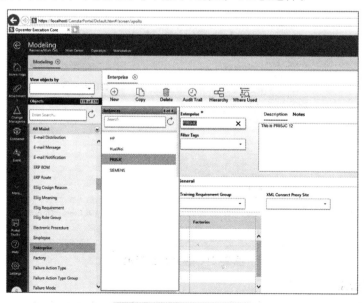

图 2-19 建模界面实例区

如图 2-20 所示，操作区包含一系列的命令按钮，以便执行对象建模过程中的任务。

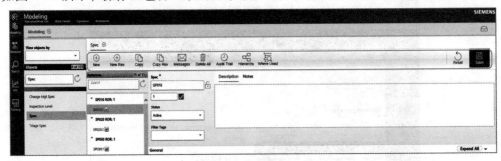

图 2-20　建模操作区

建模过程中的系统消息会被显示在消息区，系统报错信息会使用与正常系统信息不同的颜色来显示，当一个操作完毕，系统消息会在弹出窗口中显示出来。

2.3.3　练习一：定义工厂物理模型

1. 创建企业对象

根据上述虚拟企业高新区电机公司的物理模型，创建一个名为 GXQ Motor Inc 的企业对象模型，步骤如下：

1）进入系统建模界面。

2）在 View objects by 下拉列表框中选择 View All（Alphabetical）。

3）在 Objects 列表框中选择 Enterprise，进入对象实例界面。

4）单击 New 按钮，打开建模界面。

5）在 Enterprise 字段，输入 GXQ_MOTOR_Inc，在 Description 字段，输入"高新区电机公司"，如图 2-21 所示。

6）单击 Save 按钮，创建完成。

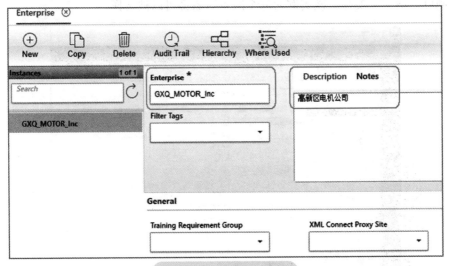

图 2-21　创建企业对象

2. 创建工厂对象

创建两个工厂对象，一个名为 LJFactory（零件工厂），另一个名为 AssyFactory（总装工厂），步骤如下：

1）如图 2-22 所示，在 Objects 列表框中选择 Factory，进入对象实例界面。

2）单击 New 按钮，打开建模窗口。

3）在 Factory 字段输入 LJFactory，在描述字段，输入"零件工厂"。

4）在 Enterprise 字段选择 GXQ_MOTOR_Inc，在零件工厂和高新区电机公司企业对象模型之间建立关联关系。

5）单击 Save 按钮，创建完成。

6）请读者自行完成总装工厂对象创建。

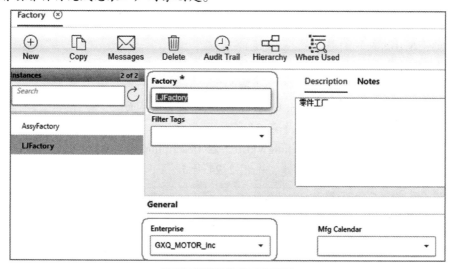

图 2-22 创建工厂对象

3. 创建厂内位置

如图 2-23 所示，在零件工厂对象编辑界面内，向下移动到 LOCATIONS 区域，单击"新增"按钮（圆圈内一个加号），在下方的"位置表格"中就出现了一列信息输入字段，在 Location Name 字段中输入 LJ_IQCArea，在 Description 字段中输入"来料待检区"，Status 字段选择 Active，零件工厂内其余位置信息如图 2-23 所示。

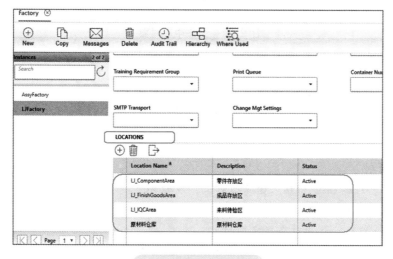

图 2-23 创建位置

基于同样的方法, 在总装工厂对象中创建如下位置信息:

- Location Name: LJ_ComponentArea
- Description: 零件存放区
- Status: Active
- Location Name: LJ_FinishedGoodsArea
- Description: 成品存放区
- Status: Active
- Location Name: 原材料仓库
- Description: 原材料仓库
- Status: Active

4. 创建工作中心

在零件工厂中创建机加工工作中心, 步骤如下:

1) 在 Objects 列表框中选择 Work Center, 打开对象实例界面。

2) 单击 New 按钮, 打开对象创建界面。

3) 在 Work Center 字段输入 MachingWkCtr, 在 Description 字段输入 "机加工工作中心"。

4) 单击 Save 按钮, 完成对象创建, 如图 2-24 所示。

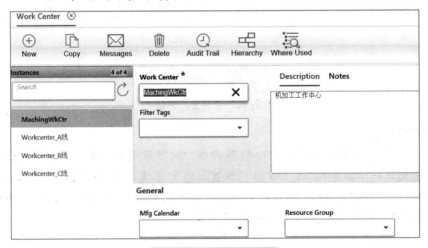

图 2-24　工作中心对象

❖ 练习

请读者自行完成工作中心 AssyWkCtr 的创建, 该工作中心信息如下:

- Work Center: AssyWkCtr
- Description: 总装工作中心

5. 创建资源组

在零件工厂中创建 CNC 和钻床资源组对象, 步骤如下:

1) 在 Objects 列表框中选择 Resource Group, 打开对象实例界面。

2) 单击 New 按钮, 打开对象创建界面。

3) 在 Resource Group 字段输入 ResourceGroup_CNC。

4）单击 Save 按钮，完成创建，如图 2-25 所示。

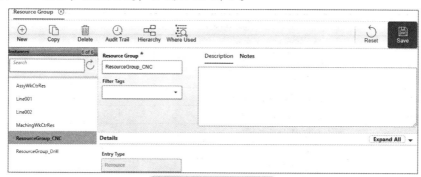

图 2-25 资源组对象

❖ 练习

请读者自行完成其余资源组对象的创建。

- Resource Group：ResourceGroup_Drill
- Resource Group：Line001
- Resource Group：Line002
- Resource Group：AssyWkCtrRes
- Resource Group：MachingWkCtrRes

6. 创建资源

在零件工厂中创建 CNC 和钻床资源组对象模型，步骤如下：

1）在 Objects 列表框中选择 Resource，打开对象实例界面。

2）单击 New 按钮，打开对象创建界面。

3）在 Resource 字段输入 CNC001，在 Description 字段输入 "CNC 001 号加工设备"。

4）在 General 区域 Factory 字段选择 LJFactory。

5）单击 Save 按钮，完成创建，如图 2-26 所示。

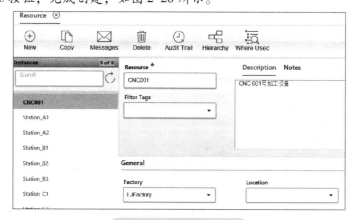

图 2-26 创建资源对象

❖ 练习

请读者自行完成其他资源对象的建模，具体建模信息见表 2-2。

表 2-2　资源对象信息

Resource	Description	Factory
CNC002	CNC 002 号加工设备	LJFactory
CNC003	CNC 003 号加工设备	LJFactory
Drill001	钻床 001 号加工设备	LJFactory
Drill002	钻床 002 号加工设备	LJFactory
Drill003	钻床 003 号加工设备	LJFactory
Station_合装_01	合装 01 号设备	AssyFactory
Station_合装_02	合装 02 号设备	AssyFactory
Station_盖锁_01	盖锁 01 号设备	AssyFactory
Station_盖锁_02	盖锁 02 号设备	AssyFactory
Station_插件_01	插件 01 号设备	AssyFactory
Station_插件_02	插件 02 号设备	AssyFactory
Station_装线_01	装线 01 号设备	AssyFactory
Station_装线_02	装线 02 号设备	AssyFactory
Station_性能测试_01	性能测试 01 号设备	AssyFactory
Station_性能测试_02	性能测试 02 号设备	AssyFactory
Station_气密测试_01	气密测试 01 号设备	AssyFactory
Station_气密测试_02	气密测试 02 号设备	AssyFactory

7. 关联资源组和资源

如图 2-27 所示，在资源组对象编辑界面内，向下移动到名为 Details 的区域，单击"新增"按钮（圆圈内一个加号），在 Entries 字段中选择一个资源对象 CNC001，单击 Save 按钮，完成关联，资源组和资源对象之间的关联信息见表 2-3。

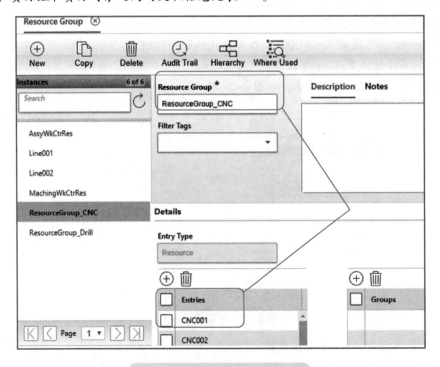

图 2-27　关联资源和资源组对象

表2-3 资源组和资源对象关联信息

Resource Group	Resource
CNC Group	CNC001/CNC002/CNC003
Drill Group	Drill001/Drill002/Drill003
合装资源组	Station_合装_01/Station_合装_02
盖锁资源组	Station_盖锁_01/Station_盖锁_02
插件资源组	Station_插件_01/Station_插件_02
装线资源组	Station_装线_01/Station_装线_02
性能测试资源组	Station_性能测试_01/Station_性能测试_02
气密测试资源组	Station_气密测试_01/Station_气密测试_02
Line001	Station_合装_01/Station_盖锁_01/Station_插件_01
	Station_装线_01/Station_性能测试_01/Station_气密测试_01
Line002	Station_合装_02/Station_盖锁_02/Station_插件_02
	Station_装线_02/Station_性能测试_02/Station_气密测试_02

2.3.4 练习二：定义产品

1. 创建产品族

根据如下步骤创建三个产品族对象，产品族信息如下：

- Product Family：DJE
- Description：电机 E 系列

1) 登录 MES 门户界面。

2) 单击 Modeling 图标打开系统建模界面。

3) 在 View objects by 下拉列表框中选择 View All（Alphabetical）。

4) 在 Objects 列表框中选择 Product Family，打开对象实例界面。

5) 单击 New 按钮，打开对象创建界面。

6) 在 Product Family 字段，输入 DJE，在对象模型描述字段，输入电机 E 系列。

7) 单击 Save 按钮，完成产品族的创建，如图 2-28 所示。

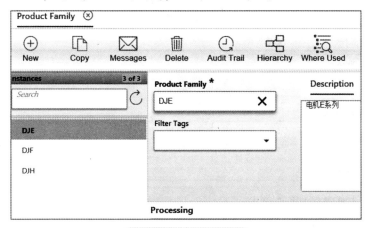

图 2-28 创建产品族

❖ 练习

请读者使用同样的方法，创建 DJF、DJH 对象。

2. 创建产品类型

创建产品类型对象步骤如下：

1）在 Objects 列表框中选择 Product Type，打开对象实例界面。

2）单击 New 按钮，打开对象创建界面。

3）在 Product Type 字段，输入"成品"。

4）单击 Save 按钮，创建完成，如图 2-29 所示。

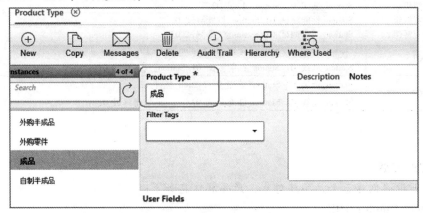

图2-29 创建产品类型对象

❖ 练习

请读者使用同样的方法，创建外购半成品、外购零件、自制半成品对象。

3. 创建产品

创建产品对象步骤如下，如图 2-30 所示：

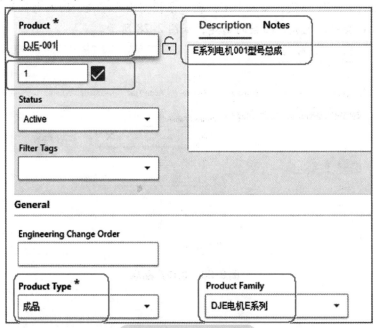

图2-30 创建产品对象

1）在 Objects 列表框中选择 Product，打开对象实例界面。

2）单击 New 按钮，打开对象创建界面。

3）在 Product 字段，输入 DJE－001，在对象模型描述字段，输入"E 系列电机 001 型号总成"，在 Revision 字段输入产品版本信息"1"。

4）在产品类型 Product Type 字段选择"成品"。

5）在产品族 Product Family 字段选择"DJE 电机 E 系列"。

6）单击 Save 按钮，创建完成。

根据表 2-4 中的信息创建其余产品对象。

表2-4　其余产品对象信息

Product	Revision	Description	Product Type	Product Family
KT02	1	电机壳体	自制半成品	不选
DZ02	1	定子组件	外购半成品	不选
ZZ02	1	转子组件	外购半成品	不选
CJJ02	1	接插件	外购零件	不选
SXX02	1	三相线	外购零件	不选

4. 创建物料清单

下面创建产品 DJE－001 对象模型对应的物料清单（BOM）信息，物料清单信息见表 2-5。

表2-5　电机产品 DJE－001 的物料清单

序号	物料号	类型	物料描述	用量	单位	替代料号
1	DJE－001	成品	E 系列电机 001 型号总成	1	EACH	N/A
2	KT02	自制半成品	电机壳体	1	EACH	N/A
3	DZ02	外购半成品	定子组件	1	EACH	N/A
4	ZZ02	外购半成品	转子组件	1	EACH	N/A
5	CJJ02	外购零件	接插件	10	EACH	CJJ03
6	SXX02	外购零件	三相线	1	EACH	N/A

创建物料清单对象步骤如下：

1）在 Objects 列表框中选择 BOM，打开对象实例界面。

2）单击 New 按钮，打开对象创建界面。

3）在 BOM 字段，输入 DJE－001_BOM，在版本号字段输入产品版本信息"1"。

4）下移到 Materials 区域，在该区域输入当前物料清单的物料信息。

5）给当前 BOM 新增物料项，如图 2-31 所示，单击"新增物料项"图标，弹出物料项详细信息。

图 2-32 为物料项详细信息编辑窗口，有星号标识的字段必须提供信息，无星号标识的字段为可选项，可以不提供信息。在本小节练习中，读者只需要对 Product、Issue Control、Quantity Required 和 UOM 这四个字段提供信息，各字段信息如图 2-32 所示。

1）单击 OK 按钮，完成物料项的创建。

2）完成所有物料项的创建后，单击 Save 按钮，完成 BOM 对象的创建。

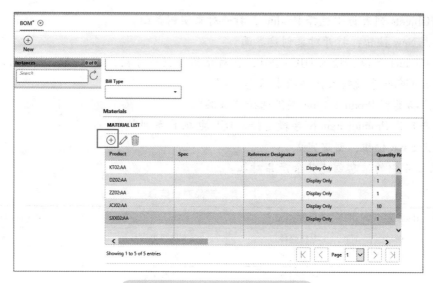

图 2-31 给 BOM 增加新的物料项

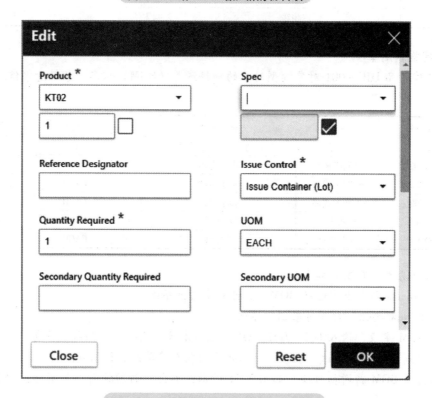

图 2-32 编辑 DJE-001_BOM：1 信息

❖ 练习

请读者根据表 2-6 和表 2-7 的数据，完成 BOM 的创建。

表2-6　DJE-001_BOM：1信息

Product	Revision	Issue Control	Quantity Required	UOM
KT02	1	Issue Container（Lot）	1	EACH
DZ02	1	Issue Container（Lot）	1	EACH
ZZ02	1	Issue Container（Lot）	1	EACH
CJJ02	1	Issue Container（Lot）	10	EACH
SXX02	1	Issue Container（Lot）	1	EACH

表2-7　KT02_BOM：1信息

Product	Revision	Issue Control	Quantity Required	UOM
KT02	1	Issue Container（Lot）	1	EACH

5. 关联产品对象和物料清单

下面将在产品对象 DJE-001 和 BOM 对象 DJE-001_BOM（版本号：1）之间建立关联关系，步骤如下：

1）在 Objects 列表框中选择 Product，打开对象实例界面。

2）选中产品 DJE-001：1 实例，打开对应对象实例编辑界面。

3）下移到 Product Structure 区域，在该区域中选择 DJE-001_BOM：1，如图2-33所示。

4）单击 Save 按钮，完成关联。

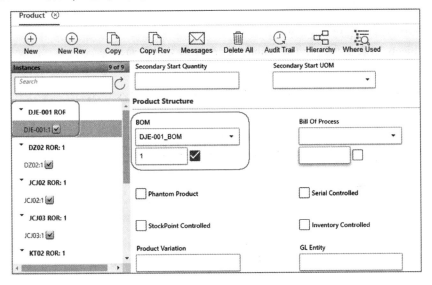

图2-33　关联产品和 BOM

2.3.5　练习三：定义工序和规范

下面将与产品制造相关的三个课程练习用工艺路线的设计方式完成，如图2-34所示。第一条工艺路线为机械加工类型的工艺路线，其产出物是电机外壳；第二条工艺路线为电机总成装配过程；第三条工艺路线为来料检验过程。

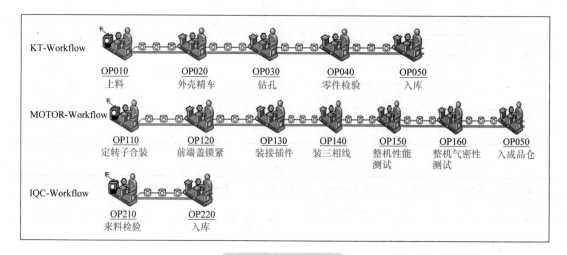

图2-34　工艺路线

1. 创建作业

根据如下步骤创建作业对象，详细信息如下：

- Operation Name：OP010
- Description：上料
- Use Queue：选中
- Thruput Reporting Level：Lot

1）在 Objects 列表框中选择 Operation，打开对象实例界面。

2）单击 New 按钮，打开对象创建界面。

3）在 Operation 字段，输入 OP010，在 Description 字段输入"上料"。

4）选中 Use Queue 字段。

5）在 Thruput Reporting Level 字段选择 Lot。

6）单击 Save 按钮，完成创建，如图 2-35 和图 2-36 所示。

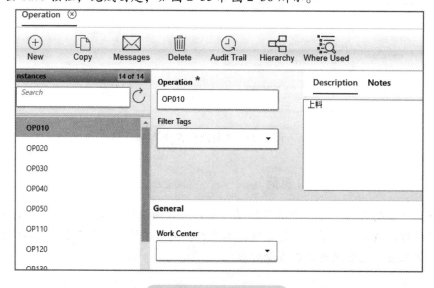

图2-35　创建作业对象

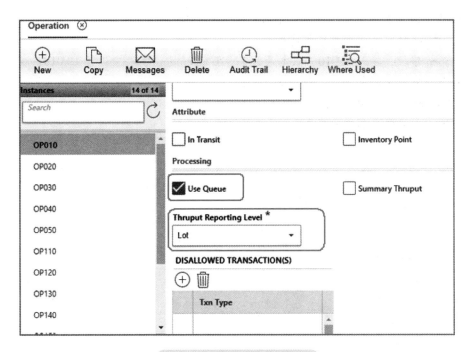

图2-36 设置作业对象属性

❖ 练习

其他作业对象信息见表2-8，请读者在系统中创建。

表2-8 其他作业对象信息

Operation	Description	Use Queue	Thruput Reporting Level
OP020	外壳精车	N	Lot
OP030	钻孔	N	Lot
OP040	零件检验	N	Lot
OP050	入库	N	Lot
OP110	定转子合装	N	Lot
OP120	前端盖锁紧	N	Lot
OP130	装接插件	N	Lot
OP140	装三相线	N	Lot
OP150	整机性能测试	N	Lot
OP160	整机气密性测试	N	Lot
OP210	来料检验	N	Lot
OP220	入库	N	Lot

2. 创建规范

根据如下步骤创建生产规范对象模型，第一个待创建的规范对象信息如下：

- Spec Name：SP010
- Revision：1
- Operation：OP010
- Electronic Procedure：壳体投料，选择当前版本

1）在 Objects 列表框中选择 Spec，打开对象实例界面。

2）单击 New 按钮，打开对象创建界面。

3）在 Spec 字段，输入 SP010，版本号为 1，在 Operation 字段中选择 OP010，这样规范对象和作业规范对象就关联起来了，如图 2-37 所示。

4）在 Electronic Procedure 选择"壳体投料"。

5）单击 Save 按钮，创建完成。

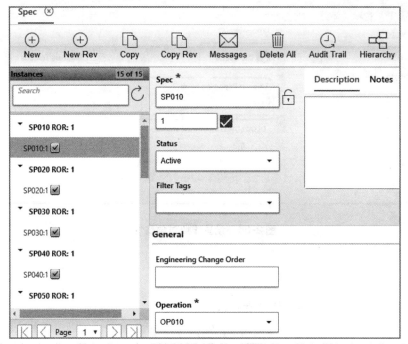

图 2-37　规范对象

❖ 练习

其他规范信息见表 2-9，请读者在系统中创建。

表 2-9　规范信息表

Spec Name	Revision	Operation	Electronic Procedure
SP020	1	OP020	不选
SP030	1	OP030	不选
SP040	1	OP040	直径测量
SP050	1	OP050	不选
SP110	1	OP110	定转子合装
SP120	1	OP120	前端盖锁紧检查
SP130	1	OP130	接插件安装
SP140	1	OP140	三相线安装
SP150	1	OP150	整体性能测试
SP160	1	OP160	气密性测试
SP170	1	OP170	不选
SP210	1	OP210	不选
SP220	1	OP220	不选

2.3.6　练习四：定义工作流程

下面将创建三个生产制造工作流程，首先是 **IQC 检验流程**，其次是零件工厂的**壳体加工工作流程**，最后是**电机总装工作流程**。

1. 创建工作流程

创建工作流程步骤如下：

1）在 Objects 列表框中选择 Workflow，打开对象实例界面。

2）单击 New 按钮，出现模型的建模窗口。

3）在 Workflow 字段输入 KT – Workflow，在 Description 字段输入"壳体加工"。

4）在版本号字段输入"1"，如图 2-38 所示。

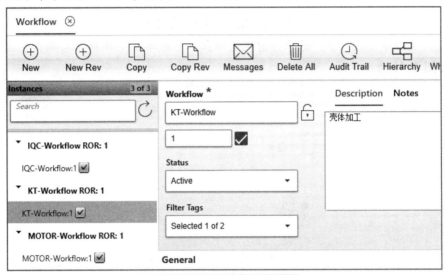

图 2-38　创建工作流程对象

（1）创建和编辑工作流程图详细信息　建模界面向下移转至 Workflow Diagram 区域，然后开始创建工作流程的详细过程，如图 2-39 所示。

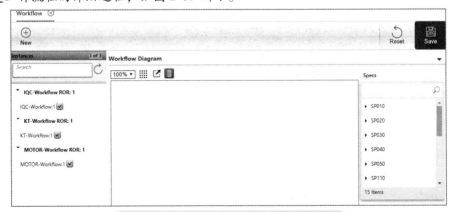

图 2-39　创建空白的工作流程图和编辑工具

（2）创建流程中第一个规范对象　在图 2-40 右端的工序规范选择栏（Specs）使用鼠标拖动第一个工序规范 SP010 到流程编辑界面中，拖动完毕后如图 2-40 所示。

图2-40 创建流程中第一个规范对象

（3）编辑流程中规范对象 选中当前规范对象，然后单击"详细信息编辑"按钮，可进行编辑，如图2-41所示。

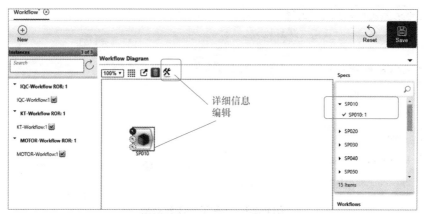

图2-41 编辑流程中规范对象

（4）修改当前Step Name名称 修改Step Name为"上料"，如图2-42所示。

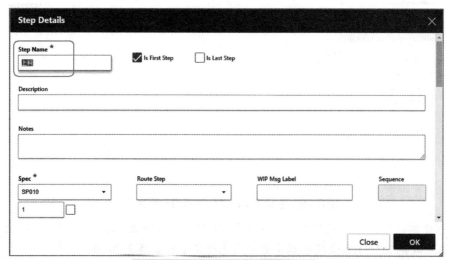

图2-42 修改当前Step Name名称

（5）修改相关对象名称　依次将其余规范对象都拖入到流程编辑界面中并修改相关 Step Name，如图 2-43 所示。

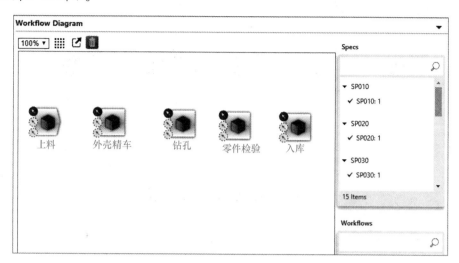

图 2-43　拖入相关的规范对象并重命名

（6）建立壳体加工工作流程　连接上料工序和外壳精车工序，先用鼠标按住绿色实心圆圈，从该圆圈拖动到下一个工序，形成路线，如图 2-44 所示。在这里要说明的是，绿色实心圆圈开始设置的工艺路线为该工序的默认路线，其余类型路线的设置方式在本章的知识拓展部分会有详细的说明。

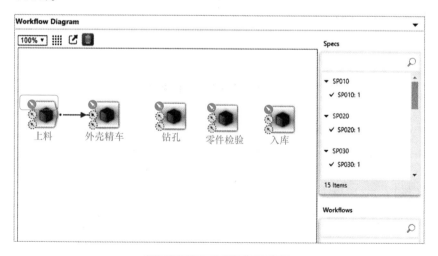

图 2-44　壳体加工工作流程

（7）关联壳体加工工作流程　将每个工序依次关联起来，如图 2-45 所示，然后保存编辑完毕的工作流程。

（8）创建总装工作流程与检验流程　使用同样的方法创建电机总装工作流程与 IQC 检验工作流程，如图 2-46 和图 2-47 所示。

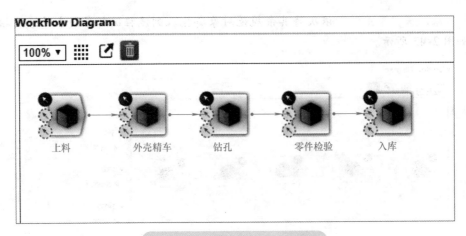

图 2-45　关联壳体加工工作流程

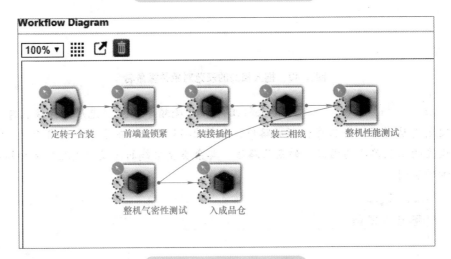

图 2-46　电机总装工作流程

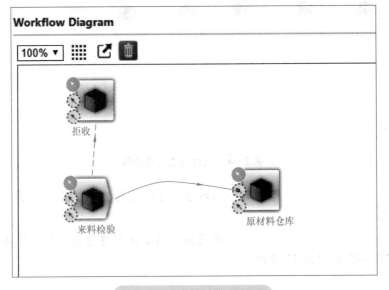

图 2-47　来料检验工作流程

2. 关联工作流程和产品

下面将关联产品和产品制造工作流程。如图 2-48 所示，打开产品对象实例界面，选择产品实例 DJE－001，在实例编辑界面的 Processing 区域的 Workflow 字段选择 MOTOR－Workflow（当前版本），然后单击 Save 按钮，完成关联关系的创建。

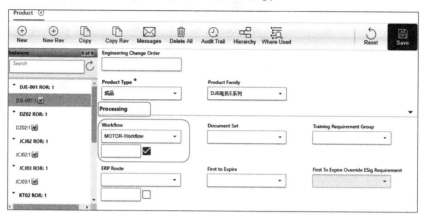

图 2-48　关联产品和产品制造工作流程

❖ 练习

基于同样的步骤，请读者自行完成产品与相关工作流程的关联，详细信息如下：

- Product：KT02
- Description：KT－Workflow
- Product：DZ02
- Description：IQC－Workflow
- Product：CJJ02
- Description：IQC－Workflow
- Product：ZZ02
- Description：IQC－Workflow

2.4　知识拓展：工作流程对象建模拓展知识

1. 工序关联路线

最简单的工作流程对象包含一个工序，工作流程对象中任何一个工序可以没有任何关联路线，可以有一条关联路线，也可以有多条关联路线，在表 2-10 中分类说明。

表 2-10　工序关联路线类型

类型	图示	
上料工序没有关联的工艺路线	上料Spec	外壳精车Spec

（续）

类型	图示
上料工序有一条关联路线	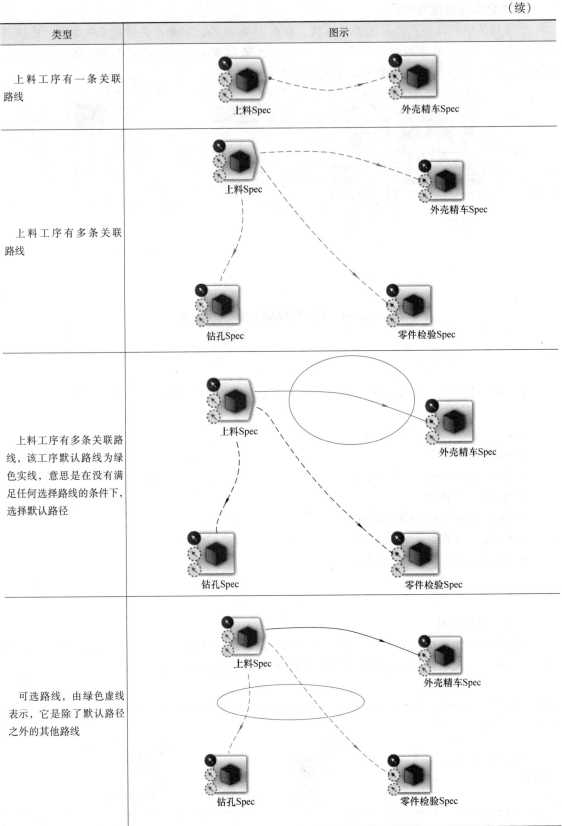
上料工序有多条关联路线	
上料工序有多条关联路线，该工序默认路线为绿色实线，意思是在没有满足任何选择路线的条件下，选择默认路径	
可选路线，由绿色虚线表示，它是除了默认路径之外的其他路线	

（续）

类型	图示
返工路线，由红色虚线表示，选择该路线是指检查或者纠正当前在制品的问题	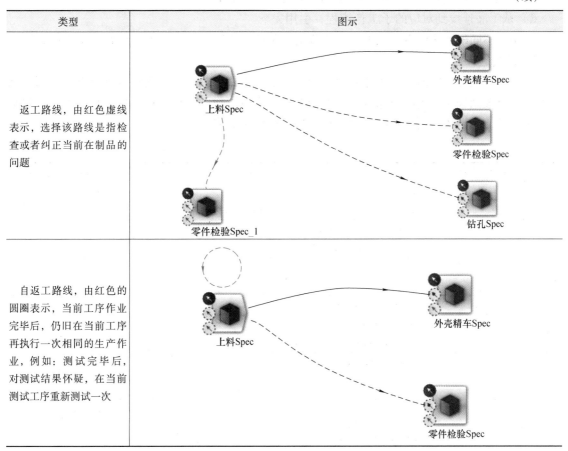
自返工路线，由红色的圆圈表示，当前工序作业完毕后，仍旧在当前工序再执行一次相同的生产作业，例如：测试完毕后，对测试结果怀疑，在当前测试工序重新测试一次	

2. 子工作流程

一个独立的工作流程对象可以被另外一个工作流程中的某一个工序引用，这个被引用的工作流程在引用它的工作流程中称为子工作流程。工作流程对象中的一个工序可以引用一个子工作流程。当流程中的一个工序的逻辑复杂度非常高的时候，工序可以采用子工作流程的方式，这样可以降低建模的复杂度。

引用子工作流程的方法如图 2-49 所示。

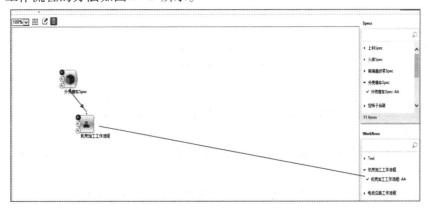

图 2-49　工序与子工作流程关联

1）在建模界面右侧的 Workflows 区域，使用鼠标拖拽出一个工作流程。

2）从工序连线到对应的子工作流程，引用完毕。

说明：不同的工序或者不同的工作流程对象可以引用同一个工作流程作为其子工作流程。

3. 路线选择器

从工作流程对象中的一个工序到流程中其他工序可能有很多条相关路线可以选择，那么从一个工序出发到底应该走哪条路线？在路线选择器中可以设置路线选择条件，在当前工序根据路线选择条件来选择不同的路线。路线选择条件的设定见表 2-11。

表 2-11　路线选择条件设置规则

Operator Symbol（操作符号）	Meaning（含义）	Category（范畴）
.	dot operator	Field access
[ ]	In a list field, select the value indicated inside the brackets	List access
+	positive number（not addition）	Unary
−	negative number（not subtraction）	
!	not	
not	not	
*（asterisk symbol）	multiply by（multiplication）	Multiplicative
/	divide by（division）	
+	plus（addition）	Additive
−	minus（subtraction）	
<	less than	Relational
>	greater than	
< =	less than or equal	
> =	greater than or equal	
=	equals; is equal to	Equality
= =	equals; is equal to	
! =	is not equal to	
< >	is not equal to	
&&	and	Conditional（short-circuiting）
and	and	
‖	or	
or	or	
< condition >? < operation – if – true >: < operation – if – false >	If the condition（before the question mark）evaluates to true, go to the expression after the question mark but before the colon. If the condition evaluates to false, go to the expression after the colon.	Conditional（ternary）
true, false		Literals
null	empty value	
"string"	Anything inside the double quotes is read as a string.	

路径选择器的设置方法如下：

1）在工作流程编辑界面，选中要设置路线选择条件的当前工序，单击 Modify Element 图标，如图 2-50 所示。

2）在当前工序详细信息的设置界面，移动到 PATH SELECTORS 区域设置路线选择条件，如图 2-51 所示。

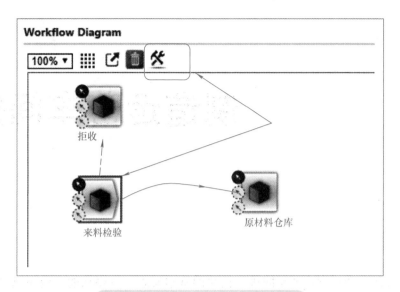

图 2-50　进入当前工序细节设置界面

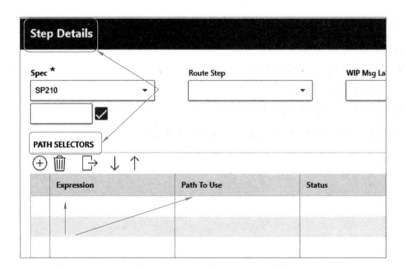

图 2-51　设置路线选择条件

第 3 章

制造运营车间排产

3.1　学习目标

　　本章主要介绍制造运营管理车间排产模块的基本概念、主要功能、应用场景及实践操作。通过完成学习，学生要求能够达到以下学习目标：

> （1）理解 APS 的基本概念。
> （2）理解排产模块中的算法原理。
> （3）掌握排产模块的产品模型架构。
> （4）掌握排产模块系统功能。
> （5）掌握排产模块界面操作技巧。
> （6）能够熟练运用排产模块进行简单业务场景的演示。

3.2　理论学习

3.2.1　排产 APS 基本概念

　　我们可以生活化地理解何为排产：对应企业工厂，鸡蛋、番茄就是工厂的原材料，燃气灶、电饭煲就是工厂的设备机台。计划员的排产工作就是要有效地利用工厂的机台设备、原材料，安排哪一个工作任务先做，哪一个工作任务后做，并且满足客户的交货日期。计划员排产前需要了解和查看工厂的物料情况、资源情况，需要知道每个产品有多少道工序，每道工序需要使用哪一台设备进行加工，加工准备时间是多少，加工时长是多久，加工过程中需要用到哪些物料，需要多少人力资源等。

　　那这么多数据从哪里可以获取？产品工艺信息由工艺部门负责维护，机台设备状态信息由车间设备部门负责维护，库房物料信息由仓库负责维护，物料的预计到货信息由采购部门负责维护，客户需求信息由销售部门负责维护，班组人员考勤信息由车间班组长负责维护等。由此可见，如果这些数据仍然是线下数据，仍然是游离的孤岛，那计划员需要耗费大量时间与各个部门沟通协调以获取正确的信息。

　　因此企业需要 APS 工具来协助计划员更快更好的决策。APS 全称为 Advanced Planning and

Scheduling，即高级计划与排程。APS系统也称为供应链优化引擎，是一种基于供应链管理和约束理论的先进排产工具，包含大量的数学模型、优化及模拟技术。APS系统是考虑物料约束、产能约束、产品加工顺序约束的计划管理系统。广义来讲，APS系统还可以支持供应链管理（需求管理、运输调度、供应网络计划）。

ERP系统也可以制定生产计划，那么APS与ERP的关系怎么区分？这两者制定的生产计划又有什么不同？ERP计划管理方法是基于交货日期的无限产能计算方式，已经无法满足企业小批量多品种的柔性制造生产方式。APS系统可以考虑产线设备能力基于有限产能进行排程，可以看成ERP与MES之间的连接器，既可以补充并细化ERP的生产计划，同时支持指导MES车间的生产调度。

西门子Opcenter APS解决方案分为计划与排程两个模块，计划解决在什么时间、什么地点，采用什么资源生产什么产品以及生产多少量的问题，排程解决依据现有的生产资源约束及排程规则，按照什么样的顺序来执行生产及优化生产的问题。

在排产的过程中，Opcenter APS将企业内外的资源与能力约束都囊括在考虑范围之内，用复杂的运算法则，做常驻内存的计算。基于约束条件（物料、设备能力、人力资源等制约因素），基于规则（需求优先级、瓶颈工序的利用率、生产和供应的优先级、切换矩阵等规则），基于业务模型、模拟及数学算法（线性规划、目标函数、排队论等）使得客户的订单直接链接到车间工单，并直观地反映资源负荷情况，考虑各个因素之间的关系，做出迅速调整，做到快速反应以实现客户需求变化。

Opcenter APS在生产制造过程中有着至关重要的两个环节：

1）在初始计划阶段根据资源可用性、物料可用性等制约因素制定详细的生产任务/物料/资源/人力分配清单。

2）（从企业本身角度、从供应链角度、从客户需求角度）在生产过程中应对制造环境的变化采取补救措施。

企业为什么要建立一个全面的高级计划与排程系统（APS）？Opcenter APS能及时响应客户要求，快速同步计划，提供精确的交货日期，减少在制品与成品库存，并考虑生产过程中的约束条件，自动识别潜在的瓶颈，提高生产资源利用率，改善企业计划管理水平。

Opcenter APS具有以下特点：

（1）更快 只需几秒或几分钟即可创建计划和排产时间表。

（2）更智能 管理人员可以发现潜在问题并在实际问题发生之前解决问题。

（3）更高效 及时响应客户需求及交期承诺，提高客户服务水平。

3.2.2 传统制造业排产现状与挑战

大部分制造业的客户都会提出这样的需求："面对每月上千个不同品种，每周、每天几百个不同交货日期的订单与客户的紧急插单，几十道工序，几千种物料……，生产计划怎么做的又快又好呢？"

"又快又好"其实后面可以衍生出上百个细分需求，如企业能否从产能、利润等各维度来判断一笔订单能不能接？计划部门能不能在接单的时候就能回复客户交期？来了一笔新需求，对其他订单的影响有哪些？客户想要提前提货，工厂能及时响应吗？……这些需求背后其实是一个复杂的业务问题，核心因素就是多品种、小批量的按单生产模式以及动态的制造环境。

按单生产模式的复杂性表现在订单个性化定制、多品种并行、资源共享易出现瓶颈、订单变化和生产周期的不确定性以及物料需求多变导致的缺料与采购供应延迟严重等多个方面。

动态的制造环境则意味着生产永远处于变化中，生产过程中可能遇到产线停机、新订单的加入、物料的延迟等各种异常情况。由于生产异常发生停线，则意味着有效生产时间减少，直接损失收益。这就要求企业的生产计划部门面对动态的制造环境，必须能够迅速响应市场多样化和不确定的需求，快速及时做出正确的决定：生产什么、怎样生产、何时生产，提供满足顾客需求的产品。

所以生产排产在本质上是非常困难的，不仅因为制造本身是一个动态环境，还因为排产需要考虑非常多的影响制约因素，如产能，计划员需要了解企业目前有多少产线，各产线能加工什么类型的产品，当下各产线的产能占用多少，产能剩余多少；人员班组出勤信息，物料库存信息，客户需求紧迫度信息等。

因此，一个好的排产解决方案一定是一个多约束多变量的优化问题。现在我们已经了解生产排产面对的是一个多约束多变量的问题，那么接下来了解下企业计划部门一般怎么做排产。现在企业一般利用 Excel 或者人工经验的方式来制定生产计划，Excel 是一个非常强大的工具，可以协助计划员处理非常复杂的静态生产计划问题，但会遇到以下难点：

1）排产耗费时间长。

2）Excel 公式维护成本高。

3）新员工培训困难。

4）面对变更响应时间长。

5）变更影响不直观。

6）排产优化空间小。

为什么说 Excel 或者人工经验排产具有一定的局限性？举例来说，如果现在有 5 笔生产订单，不考虑任何约束条件，那总共有 120 种可能的排序组合。如果把订单数量翻一番，组合数就高达 14400 种。现实中一天可能面对的生产订单数上百，还得考虑设备约束条件、机台前置时间、物料约束和人员约束等各方面的制约因素，还会面临制造过程中插单、设备宕机、物料来料质检不合格等各种突发事件，针对以上场景，几乎已经无法采用 Excel 执行有效快速的排产管理。

3.2.3 高级排产数据输入

前面提到一个好的排产解决方案一定是一个多约束多变量的优化问题。那首先就需要把实际的工厂模型搬到 APS 系统上，转变成系统上的数据模型。怎样把物理模型搬运到虚拟系统环境里面？首先要了解 APS 系统排产需要什么数据。数据是系统排产最基础也是最核心的前提条件。

排产所需的基础数据分为两个部分：静态数据与业务数据。

1. 静态数据

静态数据是资源数据、产品数据及生产日历数据。资源数据包含资源组数据、资源数据、次要约束、产品数据、生产日历。

（1）资源组数据　资源组是一种将资源指派到组的方式。举例来说，可以建立 CNC 车间、钻床车间等车间级资源作为资源组。排产模块能支持资源组被直接指派给工序的操作。

（2）资源数据　资源在排产模块可以被定义为设备、机台、人等生产资料。搭建排产模型时，需要识别生产时所用到的主资源，机加工企业资源模型定义一般以机台为主，装配车间资源模型一般定义为工位或者产线。资源主要有以下两种产能模式：

1）有限模式：在此模式下，资源在任何时间只能处理一个工序。

2）无限模式：在此模式下，资源可同时处理多个工序。

（3）次要约束　排产模块支持对工序的多重约束或对资源的多重约束。这里的多重约束是指当一项工序除了需要主要资源以外，还需要其他额外的资源，例如工器具、人员等。工序在约束不可用的情况下是不能被指派到资源的。只有在所需资源和次要约束都满足的情况下，工序才能被指派到主要资源上。

（4）产品数据　产品数据包含产品工艺维护；产品每个工序所用到的主要加工资源（一般指设备）维护；产品工艺节拍、换型时间（复杂的需换型矩阵）、前后处理时间、前后工序间接续转交方式、生产调度效率因子维护；产品规范属性（与排产相关）、产品工序成本、物料成本维护；产品 BOM 结构维护；产品衍生物维护。这些信息可以用来关联产品在不同工序的先后次序，对应调整计划起着联动调整的效果。

（5）生产日历　在排产模块中可以通过设定日历状态及日历模板灵活配置各加工资源（设备、辅助工具、载具、班组）的资源日历。可定义白班、晚班不同的资源配置，工作日、休息日等；同时在日历模板中也可以灵活地定义不同状态下的成本及效能，例如白班效率高，夜班效率低，加班成本高等；在排产演算过程中，计划员可以对不同的加班模式进行演算模拟结果。

2. 业务数据

业务数据包含工单、需求以及供给三个部分的数据信息。

（1）工单信息　工单信息包括工单交货日期、优先级、最早开工限定、生产数量（可继承产品信息、也可以直接导入工单工艺及工单用料）。这些工单属性可设定不同的权重比例作为排产的依据。

（2）需求信息　需求信息包括销售订单、客户信息。

（3）供给信息　供给信息包括库存信息、采购信息。

以上即是构建一个排产模型所需最基础的输入数据。可以统筹地将它们称为排产主数据。一般来说，APS 本身并不维护任何基础数据，只需维护排产规则。所有的基础数据都应来源于外部系统，APS 在每次排产时获取最新的排产主数据即可。其原因是为了保障数据同源，当数据从源头发生变更时，APS 能获取到变更后的最新排产主数据。

那这些数据都来自哪些外部系统？一般来说，APS 会与 ERP、MES 进行交互。在实际项目实施过程中，由于 ERP 提供的工艺路径较少会细化到工序级别，无法满足排产需要，APS 会从 MES 里面获取更详细的排产主数据，如图 3-1 所示。

通过以上系统集成图，可以看到集成主要分为以下两个部分：

（1）ERP 与 MES 集成

1）ERP－MES：排程所需主数据（生产订单、库存信息、采购在途信息、销售信息、工艺信息、BOM 关系、物料信息）。

2）MES－ERP：确定生产、物料消耗。

（2）MES 与 APS 集成

1）MES－APS：排程所需主数据（生产订单、库存信息、采购在途信息、销售信息、工

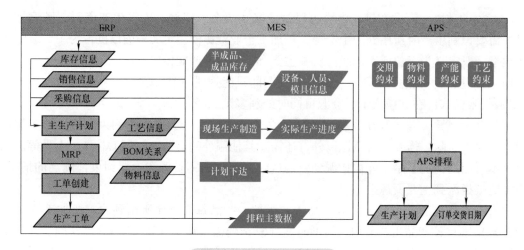

图3-1 系统集成示例图

艺信息、BOM 关系、物料关系)，设备、人员、模具信息，实际生产进度。

2）APS - MES：排程结果。

数据是构建排产的前提条件，是构建一个好的排产的必要条件。根据企业的真实需求及信息化状况，排产所需的数据需要在项目实际实施阶段根据需求具体定义。数据的完整性与准确性不是一朝一夕可以达成的目标，需要企业为之长期奋斗，转变企业观念和规范业务流程是保障数据准确性的前提。排产模块系统可以实现各个系统之间的联动，弥补人工计划的信息缺口，帮助企业实现数据的真实可靠性及透明化。

3.2.4 高级排产过程执行

现在已经有了排产主数据，接下来需要在 APS 内建立排产规则。排产规则将分为两个部分来描述：建立物料关联规则和建立工单排序规则。

1. 建立物料关联规则

物料关联规则，即构建供给和需求的供需关系（如 FIFO）。需求可以是销售订单或者生产订单，供给可以是库存、采购在途或者生产订单。需求和供给之间可以是一对一或者多对多的关系。一对一常用在客供料专料专用的场景。

建立物料关联规则，可实现：

1）物料可用性检查，并将物料与生产订单建立关联，避免重复关联。

2）半成品生产订单与成品生产订单的关联，建立半成品计划与成品计划的良好衔接性，避免车间在制品库存过多。

3）明确何时何地何料用在何处。

4）检查缺料情况，提出物料需求建议。

5）对呆滞库存提出预警。

6）指导库房物料配送。

物料关联规则的建立说明如下：

（1）创建供给队列（Producing Q）和需求队列（Consuming Q）　将供给和需求队列里面的任务统称为 order。POs，WOs，SOs，Stock 都可以被作为供给 order，也可以作为需求 order。

（2）队列筛选 根据筛选规则筛选供给队列和需求队列，如筛选出同一产品的order。

（3）队列排序 需求和供给队列内的order根据关键指标（如交期、优先级）进行排序。

（4）匹配和关联需求与供给 需求队列与供给队列根据Pegging Rule进行匹配。

Pegging Rule说明如下：

1）Pegging Rule用来定义需求和供给的关联关系，可以是一对一的匹配关系，也可以是多对多的匹配关系。先从一对一的简单匹配关系讲解，定义Producing Q里面的order大小必须等于Consuming Q里面的order大小，匹配关系如图3-2所示。

2）如果我们再增加一条新的规则，Producing Q里面的order大小允许大于或等于Consuming Q里面的order大小，匹配关系就会如图3-3所示。这两个规则都是一对一的匹配方式，也就是，Producing Q里面的order只能对应一笔Consuming Q里面的order。

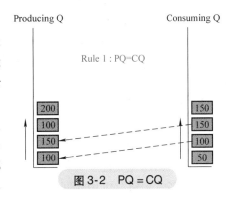

图3-2 PQ = CQ

3）如果是多对多的模式，则意味着Producing Q里面的一笔order可以供给多笔Consuming Q里面的order使用，Consuming Q里面的一笔order也可以由多笔Producing Q里面的order来供给，如图3-4所示。

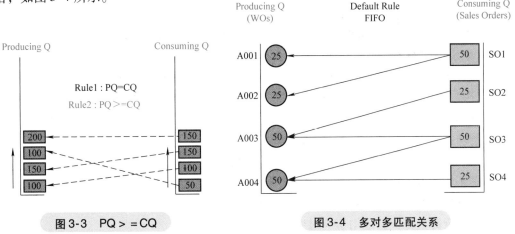

图3-3 PQ > = CQ

图3-4 多对多匹配关系

2. 建立工单排序规则

物料关联关系搭建完成后，现在可以把关注点放到下一步骤，工单排序规则的建立。

工单排序，就是在不违反已定的约束条件下，朝着选定的优化目标，将工单工序合理有序地安排到对应的资源设备上，占用资源加工时长的行为。

大部分企业以满足客户交期为优化目标，工单排序时需要优先考虑客户交期。但也常发生不同的工艺段、不同的设备优化目标不同的情况。如半导体晶圆加工设备非常昂贵，提高设备利用率才是晶圆加工段的排产优化目标；电装行业SMT段换线时间长，减少切换是SMT段的排产优化目标，满足客户交期是后段组装的排产优化目标。

因此需要对工厂的产品特性、工艺制程、运营KPI有足够的了解，才能制定出符合企业实际运营的排产规则。

具体的APS排产算法会在3.2.6APS排序算法章节中详细介绍。

3. 下达排产结果

当上述所有工作完成后，APS 就可以将计算得到的排程结果（生产订单计划开工及完工时间，各工序计划开工及完工时间、各工序所用设备、所用人员、所需物料名称/数量/需求时间、所需工具）下发生产执行 MES。

1）计划员可以控制将符合条件的生产订单下达到车间现场。

2）已经下达的生产订单才能对车间工作人员可见。

3）同时将向车间管理人员及作业人员发布如下信息：机台作业列表——用于指导各机台作业员的作业列表。

4. 同步执行进度

在生产过程中，APS 与 MES 会保持紧密互动，APS 会根据 MES 的执行进度进行计划更新。

1）生产执行模块记录生产订单的完工进度反馈给排产系统，在下次排产时，对已下发的生产订单根据已完成进度更新资源占用情况，如果对比发现实际生产进度比计划生产进度晚，则会自动多占用资源可用时间，如果发现实际生产进度比计划生产进度完成得早，则会自动释放资源的可用时间，并将后续的任务提前或者插入新的任务。

2）同样在物料进度发生异常时，排产系统获取最新的物料库存信息，重建物料关联，修复排程，避免对实际生产造成影响。

3）在设备发生异常时，可以通过车间生产执行模块反馈的设备运行状态调整排程，待设备完成维修后，更新设备状态，修复排程。

4）根据现场反馈的物料状态、生产订单进度，重新更新排产状态并对排产内容进行调整。

5）计划员可以从系统中获取到最新的执行进度。

下面通过实例来介绍系统是如何执行进度更新的。WO－KT02－01 工单如图 3-5 所示，观察 WO－KT02－01 工单，系统高亮显示了三个工序，10 工序在 CNC001 上进行外壳精车，20 工序在 Drill001 上进行钻孔，30 工序在 Inspection 上进行检查。Inspection 上的工序由于车间增加检验人员加速检验，更新了生产进度，如图 3-6 所示。车间更新生产进度后，在甘特图上可以看到 Inspection 上工单 WO－KT02－01 的 30 工序的产能预计占用时间缩短了，释放了一部分产能，如图 3-7 所示。执行修复排产后，资源 Inspection 上释放的产能被后续的任务占用了，后续的排产任务提前，如图 3-8 所示。排产修复只针对跟原任务相关的任务和资源进行操作，排产速度会比全部重排快，适用于应对生产紧急事件。

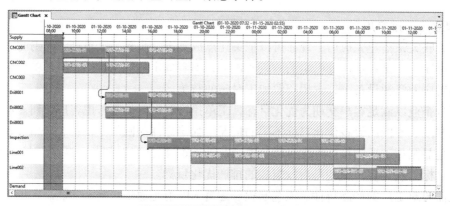

图 3-5　WO－KT02－01 工单

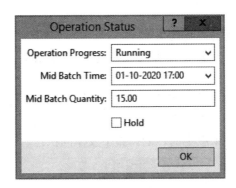

图3-6　WO–KT02–01工单进度更新

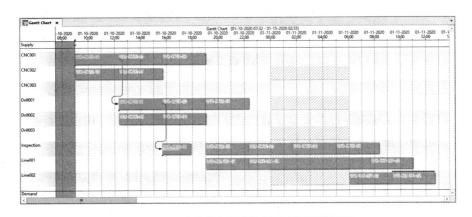

图3-7　WO–KT02–01工单进度更新结果

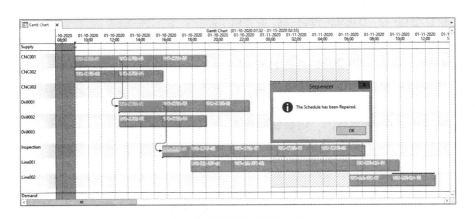

图3-8　修复排程结果

3.2.5　高级排产结果分析与调整

　　制造环境是动态的,我们会面临客户需求变更,客户紧急插单,供应商物料没有及时送达,设备发生宕机,人员休假等各种情况,面对这些计划外的异常,需要及时响应,快速调整排产,让生产有序地执行。

1. 紧急插单

APS 有两种方式的插单逻辑（见图 3-9）。

（1）自动寻空式　APS 会根据优化方向及制约将新插入的工单排在一个对生产率影响较小的空闲位置。

（2）优先插单式　需要对插单的优先级进行设定，通过优先级的提升，APS 可以将插单调整到比较靠前的位置并同时考虑到生产的延续性，减少切换带来的浪费，同时重新计算物料关联，生产排序，快速做出一个版本的计划调整下发车间执行。

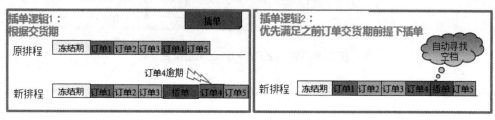

图 3-9　插单逻辑

2. 设备异常

在生产过程中，不可避免设备需要保养，或者发生故障不可使用。用户需要维护资源、维修保养日历，之前有排产的工单就会被自动延期，或者转移到其他生产资源中。

设备故障可以由 MES 监控获取并提交给 APS，用户也可以在 APS 的资源日历上获取维护设备故障时间并重新排产。如设备宕机日历维护如图 3-10 所示，用户可以在 CNC001 资源日历上选择 Breakdown 模板，并指定设备宕机的时间为 1/10/2020 12：00AM－1/11/2020 12：00AM，设定完设备宕机时间后，就可以在设备宕机甘特图显示，如图 3-11 所示中的 CNC001 上看到 1/10/2020 12：00AM－1/11/2020 12：00AM 这个时间段被红色阴影覆盖，表明 CNC001 在这个时间段内不可用，生产任务无法排到该时间段。用户可以重新排产，得到新的排产结果，如图 3-12 所示。

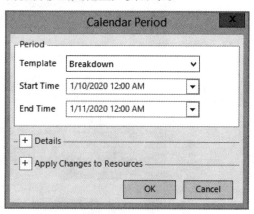

图 3-10　设备宕机日历维护

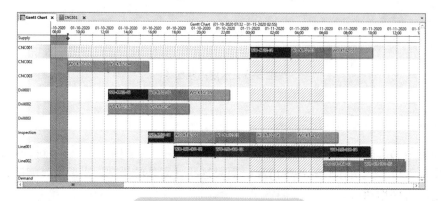

图 3-11　设备宕机甘特图显示

3. 物料短缺

物料短缺会发生在很多场景中，如供应链来料质检不合格导致的物料短缺，生产变更导致的物料短缺，采购不及时导致的物料短缺等。

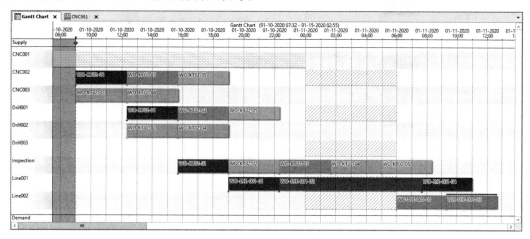

图 3-12　重新排产结果

APS 可以这样协助应对物料短缺：从长周期排产来看，如果不考虑物料约束，也就是不把物料作为硬约束，系统可以帮助计算出未来一段时间的物料缺口，输出工单物料需求，指导采购方进行采购作业；从短周期排产来看，物料作为硬约束，缺料的工单无法被排产，会留在待排工单池内，系统提示缺料预警，输出缺料表，指导采购方进行紧急采购作业并回复采购预计到货时间。

如图 3-13 所示"物料窗口"，在这个示例里面可以看到工单 WO – DJE – 001 – 05 需要 KT02、DZ02、ZZ02、CJJ02、SXX02 五种物料，物料 KT02 需要 20 个，由工单 WO – KT02 – 05 提供，物料 DZ02、物料 ZZ02、物料 CJJ02 和物料 SXX02 由采购订单 PO – 01、PO – 02、PO – 03 和 PO – 04 分别提供。工单 WO – DJE – 001 – 05 生成 DJE – 001 产品，最后被销售订单 SO – 03 所消耗。

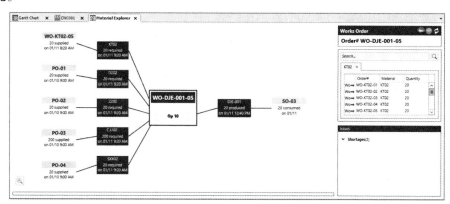

图 3-13　物料窗口

如果发生缺料，则会在物料窗口显示缺料预警信号，如图 3-14 所示显示"物料短缺预警"，工单 WO – DJE – 001 – 05 缺少 20 个物料 DZ02。物料窗口最右侧会列出所有的短缺物料信息。当然也可以在报表里面找到缺料表，提供给采购部门用于物料采购参考。

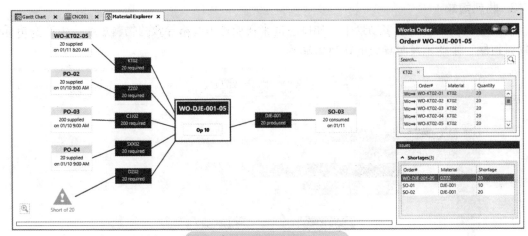

图 3-14 显示物料短缺预警

4. 排产模拟及分析

Opcenter APS 系统有一个非常好的优势在于用户可以在系统内进行参数变更, 优化目标变更等多场景进行快速模拟, 这是人工排产作业执行过程中的瓶颈。用户可以通过排产模拟来提前发现问题、提前解决问题。

用户可以在系统中模拟以下场景:

- 加班
- 设备机台增加/减少
- 工人数量增加/减少
- 物料预计到货时间/数量变更
- 生产订单交货期/优先级/数量变更

根据排产结果, 对设备利用率、计划按时完成率、呆滞库存、切换时间、交货期等关键业务指标进行在线的评估、分析与预警。

- 支持显示订单交付时间的可视化图表
- 支持显示生产计划执行情况的可视化图表
- 支持显示约束、资源组和资源的使用情况的可视化图表
- 支持显示产能利用率的可视化图表

图 3-15 所示为显示订单是否有逾期风险的可视化图表。

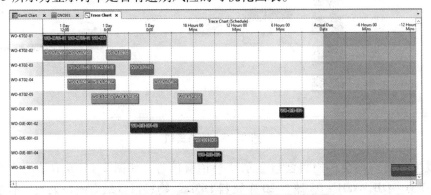

图 3-15 订单是否有逾期风险的可视化图表

图 3-16 所示为显示约束、资源组和资源的使用情况的可视化图表。

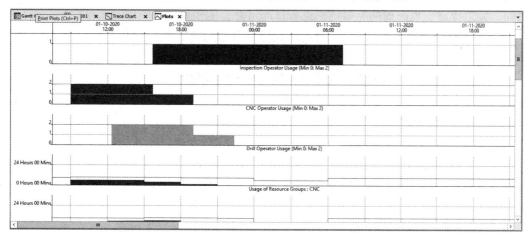

图 3-16 显示约束、资源组和资源的使用情况的可视化图表

图 3-17 所示为显示产能利用率的可视化图表。

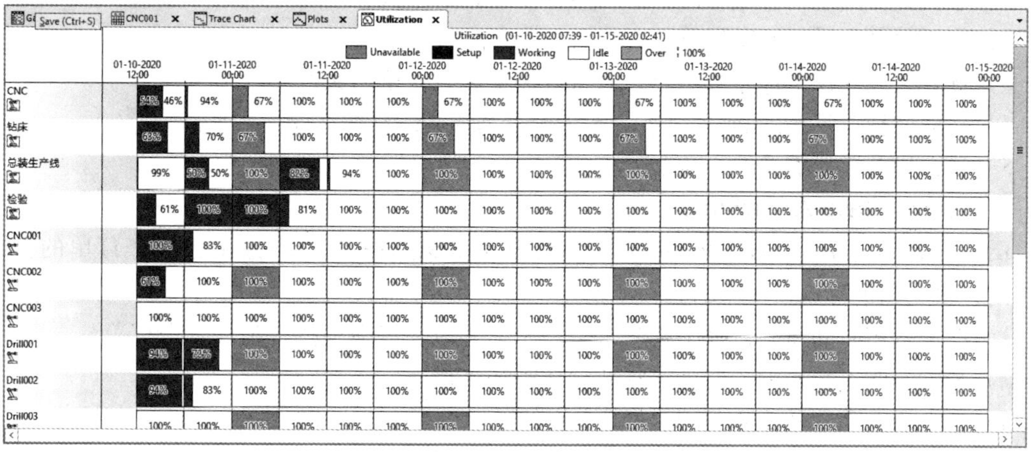

图 3-17 显示产能利用率的可视化图表

3.2.6 APS 排产算法介绍

排产，即把工序排到资源上，即 Operation 排到 Resource。排产策略从严格意义上来说分为两种：站在工序 Operation 的角度选择资源 Resource 和站在资源 Resource 角度选工序 Operation。选择可以分为单优化目标和多优化目标。单优化目标即考虑单一的交货期、生产订单优先级、设备换型时间等因素中的一种。多优化目标即统筹考虑多个排产优化方向，统筹考虑多优化目标时一般采用赋予排产目标权重比例或赋予优先级的方式。

排产模块具备满足客户多元化需求的排程算法：

（1）基于订单触发类算法 Order – Base Algorithmic　支持根据交货期和优先级等条件依次加载每个订单，并对各工序进行正向、逆向或双向加载的排产算法，能较好地保证重点订单的按时完成率。

（2）基于事件触发类算法 Event – Base Algorithmic　支持资源优选排产算法，系统可以统筹考虑优先级、工艺限制、交货期、产能进行排产优化，并具备按优先级、利润、交货期、换型时间、紧迫程度、生产周期等多目标进行排产运算，能较好提升资源利用率。

（3）基于瓶颈的排序优化算法　能最大化瓶颈资源的利用率。

（4）基于最小化生产周期的算法　能最小化地减少全局生产周期。

（5）权重排产算法　针对多个优化目标同时考虑的优化算法。

（6）利用 PESP（事件脚本工作流配置器）配置的客制化流程算法　针对不同特性的工艺将以上算法进行组合使用。

（7）利用 .net 开发的用户自定义算法　用于自定义的高级优化算法。

Order – Base Algorithmic 在系统内是以 Order – By – Order 方式来排序，属于工序 Operation 选择资源 Resource 的排产逻辑。Event – Base Algorithmic 属于资源 Resource 角度选择工序 Operation 的排产逻辑。

1．Order – Base Algorithmic

Order – Base Algorithmic 是一种基于生产订单选择最佳资源的方式来排序的，它有以下特点：

1）不关心时间序列，生产订单按规则排序后，占用资源产能（挑选最佳资源）。

2）算法简单，运行速度高效。

3）优先级高的订单优先被响应，能较好保证优先订单的交付。

4）不适合作业复杂的 job – shop（无法充分利用瓶颈资源产能）。

5）适合作业单一的 flow – shop。

2．Event – Base Algorithmic

Event – Base（ Resource – Based ）是一种基于资源选择最佳工序/最佳生产订单的方式来排序的，它有以下特点：

1）严格按照时间序列，每个资源维护一个队列以及规则（挑选最佳生产订单）。

2）校验时间点数量庞大，算法复杂，运行速度低。

3）各个资源产能被充分利用。

4）适合作业复杂的 job – shop（充分利用资源产能）。

下面通过实例说明，如图 3-18 所示。

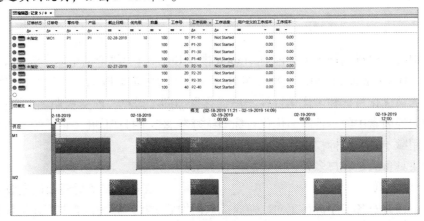

图 3-18　算法示例

1）生产订单与资源的匹配关系：

- WO1 – 10、WO1 – 30、WO2 – 10、WO2 – 30 需求 M1 资源
- WO1 – 20、WO1 – 40、WO2 – 20、WO2 – 40 需求 M2 资源

2）在基于事件的排产中，排产对象为 Operation，队列用来自动管理这些排产对象。系统初始化就会产生一个系统队列，并默认为每个排产资源创建队列，如示例所示，系统中有三个队列：系统队列、M1 队列和 M2 队列。

3）在基于事件的排产中，各个事件按时间顺序触发，系统事件类型包括如下三种：

- Shift Change（班次初始化或者日历状态发生了变化）
- Operation Finished（一个工序 Operation 排产完毕）
- Queue Change（队列变化，添加一个新工序 Operation 进队列）

注：Shift Change 和 Operation Finished 类型的事件侧重体现资源的变化；Queue Change 类型的事件体现排产对象的变化。

在示例排产中，主要有 10 个事件触发的时间点，所有的事件序列如图 3-19 所示。

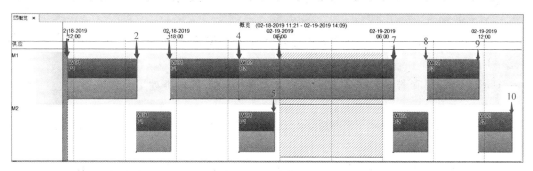

图 3-19　事件序列

（1）触发时间点 1

- Shift Chage 事件，事件触发对象为资源 M1（M1 资源的日历初始化）
- Shift Chage 事件，事件触发对象为资源 M2（M2 资源的日历初始化）
- Queue Change 事件，事件触发对象为队列 M1（M1 队列初始化添加了 WO1 – 10、WO2 – 10）

（2）触发时间点 2

- Operation Finished 事件，事件触发对象为 WO1 – 10 和资源 M1（WO1 – 10 在 M1 资源上排产完毕）
- Queue Change 事件，事件触发对象为资源 M2（M2 队列添加了 WO1 – 20）

此处 Simulation Based Sequencer（SBS）会自动管理队列，如此处 WO1 – 10 排产完毕后，其后工序 WO1 – 20 就会自动添加进 M2 队列。另外，当一个 Operation 存在于两个队列时（两个可选资源），SBS 会控制确保这两个资源不会都选择到该 Operation

（3）触发时间点 3

- Operation Finished 事件，事件触发对象为 WO1 – 20 和资源 M2（WO1 – 20 在 M2 资源上排产完毕）
- Queue Change 事件，事件触发对象为资源 M1（M1 队列添加了 WO1 – 30）

（4）触发时间点 4

- Operation Finished 事件，事件触发对象为 WO1 – 30 和资源 M1（WO1 – 30 在 M1 资源上排产完毕）
- Queue Change 事件，事件触发对象为资源 M2（M2 队列添加了 WO1 – 40）

（5）触发时间点 5

- Operation Finished 事件，事件触发对象为 WO1 – 40 和资源 M2（WO1 – 40 在 M2 资源上排产完毕）

（6）触发时间点 6

- Shift Chage 事件，事件触发对象为资源 M1（M1 资源的日历状态变化）
- Shift Chage 事件，事件触发对象为资源 M2（M2 资源的日历状态变化）

（7）触发时间点 7

- Operation Finished 事件，事件触发对象为 WO2 – 10 和资源 M1（WO2 – 10 在 M1 资源上排产完毕）
- Queue Change 事件，事件触发对象为资源 M2（M2 队列添加了 WO2 – 20）

（8）触发时间点 8

- Operation Finished 事件，事件触发对象为 WO2 – 20 和资源 M2（WO2 – 20 在 M2 资源上排产完毕）
- Queue Change 事件，事件触发对象为资源 M1（M1 队列添加了 WO2 – 30）

（9）触发时间点 9

- Operation Finished 事件，事件触发对象为 WO2 – 30 和资源 M1（WO2 – 30 在 M1 资源上排产完毕）
- Queue Change 事件，事件触发对象为资源 M2（M2 队列添加了 WO2 – 40）

（10）触发时间点 10

- M1、M2 队列为空，排产结束

3.3 实践操作

为了让大家更好地理解上面的这些理论概念以及对系统的建模、操作方式有更深入的理解，·下面一起使用 Opcenter APS 系统的模拟环境，实现用排产系统进行电机从壳体的生产到装配的生产排产全过程。

这里模拟的场景主要分为以下部分：

1）基础数据维护，包含资源数据、资源组数据、产品数据、BOM 数据及业务数据维护。

2）电机壳体加工和电机整体装配排产演示。

3）从订单交付、设备利用率等维度进行排产结果分析演示。

4）模拟排产结果下发及执行进度更新演示。

3.3.1 练习一：基础数据维护

在 APS 系统内建立基础数据模型，基础数据维护分为资源数据、资源组信息、产品数据、BOM 数据、订单数据和生产日历数据。操作步骤如下：

1）双击桌面 Opcenter SC Ultimate 快捷键图标，即可启动排产模块，如图 3-20 所示。

2）可能会出现时间偏移的警告，如图 3-21 所示，出现此原因是排产模块启动时设置了排程固定的开始时间。

1. 资源数据维护

表 3-1 为资源组与资源表。

1）通过单击 Data Maintenance→Resource，打开 Resource 界面，如图 3-22 所示。

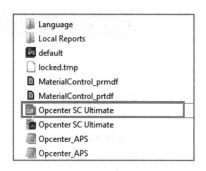

图 3-20　启动排产模块

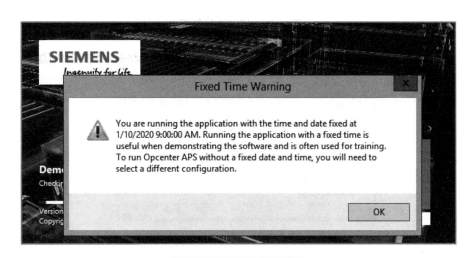

图 3-21　固定时间警告

表 3-1　资源组与资源

序号	资源组 Resource Group	资源 Resource
1	CNC	CNC001
		CNC002
		CNC003
2	钻床	Drill001
		Drill002
		Drill003
3	检验	Inspection
4	总装生产线	Line001
		Line002

2）在 Resource 界面中，维护资源数据，这里需要输入 Name、Finite Mode Behavior、Efficiency 等参数，如图 3-23 所示。

2. 资源组数据维护

1）通过单击 Data Maintenance→Resource Groups，打开 Resource Groups 界面，如图 3-24 所示。

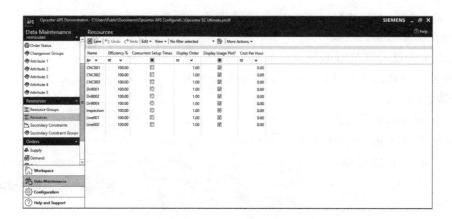

图 3-22　资源数据界面

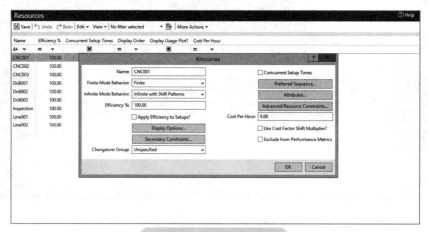

图 3-23　资源数据维护

图 3-24　资源组数据维护

2）在 Resource Groups 界面中，维护资源组数据，这里需要将资源与资源组进行绑定，如图 3-25 所示。

3. 次要约束数据维护

1）通过单击 Data Maintenance→Secondary Constraints，打开 Secondary Constraints 界面。在 Secondary Constraints 界面中，维护次要约束数据，输入 Name、Calendar Effect 等参数，勾选

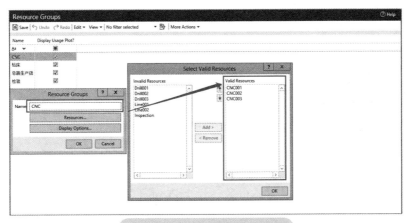

图 3-25 将资源组与资源绑定

"其作为一个约束来使用"选项,如图 3-26 所示。

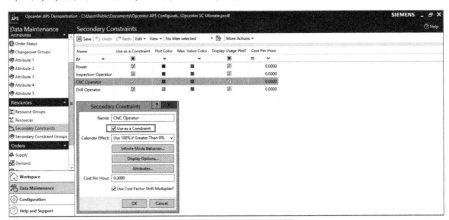

图 3-26 次要约束维护

2）次要约束数据可以绑定在资源数据上,也可以绑定在产品数据上。如绑定在资源上,则表明每个使用该资源的工序,都会受到该约束的影响,通过单击 Resources→Secondary Constraints →Valid Secondary Constraints,可以设置次要约束的用法和用量,如图 3-27 所示。

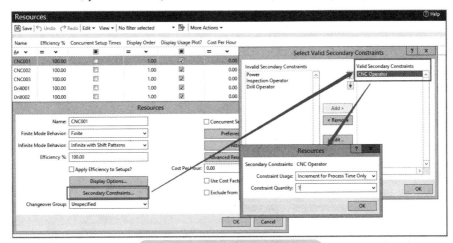

图 3-27 将次要约束与资源绑定

4. 产品数据维护

表3-2为产品表。

表3-2 产品表

物料编码	物料名称	工序	工序名称	资源组
DJE-001	E系列电机001型号总成	10	装配	总装生产线
KT02	电机壳体	10	外壳精车	CNC
		20	钻孔	钻床
		30	零件检验	检验

1）通过单击 Data Maintenance→Products，打开 Product 界面。在 Products 界面中，维护产品主要数据，如图3-28所示。

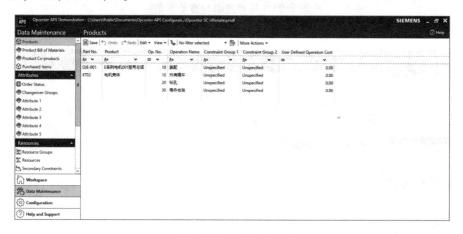

图3-28 产品数据维护

2）在 Products 界面中，维护产品主要数据，输入 Parent Part、Part No.、Product、Profit、Op. No.、Operation Name 等参数，如图3-29所示。

3）通过单击 Product→Resources，选择该工序要使用的 Resources，装配工序要使用总装生产线资源组，可以在 Line001 和 Line002 上进行装配，如图3-30所示。

图3-29 产品参数

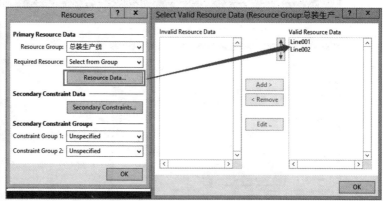

图3-30 产品与资源的对应关系

4）通过单击 Product→Operation Times，选择该工序的工艺工时，输入 Setup Time、Process Time Type、Op. Time per Item 等参数，如图 3-31 所示。

5. 产品 BOM 数据维护

表 3-3 为产品 BOM 表。

通过单击 Data Maintenance→Product Bill of Materials，打开 Product Bill of Materials 界面。在 Product Bill of Materials 界面中，维护产品 BOM 数据，如图 3-32 所示。

图 3-31 工艺工时维护

表 3-3 产品 BOM 表

序号	物料编码	物料名称	用量	单位
1	DJE – 001	E 系列电机总成	1	件
2	KT02	电机壳体	1	件
3	DZ02	定子组件	1	件
4	ZZ02	转子组件	1	件
5	CJJ02	接插件	10	件
6	SXX02	三相线	1	件

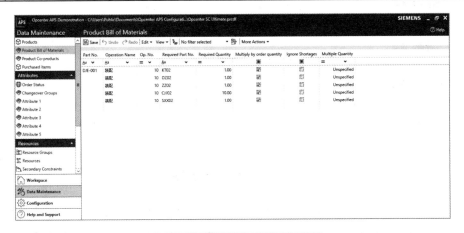

图 3-32 产品 BOM 数据的维护

6. 供给数据维护

通过单击 Data Maintenance→Supply，打开 Supply 界面。在 Supply 界面中，维护物料供给数据，输入 Order No.、Order Type、Part No.、Description、Supply Date、Priority、Quantity 信息，如图 3-33 所示。

7. 需求数据维护

通过单击 Data Maintenance→Demand，打开 Demand 界面。在 Demand 界面中，维护需求数据，输入 Order No.、Order Type、Part No.、Description、Demand Date、Priority、Quantity 信息，如图 3-34 所示。

8. 生产工单数据维护

通过单击 Data Maintenance→Orders，打开 Orders 界面。在 Orders 界面中，维护工单数据，

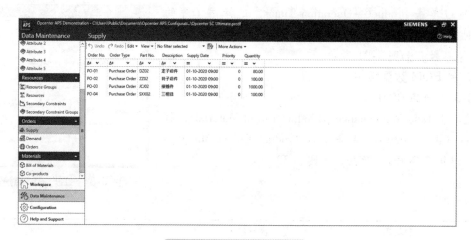

图 3-33　供给信息的维护

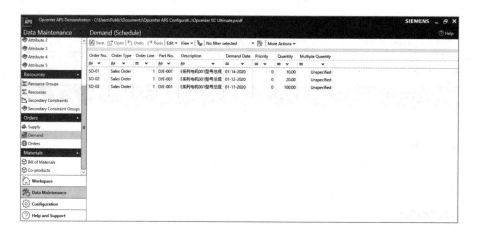

图 3-34　需求信息的维护

输入 Order No. 、Part No. 、Product、Due Date、Priority、Quantity 信息，如图 3-35 所示。

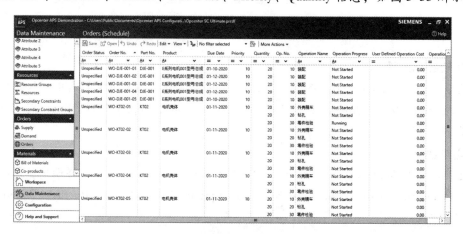

图 3-35　工单信息的维护

9. 生产日历数据维护

1）通过单击 Workspace→Generate Schedule，打开排序器界面。在排序器界面中，通过单击菜单栏 View→Calendars→Primary Calendars Templates，维护资源日历模板，输入 On Shift、Short Break、Breakdown、Overtime、Off Shift 等各种日历状态的时间范围即可创建日历模板，如图3-36所示。

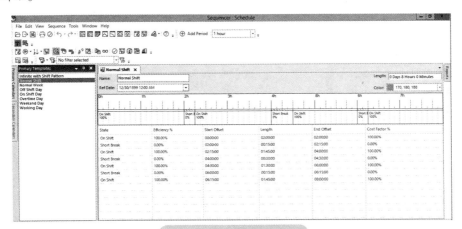

图3-36　日历模板的维护

2）在排序器界面中，通过单击菜单栏 View→Calendars→Primary Calendars，维护资源日历，为资源配置日历模板并可指定该模板的起始时间和结束时间，如图3-37所示。

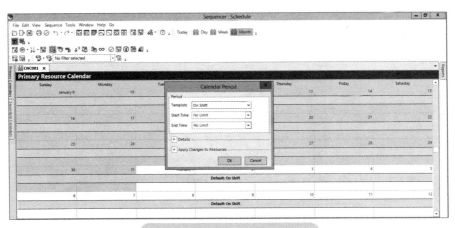

图3-37　资源日历模板的维护

❖ 练习

自己动手维护资源数据、资源组数据、次要约束数据、产品数据、BOM数据、需求数据、供给数据、工单数据和日历数据，并从软件界面上理解排产所需要的数据，以及如何关联这些数据。

3.3.2　练习二：排产模拟

通过上面的练习操作，已经学习了在 APS 系统内维护排产所需的基础数据，下面就可以用于排产。模拟排产过程按照如下步骤：

1）通过单击 Workspace→Generate Schedule，打开排序器界面。在 Unscheduled Operations 未排工序窗口内可以看到所有的待排工序，在如图3-38所示 Gantt Chart 甘特图窗口内 Y 轴表示资源，X 轴表示时间。

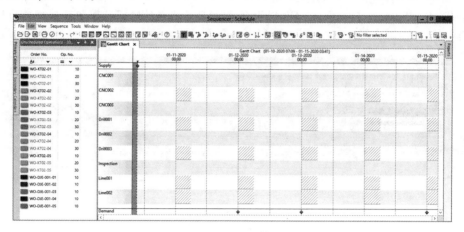

图3-38 甘特图未排窗口

2）在排序器界面中，通过单击菜单栏 Tools→Peg Materials，进行物料关联。

3）在排序器界面中，通过单击菜单栏 Sequence→Forward Sequence→Forward By Priority 进行排产，可选用多种排产算法进行排产，甘特图排产窗口如图3-39所示。

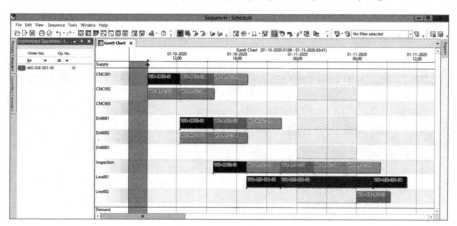

图3-39 甘特图排产窗口

❖ 练习

选择不同的排产算法进行排产模拟。

3.3.3 练习三：排产结果分析

通过上面的练习操作，已经学习了在 APS 系统内完成排产模拟，下面就可以进行排产分析。通过以下几个维度来进行排产分析，操作步骤如下：

1）在排序器界面中，通过单击菜单栏 View→Gantt Chart，以图3-40所示甘特图的方式查看基于资源维度对于产能的利用情况。通过右键单击甘特图上某一工序，选择 Highlight Options→Entire Order 查看电机壳体工单的工序流转情况。

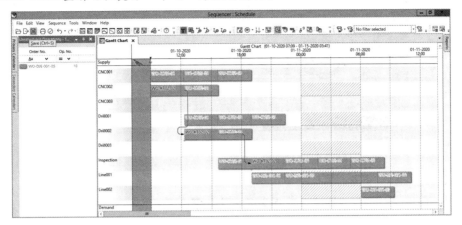

图 3-40　高亮显示整个生产订单

2）在排序器界面中，通过单击菜单栏 View→Unscheduled Operations，可以看到没有排上的工序。通过右键单击某一工序，再通过 Reason Not Allocated 查看未排产原因。通过 Show In Material Explorer 查看物料情况。可以发现是因为缺料导致工序没有排上，后续可安排物料的紧急催料或者补充，如图 3-41 所示。

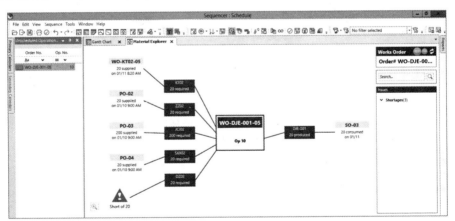

图 3-41　物料查看器

3）在排序器界面中，通过单击菜单栏 View→Plots Window，可以查看约束的使用状态，如图 3-42 所示。

4）在排序器界面中，通过单击菜单栏 View→Utilization Window，可以查看资源、资源组、次要约束的利用率。

5）在排序器界面中，通过单击菜单栏 View→Trace Chart Window，可以从生产订单维度查看交付情况，如有延期发生，则会出现警告，如图 3-43 所示。

6）在排序器界面中，通过单击菜单栏 View→Report，可以查看 BOM Shortages Summary、Late Orders、Order Comparison Data、Work to List By Resource 等各类报表，如图 3-44 所示。

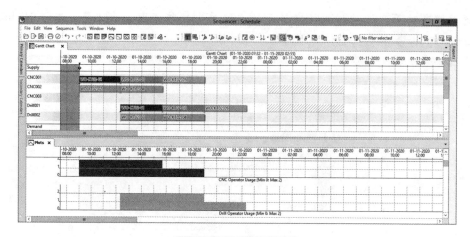

图 3-42　Plots 窗口

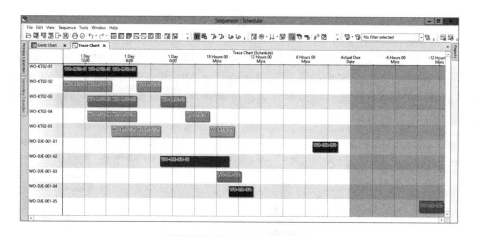

图 3-43　Trace Chart 窗口

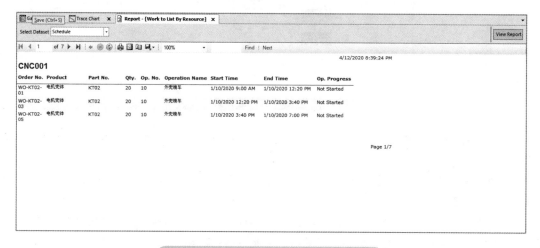

图 3-44　Work to List By Resource 窗口

❖ 练习

1) 分析工序未排产原因，并解决问题，使工序都能排产。

2) 利用图表进行排产分析。

3.3.4 练习四：排产结果下发及执行进度反馈

通过上面的练习操作，学习了从各个维度来进行排产分析并解决未排产问题，下面将确定后的排产结果下发给 MES 执行并与 MES 互动形成反馈更新。以下模拟排产进度更新，操作步骤如下：

1) 在主界面通过单击 Workspace→Release Schedule，即可把排产结果下发给 MES 执行，如图 3-45 所示。

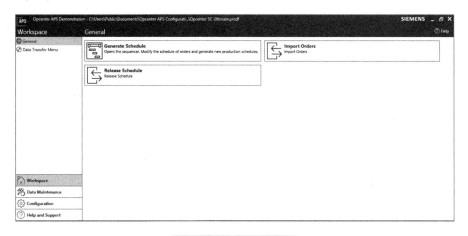

图 3-45 排产主界面

2) 模拟排产更新，通过单击 Workspace→Generate Schedule 进入排序器，在排序器界面中，为了演示效果更清晰，可以高亮显示工单 WO - KT02 - 01，如图 3-46 所示。

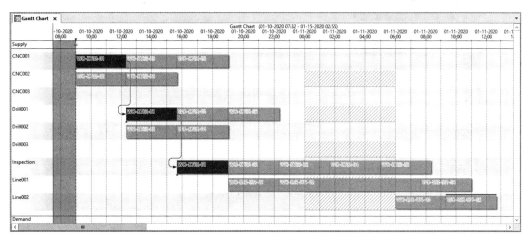

图 3-46 工单 WO - KT02 - 01

3) 双击甘特图上工单 WO - KT02 - 01 的 30 工序，单击 Operation Status，修改 Operation Progress 为 Running，Mid Batch Time 为 01 - 10 - 2020 17：00，Mid Batch Quantity 为 15.00，如图 3-47 所示。

4) 甘特图上工单 WO - KT02 - 01 的 30 工序会释放资源 Inspection 的部分产能，如图 3-48 所示。

5) 通过单击菜单栏 Tool→Repair Schedule，进行修复排产。选择 Allow Sequence Change，单击 OK。如图 3-49 所示。

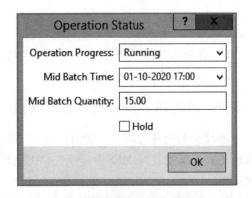

图 3-47 Operation Status

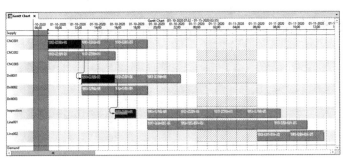

图 3-48 工序进度更新

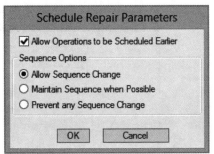

图 3-49 排产修复参数

6) 在甘特图上可以看到修复排产后，工单 WO - KT02 - 01 的 30 工序释放的资源 Inspection 产能已经被后续工单工序占满了，如图 3-50 所示。

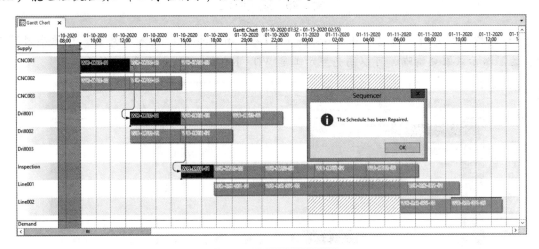

图 3-50 修复排产结果

❖练习

对工单工序的生产进度模拟进度更新，执行排产修复功能。

第 4 章

制造运营物料管理

4.1　学习目标

本章主要介绍制造运营管理物料模块的基本概念、主要功能、应用场景及实践操作。通过完成学习，学生要求能够达到以下学习目标：

> (1) 深刻认识物料管理的重要性与价值。
> (2) 掌握物料的基本信息要素与工厂物料批次创建方法。
> (3) 操作并验证工厂物料流转过程中的 IQC、入库、转移过程。
> (4) 建立仓储、物料与物流一体化运作的完整知识体系。

4.2　理论学习

4.2.1　物料与物料管理的基本概念

1. 物料定义

对于制造企业，物料是其生产运行的基本要素，它不仅影响工厂生产活动的正常进行，对企业产品质量也有很大影响。

制造企业习惯将最终产品之外的、在生产领域流转的一切材料（不论其来自生产资料还是生活资料）、燃料、零部件、半成品、外协件以及生产过程中必然产生的边角余料、废料以及各种废物统称为物料。

对于多数企业来说，物料有广义和狭义之分。狭义的物料是指材料或原料，而广义的物料包括与产品生产有关的所有的物品，如原材料、辅助用品、半成品、成品等。在 Opcenter 中，物料的定义是广义的。

2. 物料管理

物料管理是通过建立一套完整的管理体系，集成仓储、物流与计划系统，优化并透明化企业物料库存、流转、状态去向，实现防呆与可追溯，促进并保障企业对物料的采购、检验检测、库存管理、车间配送、库存转移、消耗防呆、追溯分析等需求，实现生产与供应链的高度整合以驱动工厂高效运作。

物料管理所关联的系统相当广泛，涉及 ERP、APS、MES、WMS、AGV 等。企业只有通过建立制造运营管理体系，以其为核心才能实现这些系统的高效集成融合，才能基于先进设计、工艺、仿真、制造执行管理、自动化产线与智能物流等真正地迈向无人工厂与智能制造，如图 4-1 所示为制造运营管理下的工厂物料有序运转示意图。

图 4-1 制造运营管理下的工厂物料有序运转

制造运营物料管理是 MES 的重要内容，主要聚焦的是与生产相关联的物料作业部分，如物料的批次创建、下发、配送、消耗、防呆以及与产品的关联追溯。

4.2.2 物料管理的重要性

物料是工厂生产产品的第一道门槛，有好多工厂出现这种情况，因为断料而常常改变生产计划，因为缺料而推迟出货。因此，常常需要对物料进行库存储备，过少与过多的库存都会影响企业的运营，恰到好处的库存需要制造运营管理的物料管理结合高级计划与排程才能实现。不仅是工厂的采购与生产、计划部门关注物料，企业的管理者也关注物料，这就凸显了物料的重要性。

企业对物料的管理，不仅是一个采购库存的问题，如何管理好工厂内的物料也是企业关注的核心问题。现实中，由于物料管理的不透明化造成大量物料堆积、去向不明、过期报废，或者是制造产品的物料由于管理不当导致产品缺陷，都将影响工厂产出与产品质量，大大降低其市场竞争力与盈利能力。

作为工厂运营的基础，物料管理无疑至关重要，其影响主要体现在如下几个方面：

1. 对产出的影响

过少的物料库存，导致生产缺料，使得计划不能如期进行，影响产出，从而影响销售商的销售计划，最终影响企业盈利。

2. 对成本的影响

过多库存造成成本积压，导致企业资金链紧张；由于物料管理不当造成过多的物料报废（如超期失效），提高了制造成本；由于物料问题导致的维修、返工也会导致额外成本的增加。

3. 对质量的影响

不合格物料、超期物料、错料将导致众多的质量问题，降低制造良率。

4. 对效率的影响

车间物料配送的效率会直接影响生产率。未实现信息化管理的工厂，通常会耗费大量的时间查找、确定物料，还会发生现场物料堆积混乱与配送不及时，盘点耗时长等现象。这一切都要求企业建立现代化的物料管理体系并整合物流来提升效益。制造运营管理的物料管理是帮助企业实现智能化、一体化的物料物流管理系统的基础，能够有效驱动生产与供应链配送。

4.2.3　物料基础信息

物料基础信息一般包含如下部分：

1. 物料编码

物料编码代表物料唯一身份的编码，通常是由代表特定意义的"字符前缀 + 数字 + （后缀）"按特定的编码规则所生成，如"DJE - 001 - A"代表"电机 E 系列"按某一顺序规则编码的"001"号"A"型产品。

现实中，针对同一物料，由于企业的编码方式不同，存在工厂与物料供应商编码不一致的情况，此时工厂在接受物料时会根据自己所定义的编码规则对物料进行重新编码，并与原物料批次、料号等实现关联，以供追溯。

2. 物料名称

物料厂商对所制造的物料命名，如"电机壳体""定子组件"，用于直观表明该物料是什么。

3. 规格型号

规格型号是对物料的尺寸、型号、颜色、规格等的详细描述，如"电源线 380V，12A"，表明该电源线所支持的额定电压与电流分别为 380 伏、12 安。规格型号能够辅助工厂相关人员在接收、使用、分析时对物料进行直观地识别。

4. 供应商信息

供应商信息表示物料制造商公司名称。由于工厂内的同一物料可能由多家供应商提供，故供应商信息的录入对后期供应商物料品质分析评估起到了重要的分类作用。在 BI 中，可以根据制造缺陷与物料供应商的关联分析来评估供应商品质甚至索赔。

5. 生产批次

生产批次表示制造商生产该物料时的批次号，如"LOT - DZ20200710 - CN"。通过与工厂接收物料时的批次信息关联，在发生生产品质事件时，如果是物料所致，通过追溯分析可以准确定位受影响的产品范围，也能辅助物料供应商进行品质溯源与改善。

6. 数量与计量单位

物料的计量单位有批、盘、卷、件、箱等。不同的工业行业有不同的计量方式，如电子行业以盘、卷为主，化学行业以桶、升为单位。

7. 生产日期与有效期

物料的生产日期与有效使用期限。生产日期与有效期的录入，对具有保质期限制的物料在工厂内的出库与优先消耗有重大意义。对有效期的管理忽视，将导致高昂的超期报废成本。

8. 其他属性

其他所需标注的物料信息。

4.2.4　工厂物料管理

1. 产品物料的组织形式 BOM

工厂对产品生产用料是通过 BOM 的形式进行组织的。物料清单，也就是 BOM（Bill Of

Material）。一般产品要经过工程设计、工艺制造设计、生产制造、成本核算、维护、销售等多个阶段，相应的在这个过程中分别产生了名称十分相似但内容却差异很大的物料清单，如EBOM、PBOM、MBOM、CBOM等。基于零件与模块等的唯一物料编码形成了BOM的一条条记录。

　　EBOM：把在产品设计阶段所创建的BOM称为工程BOM（EBOM）。EBOM是产品在工程设计阶段的产品结构的BOM形式，它主要反映产品的设计结构和物料项的设计属性。设计结构区别于装配结构和制造结构，是工程设计人员按照客户订单合同中的产品功能要求，来确定产品需要哪些零部件，以及这些零部件之间的结构关系。物料项的设计属性是产品功能要求的具体体现，如重量要求、寿命要求、外观要求等。EBOM是设计部门向工艺、生产、采购等部门传递产品数据的主要形式和手段。工艺部门依据EBOM进行工艺分工，编制零件的加工路线，进行零件的工艺设计。

　　MBOM：详细描述产品制造过程的BOM，是生产的依据。它是制造部门根据已经生成的PBOM，对工艺装配步骤进行详细设计后得到的，主要描述了产品的装配顺序、工时定额、材料定额以及相关的设备、刀具、夹具和模具等工装信息，反映了零件、装配件和最终产品的制造方法和装配顺序，反映了物料在生产车间之间的合理流动和消耗过程。MBOM也是提供给计划部门（ERP）的关键管理数据之一。

　　表4-1展示了电机制造案例的BOM结构。

　　装配等级：对于多层级BOM，由于其包含了成品整机所需的所有物料，而这些物料将会在生产装配的不同工艺过程所消耗，故通常会对物料在生产过程中的装配层级进行区分，不同的企业有不同的标记方式。如本案例中"DJE－001"其实是一个成品电机，所以处于最高的层级，有的公司会用"10"这种代码表示，而"DZ02"定子组件其实是一个装配好的外购模块，在整机装配中它与"DJE－001"构成父子关系，故用"20"表示其层级，在定子制造过程中，定子仍然具有制造它所需的物料，这些物料可以用层级代码"30"表示。

表4-1　电机制造BOM

序号	物料编码	物料名称	规格描述	装配等级	供应商	用量	单位	替用料
1	DJE－001	E系列电机总成	E系列电机001型号	制成品		1	EACH	N/A
2	KT02	电机壳体	精加工钢壳体	自制半成品模块		1	EACH	N/A
3	DZ02	定子组件	定子槽数：12	外购半成品模块	定子供应商A	1	EACH	N/A
4	ZZ02	转子组件	转子槽数：15	外购半成品模块	转子供应商A	1	EACH	N/A
5	CJJ02	接插件	380V，12A	外购零件（主物料）	接插件供应商A	10	EACH	CJJ03
6	SXX02	三相线	电源线380V，12A	外购零件	电源线供应商A	1	EACH	N/A
7	JZJ02	电机壳体毛坯	铸造壳体	外协半成品	外协供应商A	1	EACH	N/A
8	CJJ03	接插件	380V，10A	外购零件（替用料）	接插件供应商B	0	EACH	N/A

2. 替用物料

　　实际生产过程中物料的使用有时并不能满足要求，通常会面临库存物料紧缺或者市场供应不足，这时候工厂会采购一些满足产品设计要求而不影响产品性能结构的第三方供应商物料作为候补储备，这些物料被称为替用物料。实际上制造企业为了保障生产的正常运营，对关键物料一般都会发展多家供应商，从而形成主、替用物料关系。替用物料可能是一种或者多种，通常情况下，在主料充足的情况下，会优先使用主料。本案例物料CJJ02的替用物料为CJJ03，替用物料在BOM里通常以用量为"0"的方式出现，在实际生产过程中，在使用替用物料时，其真实使用量将与主物料相同。

3. 物料采购需求

用户订单与生产计划驱动工厂物料采购需求计划。采购什么物料，采购多少，从哪里采购是一个复杂的问题，影响采购的因素包括：物料供应市场变化、企业订单市场预测、企业产品发布策略、合格供应商厂家数量、供应商物料配送周期、工厂库存与库存容量等。制造企业在制定中长期生产计划阶段，通过 ERP 与 APS 实现透明化库存与物料需求计划 MRP，采购人需结合这些因素制定物料采购计划。

4. 来料检查 IQC

物料供应商根据配送计划向工厂配送物料，工厂一般会规划一个或多个原材料接收区进行原材料待检存放，而后对其进行来料品质检查。IQC 的工作方向是从被动检验转变到主动控制，将质量控制前移，把质量问题发现在最前端，减少质量成本，以达到有效控制，并协助供应商提高内部质量控制水平。IQC 不仅影响到公司最终产品的品质，还影响到各种直接或者间接成本。不同的行业，不同材料或成品具有不同的检验标准，有些需要全检，有些只需抽检，如电机具有国标"GB 12350"检验标准，工厂也可以根据需要制定自己的检验项目与标准。对不同的检验结果需要执行相应的处理流程，对合格的原材料进行入库，对不合格的原材料，工厂一般有 MRB（材料审查委员会）小组对其进行评估，根据评审结果决定处置方式，如退货、挑选使用、降级使用等。

通常情况下，IQC 检查在 ERP 或者 WMS 系统内执行，MES 集成 ERP 或 WMS 对 IQC 记录进行关联追溯，Opcenter 支持 IQC 检验流程。如图 4-2 所示简要描述了来料检查的一般作业流程。

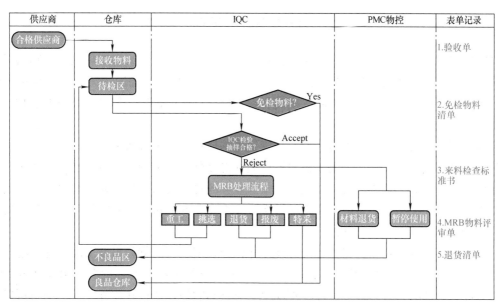

图 4-2 IQC 来料检验流程

5. 物料批次与编码

制造运营管理中物料管理的第一步就是要统一规划各种物料的编码规则，给物料一个唯一识别的身份才能实现精细追溯，通俗地讲就是给物料编制"身份证"。UID（Unique Identification）即给物料分配唯一识别代码（序列号或批次号），实现一物一码，如果编码规则混乱、编码重复严重（一物多码或一码多物，注意：此处一物多码含义与批次管理不同）、名称规格描述不统一等，将造成大量的错料或者库存积压与重复采购。

物料制造商在生产物料时，为了区分不同的产品（物料）同样会给物料进行编码，从下游客户的角度，称其为 MPN（Manufacture Part Number），同时，制造商为了追溯物料生产过程，会对同一批次生产的物料定义批次（Lot/Batch）号码，同一批次基于制造流程基本相同的前提将会关联众多不同时间连续生产的同一编码的物料。

物料信息通常以标签的形式贴于物料之上，如图4-3所示，具体呈现方式视条件限制会有所差异。

标准的料盘标签（如左图），一般包含的信息如下：

系统条码识别：英文为REEL ID，简写R/I

料号：英文为Part Number，简写P/N

生产日期：英文为Date/Code，简写D/C

批次号码：英文为Lot Number，简写L/N

厂商：英文为Vender、Supplier等，简写V/C

数量：英文为Quality，简写QTY

规格：英文为Specification，简写SPEC

图4-3　物料标签样例

物料供应商的物料编码与制造企业的物料编码方式可能不同，或者工厂内同一物料具有多家供应商。为了实现精细化的物料追溯管理，在 IQC 过程中工厂会根据工厂自身的编码规则对供应商物料进行批次的创建，并关联供应商物料重要信息，如批次、料号、供应商名称、制造日期等。

批次号有一个入库产生、库房存放、出库使用的过程。为了批次追溯，需要建立一种批次档案数据，反映批次的来源和去向，也便于后期的追溯分析。采购入库或生产入库产生新批次号，在批次档案中要记录新生成的批次号和来源业务的对应关系；生产领用材料出库或给客户销售发货时，在批次档案中要记录使用的批次号和去向业务的对应关系。批次档案记录要能随着 MES 事务数据的建立自动关联。

由于各物料的特性差异，需要对其实现差异化的管理。有的物料需要实现单件追溯（如关键物料、贵重物料），故每件都需要有独立的序列号；有的只需要实现批次追溯（如电源线），故可以通过一个批次号实现统一管理。不同物料对条码的呈现也存在差异，有的物料可以直接贴条码，而有的物料无法实现粘贴，此时可以通过激光或者托盘、外箱、RFID 载体等实现身份标识。

6. 物料出入库与库位

对 IQC 检验合格的物料，将物料信息（包含数量）录入系统，从原材料暂存区转移至原材料仓库被生产使用。仓库的库位编码，由 WMS（仓储管理系统）进行管理，入库时物料应与库位实现关联，从而实现查询；出库时 WMS 或者 MES 需要根据出库规则进行管理调度并校验，如先超期先出库（FEFO），完成出库后 WMS 释放库位。

不同的物料对仓储环境有不同的要求，企业应根据物料特性对仓库温度、湿度、通风环境等进行管理，这些数据可以通过 IOT 采集至 MES 进行监控。

企业在未建立自动化仓储系统情况下，物料出入库通常由员工手动扫描上架、下架作业完成，MES 通过与 WMS 的集成可以起到指导作用，如生产需要拣什么料？该拣哪件料？其位置在库房何处？如图 4-4 所示展示了手动作业的物料出入库流程。

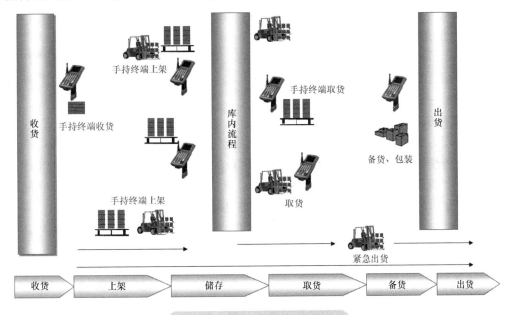

图 4-4　物料出入库作业示意图

自动化物流系统一般是托盘装载物料，通过自动仓储控制系统（WCS）与仓管管理系统（WMS）、MES 以及自动导引车（AGV）系统集成实现物料的上下架以及车间配送。物料 IQC 检查合格后，将被置于一个具备唯一身份编码（如 RFID）的托盘内并进行条码关联，通过导轨等方式传输至立体仓库，WMS 负责分配库位并与托盘绑定。生产现场需要物料时，MES 根据预定义的配送周期提前向 WMS 发出物料配送请求，WMS 根据出库规则（如 FIFO 先进先出、FEFO 先超期先出）自动定位库位，自动仓储控制系统（WCS）根据逻辑执行任务取出托盘，通过导轨或者交由 AGV 系统配送至指定位置，并解除托盘与物料的关联关系，释放库位与托盘。物流的自动化能够有效提高工厂物料配送的效率，减少人工作业与错误发生，实现 Just In Time 的拉式生产叫料方式。

7. 车间物料需求与发料

生产车间根据生产计划，产生了物料需求，从而催生了物料配送计划。如上节所述，在企业已经建设自动化物流系统情况下，智能制造系统会根据生产计划与现场物料消耗，以 MES 为神经中枢向 WMS 自动请求物料配送，AGV 最终将物料配送至 MES 指定的场所。

有别于自动化物流通过集成方式根据生产需求实现高效的拉式自动物料请求与配送，在传统人工作业模式下，仓库必须根据生产计划与工序工单物料用量进行汇总，经历人工拣料、清点、核对、配送过程，一次或者分批将物料配送至车间指定产线、区域或者线边仓库待用，此模式也称为推式物料配送。该模式通常要求车间具备一定规模的缓存区，不利于车间的整洁，并且可能造成物料堆积，当然也不是所有工业行业都适合 JIT 模式的配送。

制造运营物料管理可以根据生产排程产生工单物料配送计划，以看板的形式向仓库配送人员展示配送列表，并显示预期配送时间与配送数量，实现提前通知、超时预警等功能。拣料员可以根据工单物料列表清单，通过扫描物料条码，备足物料，通知配送至正确作业场所。MES通过与WMS仓库管理系统集成，扫描物料时根据出库规则（如FIFO、FEFO），指示物料存储位置，加速拣料过程，实现防呆与效率提升。

在Opcenter平台，与物料配送紧密相连的两个概念是物料队列（Material Queues）与物料箱（Carrier），将在后面的实践操作环节介绍。

在车间生产过程中由于过度消耗或者报废导致物料短缺，此时需要通过MES进行增补叫料、注明超额配送的原因、呼叫库房配送，此过程均会录入制造运营管理系统，对后期的统计分析、工艺改善起到重要作用。

8. 车间物料接收与退料

物料通过配送实现了位置转移，从原材料仓或者上一工序的半成品（可视为后工序的物料，如定子、转子均有其加工过程，但都是电机装备的部件）暂存区转移到了当前工序，此时物料并未被生产消耗，只是从ERP或者WMS转移至MES进行管理，需要对其所在的位置与数量实现透明化，故车间对配送或者领用的物料需要做接收处理。

通常车间都会设计线边仓用于接收、存放待用物料，员工接收物料后，通过扫码，验明物料的正确性与数量并与线边仓库位实现关联，录入MES，实现线边仓管理。

在Opcenter内，物料的配料与卸载关联的是Carrier的Load与Unload事务，在后面实践操作环节中将会介绍。

对于生产工单完结后的余料或者超额发放的物料，进行退库处理，也可以移库至其他有同类物料需求的工单产线继续使用。在这些操作过程中，MES通过与ERP、WMS的集成再次实现物料的位置与数量转移。

9. 物料消耗与防呆

在生产过程中，物料在各工序、工位通过再加工或者装配过程被消耗。对于批次消耗的物料（如本案例的接插件CJJ02），投料时，作业员通过扫描物料批次，MES验证物料与所投产的工单产品、工序是否一致，实现防呆，如果物料正确，后续作业过程中无需再扫描物料条码，MES将自动消耗当前批次物料并与产品实现关联直到下一批次物料投入，某些由设备自动消耗的物料，在上料时扫描条码，其逻辑与此相同；对于单件消耗的物料（如本案例的定子组件DZ02、转子组件ZZ02），作业员必须在使用该物料时逐一扫描序列号，对使用正确的物料，MES自动进行产品关联。对于错误投入的物料，MES会实时报警，禁止作业；对于物料用量不够的，MES将预警并禁止移出当前作业工位。

在制造过程中，物料在不同的工序被不断地消耗，MES会实时扣减线边仓物料库存，同时同步至ERP/WMS，动态更新企业原材料、半成品库存，实现精细化的库存管理，消除积压，与APS联动驱动采购。

详细物料消耗作业与防呆，参考"第6章　制造运营现场执行"实践操作章节。

10. 物料追溯

物料在制造企业内部经历采购、检验、入库、配送、生产、成品入库过程后，完成其制造生命周期管理，最终有两个去向：被加工成半成品/成品或者装配至产品成品；在使用过程中报废或者跟随产品成品被报废。

在制造运营管理中，这些过程均被记录，并且能够被双向追溯。

（1）正向追溯

1）定义：根据产品序列号、批次号从上而下进行追溯，追溯其构成部件和原料、基本信息、生产过程、库存条件、出入库、检验信息等。

2）使用场景：

A. 来自客户的要求，客户稽查需求或客户对产品投诉。

例如：当客户需要对生产管理过程进行稽查时，或者客户产品出现问题投诉时，需要根据产品序列号或批次号，对整个制造过程进行追溯，还原产品制造过程中的人、机、料、法、环、测等要素，这其中就包含对所使用的物料、物料的检验加工过程进行追溯。

B. 企业内部出现品质异常事件时。

例如：在生产过程中发现某批次产品出现品质异常，需要分析其根源并做改善预防，此时需要通过快速查询此产品批次生产过程所使用的设备、人员、工具、用料等情况进行排查分析，对物料的分析是其中重要的一环。

3）使用人员：业务人员、售后服务人员、品质管理人员、生产管理人员、生产主管。

（2）反向追溯

1）定义：依产品所用部件或原料批次号自下而上追溯，追溯所有用到此批次部件或原料的产品及批次、涉及的各料件批次号的基本信息、生产过程、库存环境、出入库、检验信息、现有库存等信息。

2）使用场景：供应商或者企业自身的问题导致产品缺陷或存在潜在风险需要确定影响范围。

例如：众多用户投诉电机在使用过程中"无故停转"的严重质量问题，经正向追溯最后定位为供应商 B 所提供的批次为"LOT49382"的接插件烧毁所致，此时必须能够找出批次"LOT49382"的接插件究竟被用在哪些系列、哪些批次的电机产品上，这些电机出货到哪里，通过反向追溯可以缩小召回范围，节省成本。

3）使用人员：品质管理人员、生产管理人员、生产主管。

正向追溯和反向追溯可以实现物料与成品的全流程追溯和一览式查询，实现批次料件的来源可查、去向可追和责任可究。

11. 供应商品质评估

BI 或者大数据分析是实现供应商供货品质评估的重要手段。制造企业由于物料众多，外协厂商众多，同一物料虽然标称规格相同，但是采购价格各异，是否要采用低价策略，哪一家供应商提供的物料才是最经济物料等这些都需要使用数据分析来说明问题。通过 BI 或者大数据对产品历史制造缺陷、缺陷根源、维修成本、售后成本等进行综合分析，可以挖掘出最优性价比物料供应商，从而实现供应商评级。

4.2.5　物料管理的价值

物料管理使企业能够全面透明化物料信息，从而驱动内部物流与外部供应链采购，其价值主要体现如下：

1）透明化工厂库存，驱动及时采购，预防车间物料短缺；减少库存堆积，杜绝超期浪费，提高仓库利用率，盘活企业资金。传统管理模式下，工厂作业现场是物料盲区，ERP 对所发出的物料无法实现追踪管理，造成真实物料库存不准确，现场物料去向不明。

2）驱动高效的厂内物流配送。

3）建立物料防呆机制，预防错料，减少浪费，提高制造良率。

4）实现物料追溯：由于物料的原因造成生产品质事件时，能够有范围的隔离处理；由于物料的原因造成召回时，能够有目的有范围地进行召回，节省成本。

5）优化采购与降低制造成本：通过大数据分析，能够评估最优性价比供应商；基于物料的正常消耗与损耗，方便产品制造成本的综合准确核算，从而有利于制定产品合理的市场价格，以占领市场。

4.3 实践操作

4.3.1 练习一：物料基础信息管理

在本练习中，学生通过练习在 Opcenter 系统中创建电机制造过程中所需的材料（Product）与物料清单（BOM），熟练掌握如何在制造运营管理系统中创建物料基础信息。

1. 定义物料基础信息

在 Opcenter 中，产品（Product）是广义的，可以是原材料、成品、子装配或组件。为了方便维护，可将产品分组到产品系列。

产品是在 Product 建模对象中进行创建的，表 4-2 展示了某笔记本电脑装配 BOM 结构。

表 4-2　某笔记本电脑装配 BOM 结构

序号	物料编码	物料名称	规格描述	装配等级	供应商	用量	单位
1	LT – 7400	笔记本电脑	7400 系列笔记本电脑	成品		1	件
2	Screen – 01	显示屏	14.1 寸 FHD WVA	组件	显示屏供应商 – A	1	件
3	Keyboard – 01	键盘	背光键盘	组件	键盘供应商 – A	1	件
4	MainBoard – 01	主板	E225 系列主板	组件	主板供应商 – A	1	件
5	SSD – 01	硬盘	1TB SSD 固态存储	组件	硬盘供应商 – A	1	件
6	Cover – 01	外壳	银色外壳	组件	外壳供应商 – A	1	件

其详细的物料创建过程如下：

1）登录 Opcenter，在建模 Modeling 界面 Objects/Product 中，单击 New 打开一个新的产品建模界面。

2）先创建 Screen – 01 物料，在 Product 建模对象对应字段输入如下信息并保存，即完成了一种物料的创建（注：＊号为必填字段），如图 4-5 所示。

- Product＊：Screen – 01
- ROR＊：01
- Description：14.1 寸 FHD WVA
- Product Type＊：外购半成品
- Customer：显示屏供应商 – A

3）通过同样的方式，完成对剩余物料的创建，最终在系统中创建了 6 个物料。

2. 定义 BOM 并与产品实现关联

在上述练习中我们针对一款笔记本电脑，创建了 6 种物料，其中 LT – 7400 是其他 5 种物

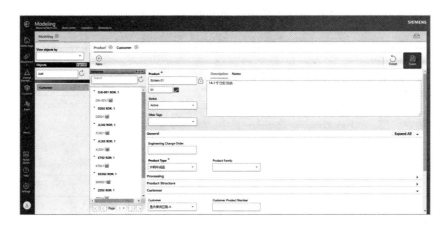

图 4-5 Product 建模界面

料装配后的整机，在产品结构中这 5 种物料组成了一个笔记本电脑装配的 BOM，并关联整机 LT-7400。由于企业物料众多，应用于同一产品制造的物料组合在一起就形成了该产品的 BOM，下面练习如何创建 BOM 并与最终产品关联。

1）首先假设笔记本电脑 LT-7400 装配工艺流程如图 4-6 所示。

图 4-6 某款笔记本电脑装配工艺流程

2）登录 Opcenter，在建模 Modeling 界面→Objects/BOM 中，单击 New 打开一个新 BOM 建模界面。

3）给 BOM 定义一个名称 LT-7400-BOM 与版本 01，输入描述"Laptop 7400 BOM 物料清单"，然后展开 Materials/Material list，弹出如图 4-7 所示界面。

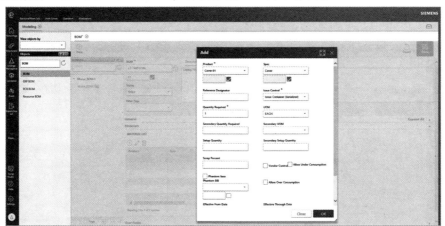

图 4-7 BOM 物料与 Spec 关联界面

表 4-3 是弹出界面操作说明，必须将物料与工艺流程工步（Spec）做正确对应，才能在工

序作业时正确消耗物料，同时也必须正确地选择物料消耗方式：Lot 或 Serialized。

表4-3　BOM 弹出界面字段说明

关键字段	说明
Product*	选择将要添加至 BOM 的物料
Spec	该物料将于工艺流程中哪个工步（Spec）消耗
Issue Control*	消耗控制： 1. Issue Container（Serialized）——单件序列号消耗 2. Issue Container（Lot）——批次消耗
Quantity Required*	该物料所需的数量
UOM	该物料的使用单位

单击"确定"，完成第一个物料的添加。

4）重复步骤3完成余下物料的添加，构建完整的 BOM，如图4-8所示。

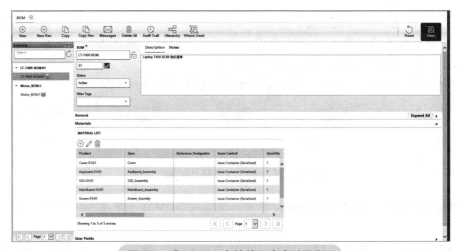

图4-8　Opcenter 内的笔记本电脑 BOM

5）打开 Product 界面，选择 LT-7400，定位至图示 Product Structure 区域，选择刚才创建的 BOM，实现 BOM 与产品的关联，如图4-9所示。

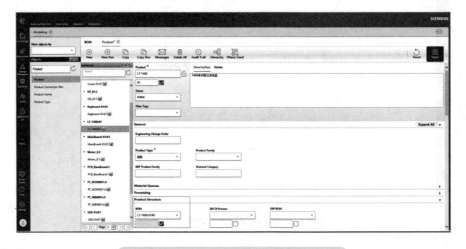

图4-9　笔记本电脑 Product 与 BOM 关联

❖ 练习

应用上面所学知识，在系统中完成本书案例电机物料与 BOM 的创建，并将 BOM 与整机 DJE – 001 实现关联，为后续章节执行生产过程中物料消耗与验证做准备，所需电机 BOM 数据见表4-4。

表4-4 练习所需创建的电机 BOM 数据

序号	物料编码	物料名称	规格描述	装配等级	供应商	用量	单位	替用料
1	DJE – 001	E 系列电机总成	E 系列电机 001 型号	制成品		1	EACH	N/A
2	KT02	电机壳体	精加工钢壳体	自制半成品模块		1	EACH	N/A
3	DZ02	定子组件	定子槽数：12	外购半成品模块	定子供应商 A	1	EACH	N/A
4	ZZ02	转子组件	转子槽数：15	外购半成品模块	转子供应商 A	1	EACH	N/A
5	CJJ02	接插件	380V，12A	外购零件（主物料）	接插件供应商 A	10	EACH	CJJ03
6	SXX02	三相线	电源线 380V，12A	外购零件	电源线供应商 A	1	EACH	N/A
7	JZJ02	电机壳体毛坯	铸造壳体	外协半成品	外协供应商 A	1	EACH	N/A
8	CJJ03	接插件	380V，10A	外购零件（替用料）	接插件供应商 B	0	EACH	N/A

4.3.2 练习二：物料批次的创建与入库

制造企业对于供应商所配送的合格物料，必须对其进行重新编码，其主要原因有以下几点：

1）防漏码或重复编码。在工厂内，物料需要具有代表其唯一身份的 ID 才能实现精细的仓储、消耗与追溯管理。

2）供应商内部物料编码与企业本身的物料编码不同。

3）同一批次所配送的物料，存在众多的最小包装单元，如果是关键、重要物料，要实现单件追溯就必须给这些最小单元进行唯一编码，否则会混淆不清。

可以根据需要对物料进行批次编码或者通过 SN 实现单件的物料编码。在 IQC 过程中，对抽样检查合格的物料创建批次、打印标签并粘贴，进行入库处理。

在本练习中，学生通过在 Opcenter 系统中进行操作，对电机制造 BOM 中的物料进行批次创建并在执行 IQC 流程后入库。

1. 创建物料批次

在 Opcenter 中，可以通过 Start 或者 Start Two – Level 两个事件来创建物料以及产品批次号。下面以"DZ02 定子组件"为例来介绍创建批次的过程。

1）登录 Opcenter，在左侧功能模块中选择 Container，从 Container 列表中单击 Start，出现如图 4-10 所示界面。

2）参考表4-5说明，选择对应信息或者填入，单击 Submit，为"DZ02 定子组件"创建序列号 MAT – DZ02 – 001。

如图 4-11 所示为信息录入后的 Start 界面。

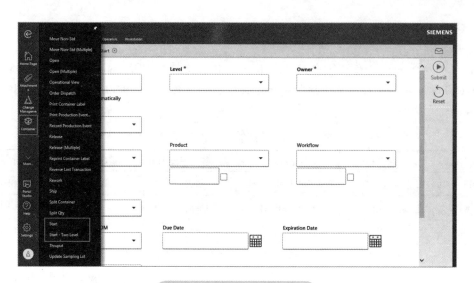

图 4-10　Start 界面（空）

表 4-5　Start 字段说明

关键字段	说　明
Container Name *	要启动的容器的名称
Generate Names Automatically	选中此框后，应用程序将根据指定的编号规则自动在"启动"页上生成容器名称
Level *	与容器相关联的层次。Level 是在"建模"中使用"Container Level"页定义的。本例"定子组件"需单件追溯，故选择"SN"
Owner *	与容器相关联的所有者。启动容器的用户指定所有者
Start Reason *	启动容器的原因
Mfg Order	与正在生产的容器关联的制造订单代码（如果有）
Product	与容器相关联的产品
Workflow	将用于容器的工作流程名称
Qty	容器的主要计划数量
UOM	与容器主要计划数量关联的度量单位

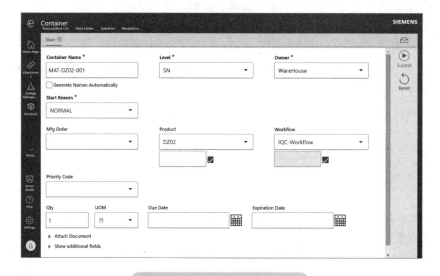

图 4-11　信息录入后 Start 界面

对于需要实现单件追溯的核心零部件，每个零部件都必须分配唯一序列号，所以在创建批次时数量为1。对于批次追溯的，一般需要根据经济批量来创建批次数量，批次内单个零部件将不具备独立的身份标识，它们通过共享批次号来实现消耗与追溯，电机BOM中"CJJ02接插件"即属于此情况。

2. 执行IQC检验入库

来料检查过程通过执行一定的抽样标准，对物料供应商所配送物料进行检验与检测（具体的AQL抽样执行与标准参考"第7章 7.3.1"内容），对结果进行判定，对合格物料创建企业自身的批次条码，打印标签并粘贴于物料卷、盘、箱等之上，执行入库。Opcenter可以管理标签模板并以变量的形式将所创建的批次号自动填入标签模板，驱动指定的打印机自动打印。

例如：工厂今天收到不同供应商配送的"DZ02定子组件"100件，"ZZ02转子组件"120件，"CJJ02接插件"6000个（分两个生产批次，共120个塑料包装，每包装50 PCS），现存放于待检区。

工厂按抽样标准进行抽样检查，发现全部合格。接下来工厂的作业是给DZ02与ZZ02分别创建100、120个序列号编码。对于CJJ02，假设工厂标准产能为每天100个成品电机，每个电机消耗10个CJJ02，那么其经济批量可以设置为1000，可以为所接收的CJJ02创建6个批次，每批1000 PCS。合理的经济批次数量有利于现场物料管理，预防积压。

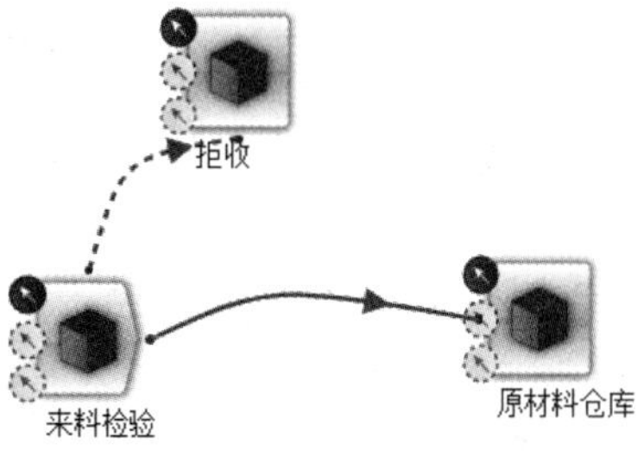

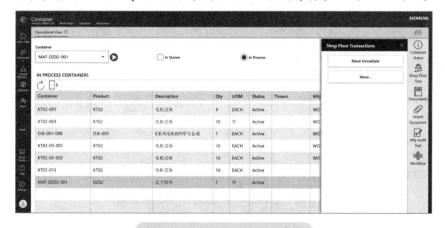

图4-12 IQC工作流程

在Opcenter中物料扫描入库实现了物料从待检区至原材料仓的转移，其操作过程如下：

1）在第2章中创建了IQC检验工艺流程IQC-Workflow，如图4-12所示。

2）登录Opcenter，在左侧功能模块中选择Container，从Container列表中单击Operational View，在弹出界面中Container栏扫描物料批次（已粘贴于物料卷、箱之上…）MAT-DZ02-001，Opcenter验证物料批次是否存在，展开右侧Shop floor Txn，单击Move执行事务，如图4-13所示。

图4-13 Container Move事务

注：实际生产作业中，不同岗位的作业员将会配置不同的作业界面，本案例中IQC检验员通过自己的账号登录，即自动呈现上图所示界面，无需层层操作进入作业界面。

3）在弹出界面单击Move完成物料入库，如图4-14所示。

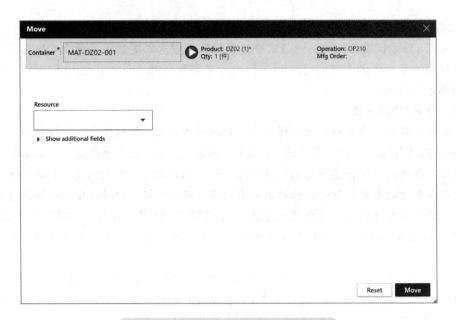

图 4-14　执行 Container Move 事务界面

4）查看执行结果，系统弹出界面显示物料已经成功完成入库，如图 4-15 所示。

注：如果员工未分配 Factory 角色权限，此操作可能报错，此时应该给员工作业账号配置所属 Factory 属性。

> SUCCESS! Container moved to 原材料仓库 on 04/14/2020 12:35:43 PM by Camstar Administrator.

图 4-15　Move 事务执行成功反馈信息

还可以通过单击右侧 Workflow 查看批次在 IQC – Workflow 中所处的工步，如图 4-16 所示。

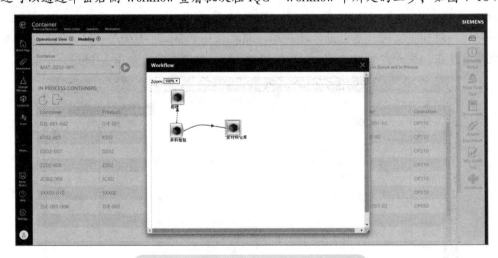

图 4-16　查看物料在 IQC – Workflow 状态

❖ 练习

1. 创建物料批次

本案例电机装配 BOM 中，"DJE – 001 E 系列电机总成""KT02 电机外壳"与其他物料不同，这两者均由企业自主制造，其批次编码是在生产过程中创建的。

对照表4-6，练习在OpcenterCR系统内创建如下物料批次。

表4-6　物料批次列表

Container Name *	Level *	Owner *	Start Reason	Product	Workflow	Qty	UOM
MAT – ZZ02 – 001	SN	WareHouse	Normal	ZZ02	IQC – Workflow	1	EACH
MAT – SXX02 – 001	LOT	WareHouse	Normal	SXX02	IQC – Workflow	600	EACH
MAT – CJJ02 – 001	LOT	WareHouse	Normal	CJJ02	IQC – Workflow	200	EACH
MAT – ZZJ02 – 001	LOT	WareHouse	Normal	JZJ02	IQC – Workflow	20	EACH
MAT – CJJ03 – 001	LOT	WareHouse	Normal	CJJ03	IQC – Workflow	100	EACH

2. 执行 IQC 作业

练习将表4-6中所创建的物料执行IQC检验流程并录入原材料库。

4.3.3　练习三：物料库存管理与移动消耗

1. 库存位置管理

Opcenter对库存的管理，更加倾向于物料位置与转移、批次与数量、有效期与出入库规则。如果要管理货架，则应由WMS等系统来实现。

通过库存位置管理，可以执行以下操作：追踪指派到库存位置的物料数量；手动将物料指派到库存位置；自动将物料指派到库存位置；将物料从一个库存位置转移到另一个库存位置；从库存位置移除物料。

注：如果在未安装Industry Solutions情况下，无法执行本节操作，Opcenter CR不具备此功能，故本节仅供参考学习。

通过定义工厂、产品系列和产品的默认库存位置，可以自动将容器放入库存位置。将容器移动到定义为库存点的作业时，容器将被自动指派到库存位置。可以从物料队列中移除剩余的物料。移除的物料将自动返回至其分配时所在的库存位置。

下面以手动作业为例介绍库存位置管理的基本操作。

1）在已经安装了Industry Solutions情况下，单击Material Queues→Manage Inventory，即可进入库存管理，如图4-17所示。

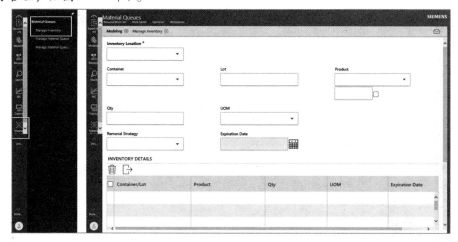

图4-17　库存管理界面

2) 在选择库存位置之前, 需要通过建模对象 Inventory Location 根据工厂布局创建对应的库存点, 本案例已经创建了如下仓储位置:

- 产线线边库01
- 待检物料仓库
- 原材料仓库
- 半成品仓库
- 成品仓库
- 报废物料仓库

单击 "原材料仓库", 可以在库存明细栏里看到当前已经存在一个物料 "T_04"。接下来, 需要把上一练习中创建的物料通过扫码录入仓库, 如图 4-18 所示。

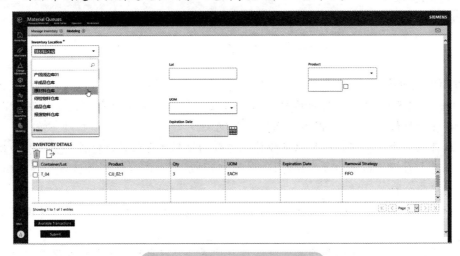

图 4-18　库存位置以及库存列表

3) 以 "MAT-ZZ02-001" 录入为例, 单击 Container, 发现前面创建的该物料已经显示在列表中, 也可通过直接扫描组件条码完成批次号输入。物料批次创建过程中所建立的数量与产品信息均被自动带出, 如果创建批次时对物料定义了有效期, 在 Expiration Date 中将显示对应的有效期, 如图 4-19 所示。

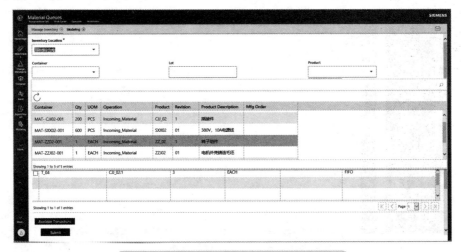

图 4-19　Container 显示的未入库物料列表

4）出库规则 Removal Strategy 的选择，当前定义的出库规则说明如下：

- FIFO（先进先出）——最先消耗最先存货的物料
- FEFO（先到期先出）——根据到期日期消耗物料
- LIFO（后进先出）——最先消耗最后存货的物料

选择 FIFO 模式，观察可以发现，此时窗口底部的操作区出现了一个 Submit 的"提交"按钮（见图4-19），单击"提交"完成 MAT – ZZ02 – 001 录入。重复操作录入其他物料后的"原材料仓库"物料列表如图4-20所示。

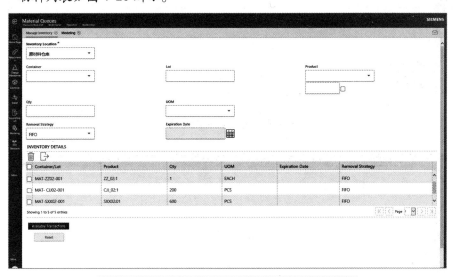

图4-20　录入完成后的"原材料仓库"物料列表

2. 物料转移

Opcenter 有多种方式实现物料在工厂内的自动与手动转移。

1）在上述原材料工厂内，可以通过勾选仓库内所需移库的物料，执行 Transfer 事务，完成移库动作。具体操作如下：

① 从列表中选择库存位置字段，如"原材料仓库"，应用程序将填充"库存详细信息"表。

② 勾选所需移库的物料，如 MAT – CJJ02 – 001、MAT – ZZ02 – 001。

③ 在目标库存位置字段中选择新的库存位置，如"产线线边库01"，单击 Transfer 实现物料从原材料仓至线边仓的转移。

④ 如果单击"移除"按钮，应用程序会将容器、批次或产品从"库存详细信息"表格中移除，如图4-21所示。

查看"产线线边仓01"，检查执行后结果如图4-22所示。

2）使用 Container→Ship 事务，可将容器装运到远程位置（如客户或经销商），或装运到另一个工厂、位置或工作流程工步，如图4-23所示。

3）通过 Carrier（物料箱）实现车间物料、半成品的加载、卸载与发运。

Carrier 是一种物理实体，如器皿、缸、托盘、桶或一件用于在生产流程中存放物料的设备。最常见的 Carrier 实例是托盘。存放物料的 Carrier 在车间四处移动，可以将容器指派给 Carrier。执行事务始终是在容器上，而不是在 Carrier 上。通过提供 Carrier 名称，可以查看容器详细信息并在容器上执行事务。

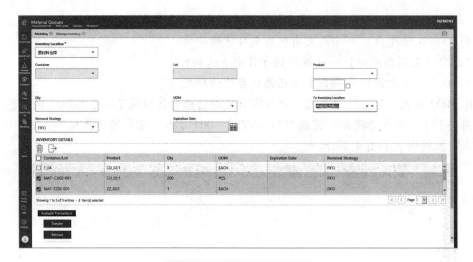

图 4-21　移库与目的地仓库

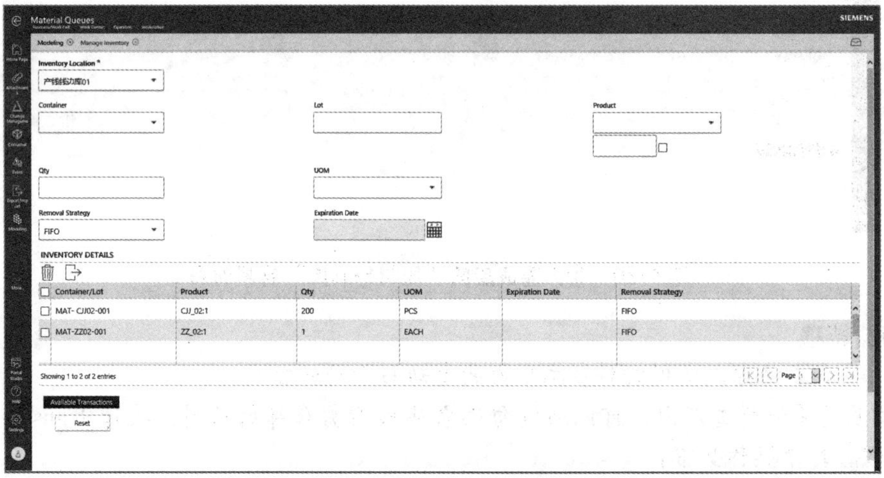

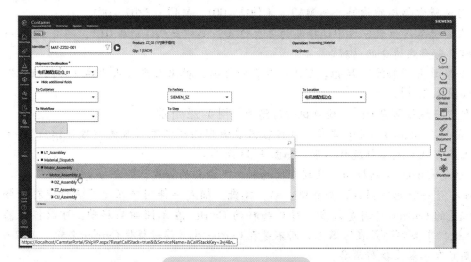

图 4-22　"产线线边仓 01" 物料列表

图 4-23　Ship 事务界面

Carrier 作为一种资源，具有 Resource 的共有属性与事务，例如，Carrier 需要定期维护，也存在资源状态（可用、不可用等）。下面简要介绍 Carrier 作业步骤如下：

a. 通过对 Carrier 建模创建 Carrier 实例，如图 4-24 所示。创建了名为"Carrier_RawMaterial_01"的物料箱，其关键字段含义见表 4-7。

图 4-24　Carrier 建模界面

表 4-7　Carrier 关键字段说明

字段名称	描述	类型
容量	可以加载到物料箱中的最大项数	可选
容器状态	表示要加载到物料箱中的容器必须具有的状态。默认状态包括： ● 任何：没有状态限制 ● 失败：限制为具有失败状态的容器 ● 良好：限制为具有已通过或良好状态的容器	可选
单个制造订单	加载到此物料箱中的容器是否必须全部用于同一制造订单。选项包括： ● 否 ● 未设置 ● 是 注：在此处选择的选项将替代产品系列上的对应设置	可选
单个产品	加载到此物料箱中的容器是否必须全部用于同一产品，但可用于多个制造订单。选项包括： ● 否 ● 未设置 ● 是 注：在此处选择的选项将替代产品系列上的对应设置	可选
使用位置	是否必须为加载到物料箱中的每个容器指定一个位置。选项如下： ● 未设置 ● 否 ● 是 注：在此处选择的选项将替代物料箱系列上的对应设置	可选

b. 物料加载与卸载

在 Carrier Operation 操作界面，输入"Carrier_RawMaterial_01"，勾选 Load，扫描物料

"MAT－CJJ02－001"，单击 Move 加载物料至物料箱，但出现了错误，如图 4-25 所示。

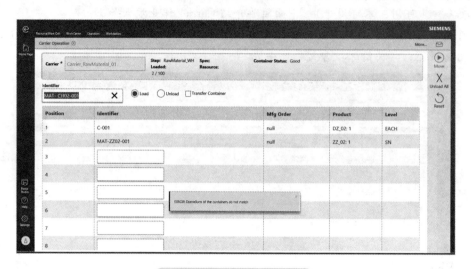

图 4-25　物料加载操作失败

检查物料"MAT－CJJ02－001"，发现其仍然在来料待检库，如图 4-26 所示。

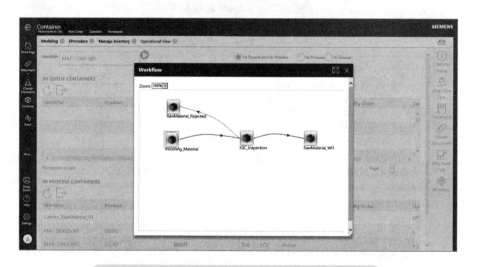

图 4-26　物料"MAT－CJJ02－001"当前位置状态

而根据 Factory 对 Carrier 的配置要求是从"原材料仓库"向"Line1_WH"转运生产用原材料，如图 4-27 所示。

假设"MAT－CJJ02－001"是合格物料，执行来料入库流程，使其进入库存点，如图 4-28 所示。

接下来执行 Carrier 加载操作，如图 4-29 所示为成功执行操作。Opcenter 在整个管理过程中会严格执行一系列逻辑上的校验防呆。

在物料配送至指定区域后，通过执行 Unload 操作，物料将解除与 Carrier 的关联关系，Carrier 可重新执行其他搬运作业。

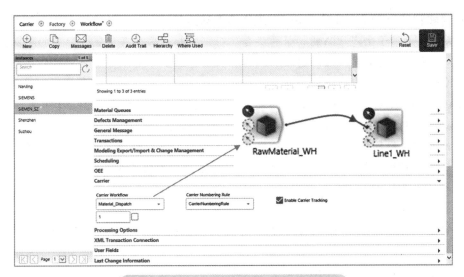

图 4-27　工厂模型中的 Carrier Workflow

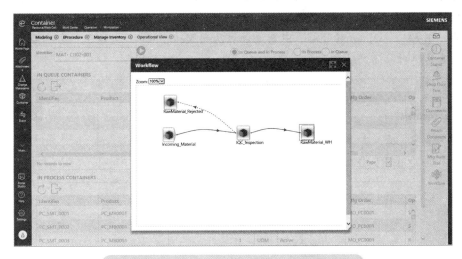

图 4-28　"MAT – CJJ02 – 001" 入库后的位置

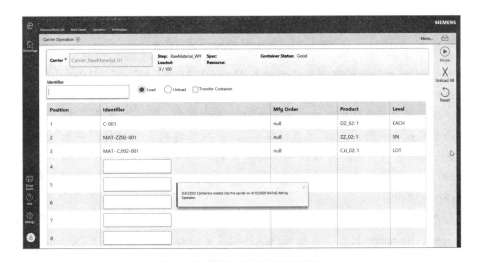

图 4-29　Carrier 成功装载物料

3. 通过物料队列 Material Queues 实现物料自动消耗

物料队列表示用于生产产品的物料的集合。可以将物料从库存位置分配至物料队列，从而减少库存位置中的可用数量，可以将物料从库存位置分配至一个或多个物料队列。然后，物料队列可关联至资源，进行自动物料消耗。物料队列备料功能可以根据生产订单的需要，在代表订单所需配套物料队列中添加和移除产品或组件，并将其指派给容器、制造订单或工作区域。

物料队列备料（Material Queues Kitting）功能作用如下：

- 创建具有使用任何组件（Components）分发类型分发组件所需要的配套物料。
- 验证是否根据容器或制造订单物料列表分发了正确的数量和物料。
- 指定组件在 Kitting 中的使用顺序。
- 指定物料的消耗策略。
- 指定是自动还是手动消耗物料。处理容器时消耗的组件从物料队列 Kitting 中进行验证和消耗。
- 在配置企业资源规划（ERP）时，指定将哪些消耗数量回报给 ERP 系统。
- 从物料队列 Kitting 列表中卸载物料。卸载的物料将自动返回到库存位置。

具体操作过程如下：

1）在"建模"→Material Queue 中创建物料队列 Motor_Material_Q01，设定其状态为 Is Active，并指定其所对应的制造订单、容器或者作业，如图 4-30 所示。

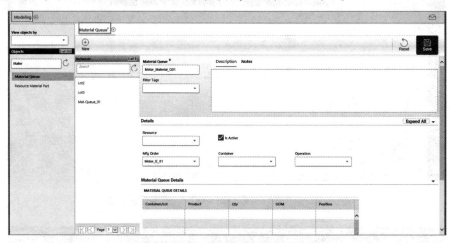

图 4-30　Material Queue 建模界面

2）如图 4-31 所示，通过左侧功能栏进入 Material Queues→Manage Material Queue，选择刚刚创建的物料队列 Motor_Material_Q01，自动带出其关联的订单"Motor_E_01"，选择产品"Motor_E"，在物料需求表格内将自动显示该订单产品所需的物料与数量。

3）选择要装载物料所在仓库"原材料仓库"，从库存列表中选择物料批次（Container or Lot）将会带出物料数量，同时可以设定物料是自动消耗还是手动消耗，是否同步消耗至 ERP 系统，最后单击 Load 执行物料加载。勾选已加载物料，通过 Unload 功能可将物料从材料队列中移出，如图 4-32 所示。

4）当与产品需求不匹配的物料或者不合格物料被加载时，系统会报错，如图 4-33 所示。

5）在 Spec、Resource 配置了自动物料消耗以及 Factory 配置了 Material Queues 消耗 Txns 的情况下，材料可以在生产过程中自动或者手动被消耗，如图 4-34 所示。

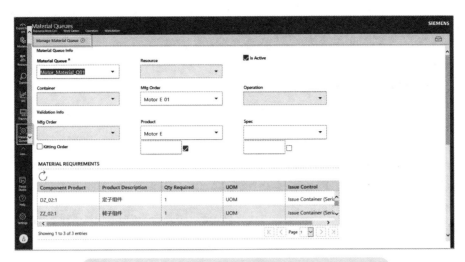

图 4-31 Manage Material Queue 按产品显示 BOM 物料

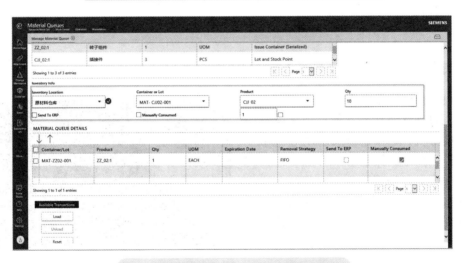

图 4-32 从目标仓库选择所要装载的物料

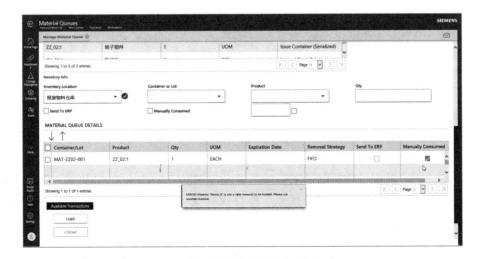

图 4-33 物料正确性校验示例

在生产过程中，自动化设备自动取放物料并消耗，一般启用自动消耗模式。工作台台人工物料消耗作业，参考"第6章 制造运营现场执行"章节内容。

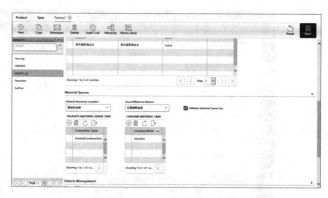

图4-34 Factory 模型下物料消耗事务配置

❖ 练习

本章节通过一系列的操作，旨在让学生了解车间物料管理的基本思路并灵活应用。练习通过容器 Ship 事务，将物料从原材料仓库转移至产线线边仓。

4.4 知识拓展

4.4.1 知识点一：WMS、WCS 与 AGV 系统

随着现代物流技术的不断发展，企业经营逐步迈入自动化时代，各种自动化设备如输送机、堆垛机、穿梭车以及自动导引小车（AGV）等开始大量引进仓库管理中，目的是提高仓库作业与物流的效率，节约管理成本。自动化立体仓库就是其中颇具代表性的设备，并逐渐在电子、机械、汽车、食品饮料、医疗等行业中应用，带来了明显的经济收益，如图4-35所示。

图4-35 西门子成都数字化工厂 SEWC 的立体仓库

自动化仓储管理系统主要由硬件设备和软件系统构成。其中硬件设备包括：高层立体货架、托盘（货箱）、堆垛机、输送机、自动控制系统、AGV 系统（非必要）：Automated Guided Vehicle。软件系统又分为 WMS 与 WCS 两部分：WMS 系统：Warehouse Management System；WCS 系统：Warehouse Control System。

WMS 关注于仓储管理和订单履行，WCS 则主要负责设备动作控制，AGV 专注于目的地运输。

1. 仓库管理系统（WMS）

仓库管理系统（WMS）是配送中心仓库必要的工具，WMS 通过接口链接企业管理系统（ERP）与设备层控制（WCS），也是智能制造执行系统（MES）与智慧物流无缝链接必不可少的软件系统，MES 对现场物料的需求管理是驱动 WMS 与 WCS 运作的基础。WMS 综合了入库管理、出库管理、物料对应、库存盘点、库存统计等诸多功能，能有效控制并跟踪仓库物流，实现完善的企业仓储信息管理。

WMS 一般具有以下功能：

1）基础信息管理：对物料、产品基本信息进行设置，对货位进行编码存储。

2）上架管理：自动计算优先上架货位。

3）库存管理：确保存货量，提高仓储空间利用率，降低货位蜂窝化现象。

4）拣选管理：拣选指令中位置和优先路径，确定拣选顺序。

5）出入库管理：根据逻辑设定（如 FIFO、FEFO）执行出入库。

2. 仓库控制系统（WCS）

仓库控制系统（WCS）是自动化仓库物流设备控制的必要工具，WCS 是介于 WMS 系统和 PLC 系统之间的管理控制系统。一方面，WCS 系统与 WMS 系统进行交互信息，接收 WMS 系统指令，并将其发送给 PLC 系统。另一方面，WCS 系统作为设备的"大脑"，指挥设备执行各种动作，将设备层的数据通过工业网传递给 WMS 系统。

WCS 一般具有以下功能：

1）与 WMS 等系统进行信息交换，获取物流任务，指挥各物流设备执行 WMS 系统所下达的各项物流任务，及时获取各设备的执行结果并将其反馈给 WMS。

2）实时监控设备动态，协调各机构有序运作。

3. 自动导引运输车（AGV）

AGV 由车载控制系统、导航模块、避障模块、通信机构、运动机构、电池模块等组成，通过电磁或者光学自动导引装置，能够沿规定的路线行驶。其与 MES、WMS 结合，实现将正确的仓储物料在指定的时间内自动搬运至指定地点。

4.4.2 知识点二：MES 与 WMS、AGV 系统集成

MES 是整个工厂运营的神经中枢，WMS 与 AGV 是在 MES 指挥的节奏下有序运行。传统的 ERP 的物料管理只偏重于账务的管理，对现场实物流的及时性和精细程度管理均不够，无法满足企业日益精细化管理需求。WMS 采用条码技术及时反映物流过程中的变化，确保库存的透明性、可靠性与精细性，可以弥补 EPR 的缺陷。在制造运营管理框架下，MES 协同 APS 实时掌控生产状况并应对变更，只有通过这些系统之间的有效集成从而达到对仓库作业及生产的指导作用。

MES 与 WMS、AGV 的整合效益主要体现在追溯链的沟通、库存透明化、智能物流及指导仓库作业和生产。WMS 提供透明、及时、精细的库存库位信息，计划部门在 WMS 中根据库存及物料到货状况，在 MES 中完成生产调度；同时仓库现场管理人员在 MES 中实时跟踪车间的执行状况，按需进行物料配送，构建采购、计划、物流、生产的高效协同体系。成品、半成品下线后，MES 需要向 WMS 提供下线产品信息及数量，执行自动入库。

WMS 与 MES 的整合应当是双向的，WMS 向 MES 传递物料基础信息、仓库流转信息以及精细的库存库位等用以指导生产计划与制造执行；MES 向 WMS 传递生产计划、作业调度以及及时的物料耗用与成品下线状况，以指导物流按需配送及成品入库，实现工厂各库存自动统计。

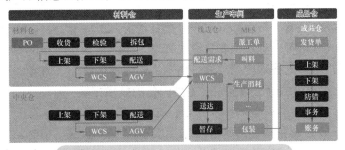

图 4-36 MES 与 WMS、AGV 的集成逻辑

如图 4-36 所示为 MES 与 WMS、AGV 的集成逻辑。

第5章

制造运营设备管理

5.1 学习目标

本章主要介绍制造运营管理设备模块的基本概念、主要功能、应用场景及实践操作。通过完成学习，学生能够达到以下学习目标：

> （1）了解并掌握设备管理的基础知识。
> （2）通过实践操作的练习，了解并掌握在 Opcenter 系统进行设备管理。

5.2 理论学习

设备是企业开展生产作业必不可少的硬件设施。企业的各类产品都是通过设备加工完成的，设备质量的高低，直接决定了产品质量的高低，同时也决定了生产工作的进展状况。

设备管理的对象由单一设备上升到设备集，包括工具、刀具、量具、工装、生产设备、测量设备等的集合。

5.2.1 设备档案管理

设备档案是指设备从规划、设计、制造、安装、调试、使用、维修、改造、更新至报废的全过程中形成的图样、文字说明、凭证和记录等文件资料，通过不断收集、整理、鉴定等工作建立的档案。设备档案是企业档案的重要组成部分，也是设备管理工作的重要组成部分。设备的正常运行及维护保养是设备管理工作的基本任务，设备档案管理工作为这一基本任务的实现提供了基本技术支持。设备档案主要内容包括如下内容：

1. 设备静态数据——主要设备的技术档案

1）主要设备的技术标准、质量标准和图样。

2）设备购置、更新改造、修理项目的论证报告和技术协议。

3）制造商的技术检验文件、设备使用说明书、维修手册、随机配件目录、合格证书、装箱单等。

4）设备安装、调试、试运行及验收记录，安装基础图及土建图，设备结构及配件图样等。

5）设备调拨、售出及报废记录。

6）设备事故记录、调查报告及处理结果记录。

7）设备维修保养制度、巡检制度及操作规程。

2. 设备动态数据——设备的管理记录

1）设备台账信息，见表5-1。

2）设备的运行记录。

3）精度校验及检验记录。

4）设备改造、更新技术资料。

5）设备技术状况鉴定。

6）设备缺陷记录及事故报告。

7）设备的维修保养记录。

8）设备管理检查评比记录。

9）设备管理活动记录。

10）各种设备报表。

表5-1 设备台账样例

设备类别：					单位：															
序号	资产编号	设备名称	型号	设备分类	复杂系数			配套电机		总量/t	制造厂商	轮廓尺寸	出厂编号	制造日期	进厂日期	验收日期	投产日期	安装地点	折旧年限	设备原值/万元	进口设备合同号	随机附件数	备注
					机	电	热	台	/kW														

目前多数企业 ERP/EAM 的设备管理模块已经管理了公司的设备台账等信息，MES 通过与 ERP/EAM 进行集成对接，获取 ERP/EAM 中设备基础数据，这是未来 MES 中完成设备管理业务的基础。

5.2.2 设备维护管理

设备维护管理是指设备在生命周期内为了保持其良好的运作状态，除了合理使用外，还必须执行的例行维护保养工作。设备维护工作做得扎实，就能减少修理的次数和工作量。设备维护的主要目的是使设备保持整齐、清洁、润滑、安全，以保证设备的使用性能并延长修理间隔期，而不是恢复设备的精度。

1. 设备维护重点

1）润滑管理：做好设备的润滑管理，认真执行润滑"五定"（定点、定质、定量、定期、定人），这样能有效地减少摩擦阻力和磨损，保护金属表面，使之不锈蚀、不损伤。这是保证设备正常运转、延长使用寿命、提高设备效率和工作精度的必要措施。

2）防腐蚀：设备的腐蚀会引起效率和使用寿命的降低，影响安全运行，甚至会造成设备事故。因此，企业必须做好防腐蚀工作。

3）防泄漏：防泄漏也是维护保养的重要内容之一。认真治理和防止设备的跑风、冒气、滴水、滴油，这是大多数设备的共同要求。

4）防损伤：设备一旦遭到损伤，往往容易导致故障，因此企业应当采取各种措施防止设备损伤，如增加设备防护装置。

2. 关键设备维护

1）操作人员：操作运行人员按岗、定时巡检，建立现场设备横向检查维护管理体系。

2）维护人员：机械、电器、仪表维护人员定时、定位点检，建立现场设备纵向维护管理网络体系。

3）专检人员：设备部门、生产车间、维护车间、专业技术管理人员进行专检，建立现场设备检查维护管理的监督保证体系。

4）特级维护人员：设备部门、车间的专业技术人员，维护车间点检人员和生产车间巡检人员对关键设备定期联合检查，进行特级维护，突出现场设备检查维护管理的重点。

3. 设备维护记录（图5-1）

部门：   年 月

序号	设备名称	设备编号	执行人	设备保养内容							缺失项目	执行率	审核人	审核时间	确定人	备注
1	数控机床															
2	钻孔机床															
3	性能测试设备															

V：良好   X：较差   总项数   NO：   执行率：

1. 执行动作按计划设定进行抽查，生产部门每月5台
2. 备注栏填入重要缺陷，并通知其改善
3. 单台保养执行率70%以下，呈报并继续抽查

图5-1　设备维护日常计划示例

5.2.3　设备维修管理

设备维修管理是指依据企业的生产经营目标，通过一系列的技术、经济和组织措施，对设

备寿命周期内的所有设备物理形态和性能形态进行的综合管理工作。

什么是维修（Maintenance）？它的定义是：各种技术行动与相关的管理行动相配合，其目的是使一个物件保持或者恢复达到能履行它所规定功能的状态。在工业上，需要维护的对象有生产产品的一切设施和系统以及企业向用户提供的各种产品。

设备维修体制的发展过程可划分为事后修理、预防维修、生产维修、维修预防和设备综合管理五个阶段。

1. 事后修理

事后修理是指设备发生故障后，再进行修理。这种修理法出于事先不知道故障在什么时候发生，缺乏修理前准备，因而修理停歇时间较长。此外，因为修理是无计划的，常常打乱生产计划，影响交货期。事后修理是比较原始的设备维修制度。除在小型、不重要设备中采用以外，已被其他设备维修制度所代替。

2. 预防维修

在生产任务很重时期，设备故障经常影响生产。为了加强设备维修，减少设备停工修理时间，出现了设备预防维修的制度。这种制度要求设备维修以预防为主，在设备运用过程中做好维护保养工作，加强日常检查和定期检查，根据零件磨损规律和检查结果，在设备发生故障之前有计划地进行修理。由于加强了日常维护保养工作，使得设备使用寿命延长了，而且由于修理的计划性，便于做好修理前准备工作，使设备修理停歇时间大为缩短，提高了设备有效利用率。

3. 生产维修

预防维修虽有上述优点，但有时会使维修工作量增多，造成过分保养。为此，后来又出现了生产维修。生产维修要求以提高企业生产经济效果为目的来组织设备维修。其特点是，根据设备重要性选用维修保养方法，重点设备采用预防维修，对生产影响不大的一般设备采用事后修理。这样，一方面可以集中力量做好重要设备的维修保养工作，同时也可以节省维修费用。

4. 维修预防

人们在设备的维修工作中发现，虽然设备的维护、保养、修理工作进行得是否充分对设备的故障率和有效利用率有很大影响，但是设备本身的质量如何对设备的使用和修理往往有着决定性的作用。设备的自身缺陷常常是使修理工作难以进行的主要方面。因此，出现了维修预防的设想。这是指在设备的设计、制造阶段就考虑维修问题，提高设备的可靠性和易修性，以便在后续的使用中，最大可能地减少或不发生设备故障，一旦故障发生，也能使维修工作顺利地进行。维修预防是设备维修体制方面的一个重大突破。

5. 综合管理

在设备维修预防的基础上，从行为科学、系统理论的观点出发，于 20 世纪 70 年代初，又形成了设备综合管理的概念。设备综合工程学，又称设备综合管理学，英文原名是 Terotechnology，它是对设备实行全面管理的一种重要方式。1970 年首创于英国，继而流传于欧洲各国。这是设备管理方面的一次革命。日本在引进、学习的过程中，结合生产维修的实践经验，创建了全面生产维修制度，它是日本式的设备综合管理。随着计算机技术在企业中的应用，设备维修领域也发生了重大变化，出现了基于状态维修（Condition – basicmaintenance）和智能维修（Intelligent Maintenance）等新方法。基于状态维修是随着可编程序控制器（PLC）的出现而在生产系统使用的，能够连续地监控设备和加工参数。采用基于状态维修，是把 PLC 直接连接到一台在线计算机上，实时监控设备的状态，如与标准公差范围发生任何偏差，将自动发出报警（或修理）信号。这种维护系统安装成本可能很高，但是可以大大提高设备的使用水平。

目前多数企业通过 ERP/EAM 对设备维修进行管理，在 MES 中以设备维护管理为主。

5.2.4　设备 OEE 管理

OEE 是 Overall Equipment Effectiveness（全局设备效率）的缩写。一般每个生产设备都有自己的理论产能，要实现这一理论产能必须保证没有任何干扰和质量损耗。OEE 就是用来表现实际的生产能力相对于理论产能的比率，它是一个独立的衡量指标。

在 OEE 公式里，时间开动率反映了设备的时间利用情况；性能开动率反映了设备的性能发挥情况；而合格品率则反映了设备的有效工作情况。反过来，时间开动率衡量了设备的故障、调整等项停机损失；性能开动率衡量了设备短暂停机、空转、速度降低等项性能损失；合格品率衡量了设备加工废品损失。通过计算 OEE，可以分析六大损失，从而提升工厂效率。其六大损失分析模型如图 5-2 所示。

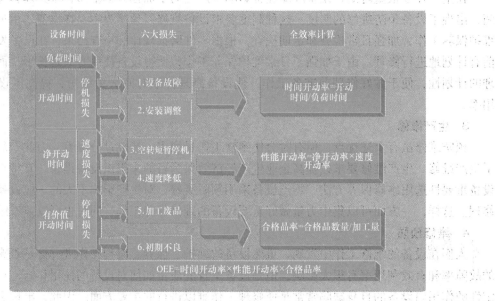

图 5-2　设备 OEE 六大损失分析模型

5.3　实践操作

为了更好地理解以上理论概念及系统的操作方式，在下面的实践过程中，一起使用系统的模拟环境，通过 Opcenter 系统对设备进行管理。

5.3.1　业务场景

设备管理主要业务场景包括：

（1）建立设备档案　将设备静态数据（技术文档等）与设备动态数据（设备台账记录等）管理起来。通过 Opcenter 系统对设备（CNC 机床 3 台、钻床 3 台、两条装配线等）建立台账、进行分组管理及关联相关技术文档。

（2）设备维护管理　搭建设备维护模型、完成设备维护过程的数据采集及设备维护任务的反馈。通过 Opcenter 系统对设备（CNC 机床 001、钻床 001）的维护，建立设备维护模型，维护过程中完成数据采集，维护结束完成结果反馈。

5.3.2　基础数据准备

设备基础数据主要包括如下内容：

1. 设备档案基础数据（设备列表见表5-2）

- 设备名称：Modeling/Resource
- 设备组：Modeling/Resource Group
- 设备技术文档：Attachments/Manage Attachments

表5-2　本书案例设备列表

序号	设备名称	设备组	技术文档	描述
1	CNC001	Resource Group_CNC	01 安装手册 02 操作手册 03 维护手册	CNC 机床 001
2	CNC002	Resource Group_CNC		CNC 机床 002
3	CNC003	Resource Group_CNC		CNC 机床 003
4	Drill001	Resource Group_Drill		钻床 001
5	Drill002	Resource Group_Drill		钻床 002
6	Drill003	Resource Group_Drill		钻床 003

2. 设备维护模型基础数据

- 维护原因（见表5-3）：Modeling/Maintenance Reason

表5-3　维护原因

序号	维护原因	描述
1	01 基于产量的维护	举例：设备每产 10 件进行维护
2	02 基于日期的维护	举例：设备每年 10 月 1 日放假期间进行维护
3	03 基于重复日期的维护	举例：设备每天晚上维护

- 基于产量的维护要求（见表5-4）：Modeling/Thruput Requirement

表5-4　基于产量的维护要求

序号	基于产量的维护要求	描述
1	10 件	设备产量达到 10 件时进行维护
2	20 件	设备产量达到 20 件时进行维护
3	30 件	设备产量达到 30 件时进行维护

- 基于日期的维护要求（见表5-5）：Modeling/Date Requirement

表5-5　基于日期的维护要求

序号	基于日期的维护要求	描述
1	20200325	设备产量在 2020 年 03 月 25 日 12 时进行维护
2	20200425	设备产量在 2020 年 04 月 25 日 12 时进行维护
3	20200525	设备产量在 2020 年 05 月 25 日 12 时进行维护

- 基于重复日期的维护要求（见表5-6）：Modeling/Recurring Date Requirement

表5-6 基于重复日期的维护要求

序号	基于重复日期的维护要求	描述
1	01 每小时	每间隔1小时进行维护
2	02 每天	每间隔1天的某个时间进行维护
3	03 每周	每间隔1周的周几某个时间进行维护
4	04 每月	每间隔1月的某天某个时间进行维护
5	05 每年	每间隔1年的某月某日某个时间进行维护

- 维护内容分类（见表5-7）：Modeling/Maintenance Class

表5-7 维护内容分类

序号	维护内容分类	描述
1	01 润滑管理	详见5.2.2章节说明
2	02 防腐蚀	详见5.2.2章节说明
3	03 防泄漏	详见5.2.2章节说明
4	04 防损伤	详见5.2.2章节说明

- 关联设备名称（见表5-8）：Modeling/Resource

表5-8 关联设备名称

序号	维护内容分类	关联设备名称 Resource
1	01 润滑管理	CNC001
2	02 防腐蚀	Drill001
3	03 防泄漏	
4	04 防损伤	

- 维护内容分类激活（见表5-9）：Resource/Maintenance Class Activation

表5-9 维护内容分类激活

维护内容分类激活		
序号	维护需求	维护内容分类
一、基于产量的维护需求：设备每生产10件进行维护		
1	10 件	01 润滑管理
2	10 件	02 防腐蚀
3	10 件	03 防泄漏
4		04 防损伤
二、基于日期的维护需求：设备在2020年04月25日进行维护		
1	20200425	01 润滑管理
2	20200425	02 防腐蚀
3	20200425	03 防泄漏
4	20200425	04 防损伤
三、基于重复日期的维护需求：设备每天进行维护		
1	每天	01 润滑管理
2	每天	02 防腐蚀
3	每天	03 防泄漏
4	每天	04 防损伤

- 维护过程数据收集（见表5-10）：Resource/Resource Data Collection

表5-10 维护过程数据收集

序号	维护步骤	维护过程数据收集
1	第一步：阅读维护手册	是否完成？是/否
2	第二步：打开设备	是否完成？是/否
3	第三步：进行维护	是否完成？是/否
4	第四步：记录维护过程	是否完成？是/否
5	第五步：还原设备	是否完成？是/否

- 维护任务执行（见表5-11）：Resource/Resource

表5-11 维护任务执行结果

序号	维护任务	维护结果反馈
1	CNC001 每天	
2	CNC001 基于产量	
3	…	
4		
5		

5.3.3 练习一：建立设备档案

1. 设备档案建模顺序（见图5-3）

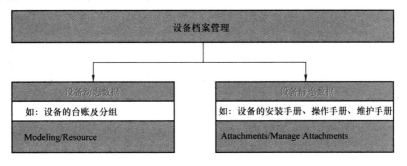

图5-3 设备档案建模顺序

2. 设备档案动态数据（设备台账等）

（1）设备台账 登录Opcenter系统后，在Modeling模块下打开Resource界面，如图5-4a所示。

打开Resource界面操作步骤如下：

1）通过单击Modeling，打开Modeling界面。

2）在Modeling界面，找到Objects。

3）通过Objects筛选框输入Resource，找到Resure对象。

4）通过单击Resure，打开Resource界面。

所有Modeling的对象都用同样的方法打开，以后将不再详细描述。

在Resource界面，添加设备。3台CNC机床、3台钻床、两条装配线等，如图5-4b所示。

在Resource界面添加设备操作步骤如下：

1）通过单击New按钮，打开Resource界面。

2) 在 Resource 界面，输入 CNC001（备注名称不能重复）。

3) 通过单击 Save 按钮，保存 CNC001 设备信息。

所有设备的台账信息都用同样的方法创建，将不再详细描述。

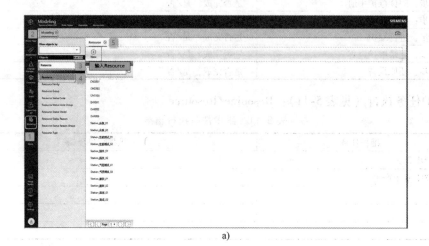

a)

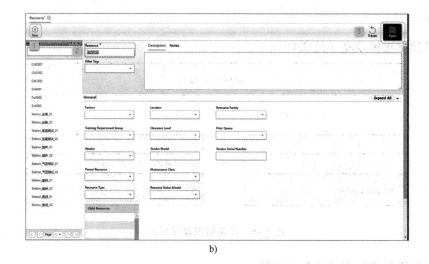

b)

图5-4 打开 Resource 界面及其添加设备

（2）设备分组

在 Modeling 模块下打开 Resource Group 界面，如图5-5所示。

打开 Resource Group 界面操作步骤如下：

1) 通过单击 Modeling，打开 Modeling 界面。

2) 在 Modeling 界面，找到 Objects。

3) 通过 Objects 筛选框输入 Resource Group，找到 Resource Group 对象。

4) 通过单击 Resource Group，打开 Resource Group 界面。

在 Resource Group 界面，添加设备组：CNC 机床组、钻床组、装配线1、装配线2等，如图5-6所示。

图 5-5　Resource Group 界面

图 5-6　在 Resource Group 界面添加设备组

在 Resource Group 界面添加设备组操作步骤如下：

1）通过单击 New 按钮，打开 Resource Group 界面。

2）在 Resource Group 界面，输入 Resource Group_CNC（备注名称不能重复）。

3）通过单击⊕按钮，选择 CNC001、CNC002、CNC003。

4）通过单击 Save 按钮，保存 Resource Group 设备分组信息。

所有设备的分组信息都用同样的方法创建，将不再详细描述。

3. 设备档案静态数据（技术文档等）

（1）设备附件（01 安装手册、02 操作手册、03 维护手册） 登录 MES 后，在 Attachments 模块下打开 Manage Attachments 界面，如图 5-7 所示。

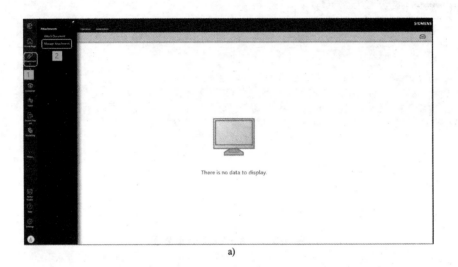

a)

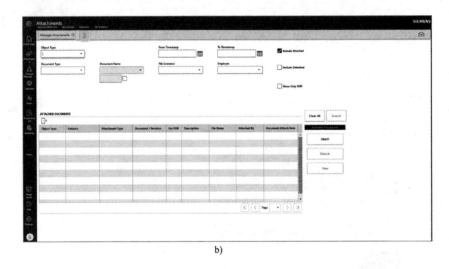

b)

图 5-7　在 Attachments 模块下打开 Manage Attachments 界面

打开 Manage Attachments 界面操作步骤如下：

1）通过单击 Attachments，打开 Attachments 菜单。

2）通过单击 Manage Attachments，打开 Manage Attachments 界面。

3）进入 Manage Attachments 界面。

在 Manage Attachments 界面，添加设备附件：01 安装手册、02 操作手册、03 维护手册，如图 5-8 所示。

在 Manage Attachments 界面添加设备附件操作步骤如下：

1）在 Object Type 筛选框输入 Resource，找到 Resource 对象。

2) 在 Instance Name 筛选框输入 CNC001，找到 CNC001 对象。

3) 通过单击 Search 按钮，查询 CNC001 所有关联附件的信息。

4) 通过单击 Attach 按钮，打开 Attach Document 界面。

5) 选择 Attach a new document that will be reused（Revision must be specified）选项。

6) 选择上传文件路径（必选）。

7) 输入文档名称（可选）。

8) 可为文档指定版本（可选）。

9) 输入文档描述信息（可选）。

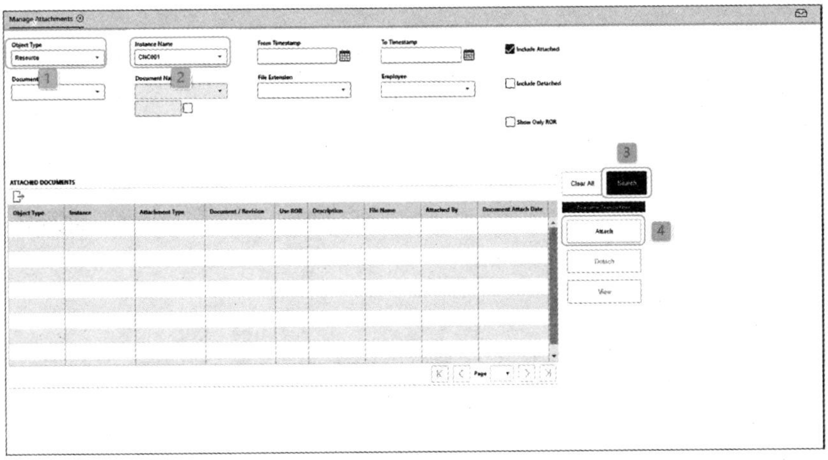

a)

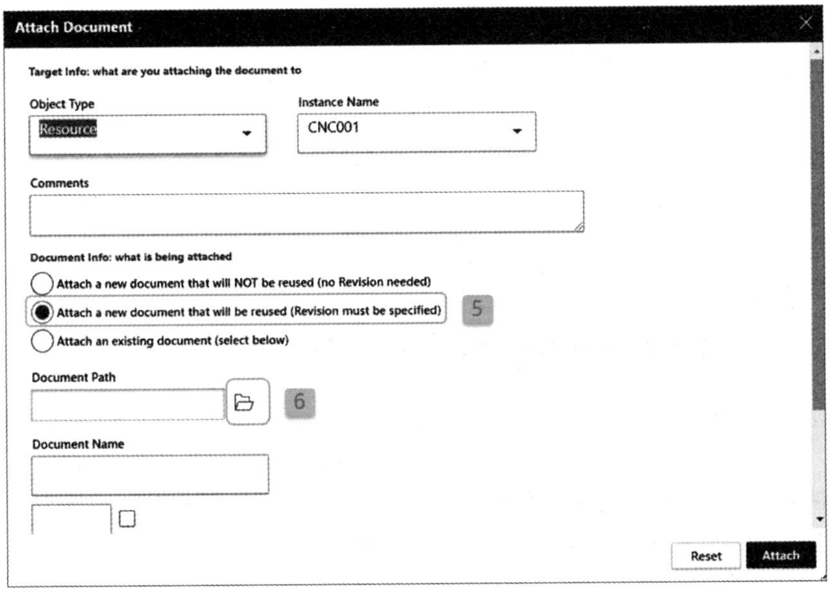

b)

图 5-8 在 Manage Attachments 界面添加设备附件

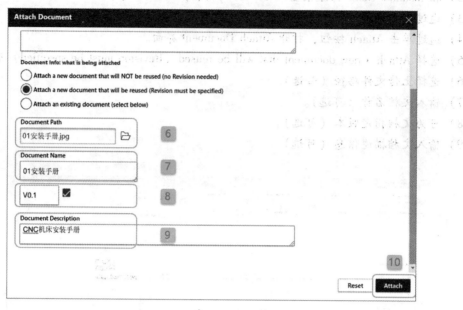

c)

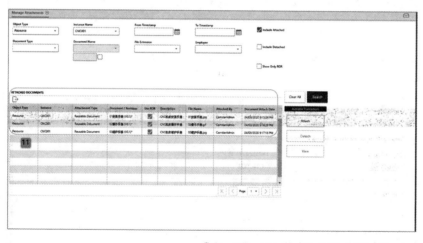

d)

图 5-8 在 Manage Attachments 界面添加设备附件（续）

10）通过单击 Attach 按钮，将附件上传，操作手册、维护手册等的上传重复第 6）~ 10）步。

11）关联附件 CNC001：01 安装手册、02 操作手册、03 维护手册。

所有设备添加附件都用同样的方法创建，将不再详细描述。

❖ 练习

应用上面所学知识，在系统中完成本书案例所需设备档案的创建，为后续章节执行生产过程做准备。具体数据见表 5-12。

表 5-12 练习创建设备档案数据

序号	设备名称	设备组	技术文档	描述
1	CNC001	Resource Group_CNC	01 安装手册 02 操作手册 03 维护手册	CNC 机床 001
2	CNC002	Resource Group_CNC		CNC 机床 002
3	CNC003	Resource Group_CNC		CNC 机床 003
4	Drill001	Resource Group_Drill		钻床 001
5	Drill002	Resource Group_Drill		钻床 002
6	Drill003	Resource Group_Drill		钻床 003

5.3.4 练习二：设备维护管理

1. 设备维护建模顺序（见图 5-9）

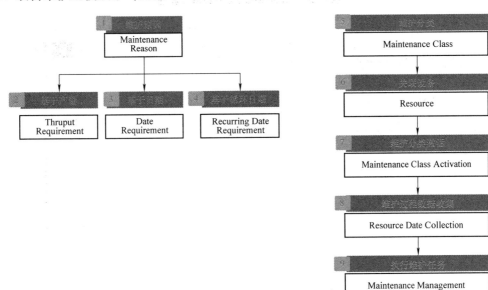

图 5-9 设备维护建模顺序

2. 设备维护建模

（1）创建设备维护原因 登录 MES 后，在 Modeling 模块下打开 Maintenance Reason 界面，如图 5-10 所示。

进入 Maintenance Reason 界面操作步骤如下：

1）通过单击 Modeling，打开 Modeling 界面。

2）在 Modeling 界面，找到 Objects。

3）通过 Objects 筛选框输入 Maintenance，找到 Maintenance Reason 对象。

4）通过单击 Maintenance Reason，打开 Maintenance Reason 界面。

在 Maintenance Reason 界面，添加设备维护原因：01 基于产量的维护、02 基于日期的维护、03 基于重复日期的维护，如图 5-11 所示。

在 Maintenance Reason 界面添加设备维护原因操作步骤如下：

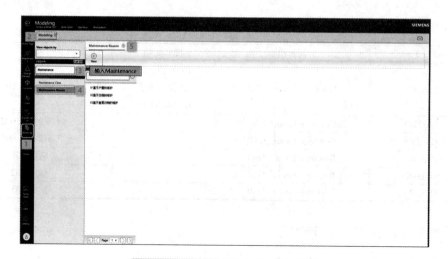

图 5-10　Maintenance Reason 界面

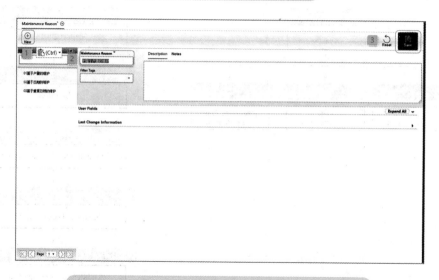

图 5-11　在 Maintenance Reason 界面添加设备维护原因

1）通过单击 New 按钮，打开 Maintenance Reason 界面。

2）在 Maintenance Reason 界面，输入"01 基于产量的维护"（备注名称不能重复）。

3）通过单击 Save 按钮，保存"01 基于产量的维护"。

4）所有设备的维护原因都用同样的方法创建，将不再详细描述。

❖ 练习

应用上面所学知识，在系统中完成本书案例所需设备维护原因的创建。具体信息见表 5-13。

表 5-13　练习创建设备维护原因

序号	维护原因	描述
1	01 基于产量的维护	举例：设备每产 10 件进行维护
2	02 基于日期的维护	举例：设备每年 10 月 1 日放假期间进行维护
3	03 基于重复日期的维护	举例：设备每天晚上维护

（2）创建基于设备产量的维护要求　登录 MES 后，在 Modeling 模块下打开 Thruput Requirement 界面，如图 5-12 所示。

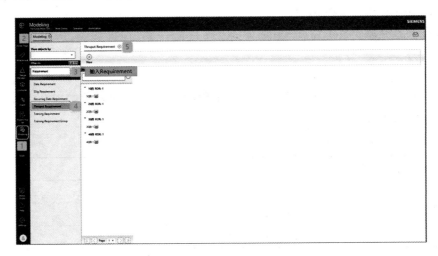

图 5-12　Thruput Requirement 界面

打开 Thruput Requirement 界面操作步骤如下：

1）通过单击 Modeling，打开 Modeling 界面。

2）在 Modeling 界面，找到 Objects。

3）通过 Objects 筛选框输入 Requirement，找到 Thruput Requirement 对象。

4）通过单击 Thruput Requirement，打开 Thruput Requirement 界面。

在 Thruput Requirement 界面，添加设备的产量维护要求：10 件、20 件、30 件，如图 5-13 所示。

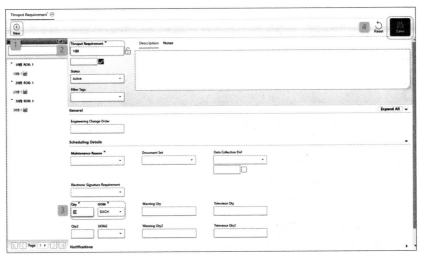

图 5-13　在 Thruput Requirement 界面添加设备的产量维护要求

在 Thruput Requirement 界面添加设备的产量维护要求，操作步骤如下：

1）单击 New 按钮，打开 Thruput Requirement 界面。

2）在 Thruput Requirement 界面，输入 10 件（备注名称不能重复）。

3）Qty 输入 10，UOM 选择 EACH（与生产执行模块设备的产量有关）。

4）单击 Save 按钮，保存 10 件。

所有设备的产量维护要求都用同样的方法创建，将不再详细描述。

❖ 练习

应用上面所学知识，在系统中完成本书案例所需设备基于产量的维护要求的创建。具体信息见表 5-5。

表 5-14　练习创建设备基于产量的维护要求

序号	基于产量的维护要求	描述
1	10 件	设备产量达到 10 件时进行维护
2	20 件	设备产量达到 20 件时进行维护
3	30 件	设备产量达到 30 件时进行维护

（3）创建基于设备日期的维护要求　登录 MES 后，在 Modeling 模块下打开 Date Requirement 界面，如图 5-14 所示。

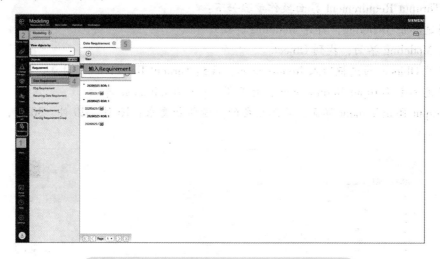

图 5-14　Modeling 模块下 Date Requirement 界面

进入 Date Requirement 界面操作步骤如下：

1）通过单击 Modeling，打开 Modeling 界面。

2）在 Modeling 界面，找到 Objects。

3）通过 Objects 筛选框输入 Requirement，找到 Date Requirement 对象。

4）通过单击 Date Requirement，打开 Date Requirement 界面。

在 Date Requirement 界面，添加设备的日期维护要求：20200325、20200425、20200525，如图 5-15 所示。

在 Date Requirement 界面添加设备的日期维护要求，操作步骤如下：

1）通过单击 New 按钮，打开 Date Requirement 界面。

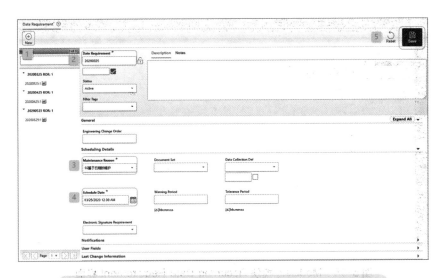

图 5-15 在 Date Requirement 界面添加设备的日期维护要求

2) 在 Date Requirement 界面，输入"20200325"（备注名称不能重复）。

3) Maintenance Reason 选择"02 基于日期的维护"（与生产执行模块设备的维护有关）。

4) Schedule Date 选择"03/25/2020 12:00AM"。

5) 通过单击 Save 按钮保存。

所有设备的日期维护要求都用同样的方法创建，将不再详细描述。

❖ 练习

应用上面所学知识，在系统中完成本书案例所需设备基于日期的维护要求的创建。具体信息见表 5-15。

表 5-15 练习创建设备基于日期的维护要求

序号	基于日期的维护要求	描述
1	20200325	设备产量在 2020 年 03 月 25 日 12 时进行维护
2	20200425	设备产量在 2020 年 04 月 25 日 12 时进行维护
3	20200525	设备产量在 2020 年 05 月 25 日 12 时进行维护

（4）创建基于设备重复日期的维护要求 登录 MES 后，在 Modeling 模块下打开 Recurring Date Requirement 界面，如图 5-16 所示。

进入 Recurring Date Requirement 界面操作步骤如下：

1) 通过单击 Modeling，打开 Modeling 界面。

2) 在 Modeling 界面，找到 Objects。

3) 通过 Objects 筛选框输入 Requirement，找到 Recurring Date Requirement 对象。

4) 通过单击 Recurring Date Requirement，打开 Recurring Date Requirement 界面。

在 Recurring Date Requirement 界面，添加设备重复日期的维护要求：01 每小时、02 每天、03 每周、04 每月、05 每年，如图 5-17 所示。

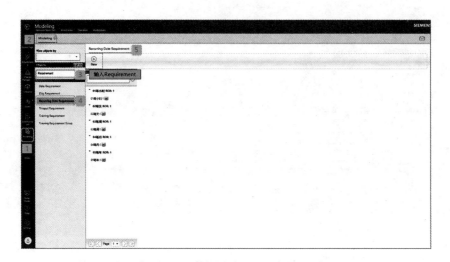

图 5-16　Modeling 模块 Recurring Date Requirement 界面

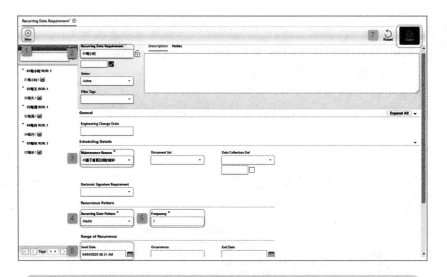

图 5-17　在 Recurring Date Requirement 界面添加设备重复日期的维护要求

在 Recurring Date Requirement 界面添加设备重复日期的维护要求，操作步骤如下：

1）通过单击 New 按钮，打开 Recurring Date Requirement 界面。

2）在 Recurring Date Requirement 界面，输入"01 每小时"（备注名称不能重复）。

3）Maintenance Reason 选择"03 基于重复日期的维护"（与生产执行模块设备的维护有关）。

4）Recurring Date Pattern 选择 Hourly。

5）Frequency 输入 1（表示每间隔 1 小时）。

6）Seed Date 选择开始计时时间。

7）通过单击 Save 按钮保存。

所有设备重复日期的维护要求都用同样的方法创建，将不再详细描述。

❖ 练习

应用上面所学知识，在系统中完成本书案例所需设备基于重复日期的维护要求的创建（见表5-16）。

表5-16　练习创建设备基于重复日期的维护要求

序号	基于重复日期的维护要求	描述
1	01 每小时	每间隔1小时进行维护
2	02 每天	每间隔1天的某个时间进行维护
3	03 每周	每间隔1周的周几某个时间进行维护
4	04 每月	每间隔1月的某天某个时间进行维护
5	05 每年	每间隔1年的某月某日某个时间进行维护

（5）创建设备维护内容分类　登录MES后，在Modeling模块下打开Maintenance Class界面，如图5-18所示。

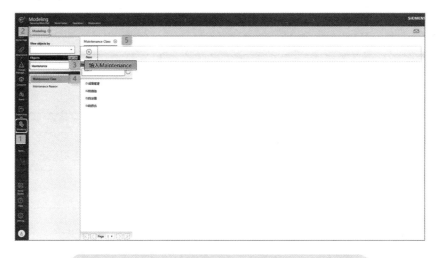

图5-18　Modeling模块下打开Maintenance Class界面

进入Maintenance Class界面操作步骤如下：

1）通过单击Modeling，打开Modeling界面。

2）在Modeling界面，找到Objects。

3）通过Objects筛选框输入Maintenance，找到Maintenance Class对象。

4）通过单击Maintenance Class，打开Maintenance Class界面。

在Maintenance Class界面，添加设备维护内容分类：01润滑管理、02防腐蚀、03防泄漏、04防损伤，如图5-19所示。

在Maintenance Class界面添加设备维护原因操作步骤如下：

1）通过单击New按钮，打开Maintenance Class界面。

2）在Maintenance Class界面，输入"01基于产量的维护"（备注名称不能重复）。

3）通过单击Save按钮保存。

4）所有设备的维护分类都用同样的方法创建，将不再详细描述。

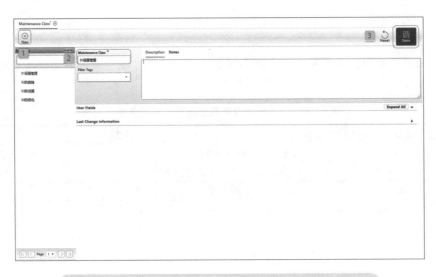

图 5-19　在 Maintenance Class 界面添加设备维护内容分类

❖ 练习

应用上面所学知识，在系统中完成本书案例所需设备维护内容分类的创建。具体内容见表 5-17。

表 5-17　练习创建设备维护内容的分类

序号	维护内容分类	描述
1	01 润滑管理	详见 5.2.2 章节说明
2	02 防腐蚀	详见 5.2.2 章节说明
3	03 防泄漏	详见 5.2.2 章节说明
4	04 防损伤	详见 5.2.2 章节说明

（6）关联设备维护分类　登录 MES 后，在 Modeling 模块下打开 Resource 界面，如图 5-20 所示。

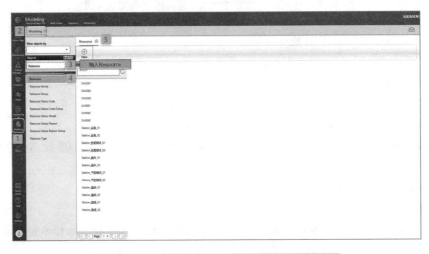

图 5-20　在 Modeling 模块下打开 Resource 界面

打开 Resource 界面操作步骤如下：

1）通过单击 Modeling，打开 Modeling 界面。

2）在 Modeling 界面，找到 Objects。

3）通过 Objects 筛选框输入 Resource，找到 Resource 对象。

4）通过单击 Resource，打开 Resource 界面。

在 Resource 界面，关联设备维护分类：01 润滑管理、02 防腐蚀、03 防泄漏、04 防损伤，如图 5-21 所示。

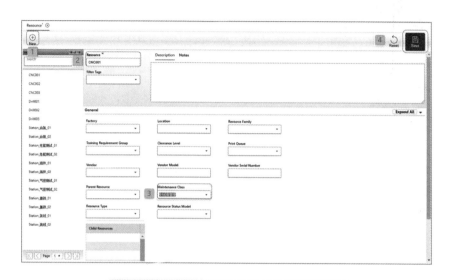

图 5-21　在 Resource 界面关联设备维护分类

在 Resource 界面关联设备维护分类操作步骤如下：

1）通过单击 New 按钮，打开 Maintenance Class 界面。

2）在 Resource 界面，输入"CNC001"（备注名称不能重复）。

3）Mainteance Class 选择"01 润滑管理"（01 润滑管理、02 防腐蚀、03 防泄漏、04 防损伤四种类型根据实际情况进行选择）。

4）通过单击 Save 按钮保存。

5）所有设备的维护分类关联都用同样的方法创建，将不再详细描述。

❖ 练习

应用上面所学知识，在系统中完成本书案例维护分类关联到设备（见表 5-18）。

表 5-18　练习维护分类关联到设备

序号	维护内容分类	关联设备名称 Resource
1	01 润滑管理	CNC001
2	02 防腐蚀	Drill001
3	03 防泄漏	
4	04 防损伤	

（7）维护分类激活　登录 MES 后，在 Resource 模块下打开 Maintenance Class Activation 界面，如图 5-22 所示。

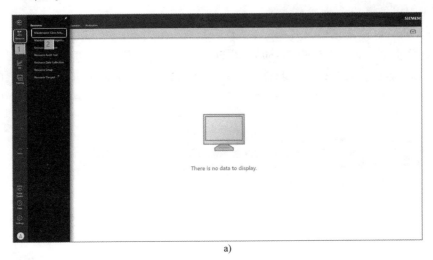

a)

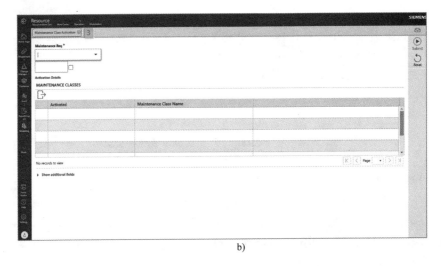

b)

图 5-22　Resource 模块下 Maintenance Class Activation 界面

打开 Maintenance Class Activation 界面操作步骤如下：

1）通过单击 Resource，打开 Resource 菜单。

2）通过单击 Maintenance Class Activation，打开 Maintenance Class Activation 界面。

3）进入 Maintenance Class Activation 界面，激活设备维护分类：01 润滑管理、02 防腐蚀、03 防泄漏、04 防损伤，如图 5-23 所示。

在 Maintenance Class Activation 界面基于重复日期的维护需求操作步骤如下：

1）Maintenance Req 选择"02 每天"。

2）在 Maintenance Class 列表中，"01 润滑管理""02 防腐蚀"的复选框选中（01 润滑管理、02 防腐蚀、03 防泄漏、04 防损伤四种类型根据实际情况进行选择），如图 5-24 所示。

3）单击 Submit 按钮，然后保存。

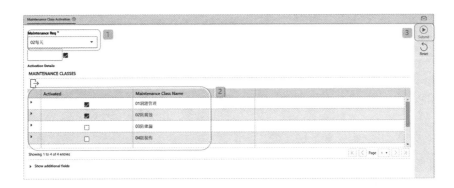

图5-23 在 Maintenance Class Activation 界面激活设备维护分类

所有设备维护分类的激活都用同样的方法创建，将不再详细描述。

在 Maintenance Class Activation 界面基于产量的维护需求操作步骤如图5-24所示。

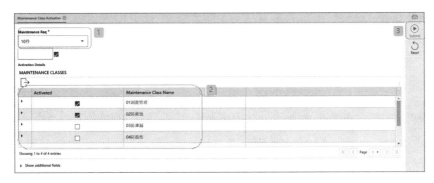

图5-24 基于产量的维护需求设置

1）Maintenance Req 选择"10件"。

2）在 Maintenance Class 列表中，"01润滑管理""02防腐蚀"的复选框选中（01润滑管理、02防腐蚀、03防泄漏、04防损伤四种类型根据实际情况进行选择）。

3）单击 Submit 按钮，然后保存。

所有设备维护分类的激活都用同样的方法创建，将不再详细描述。

在 Maintenance Class Activation 基于重复日期的维护需求操作步骤如图5-25所示。

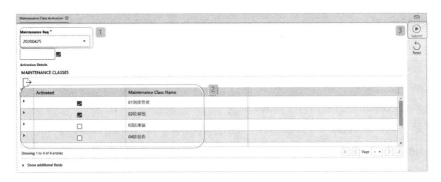

图5-25 基于重复日期的维护需求设置

1) Maintenance Req 选择 "20200425"。

2) 在 Maintenance Class 列表中，"01 润滑管理""02 防腐蚀"的复选框选中（01 润滑管理、02 防腐蚀、03 防泄漏、04 防损伤四种类型根据实际情况进行选择）。

3) 单击 Submit 按钮，然后保存。

所有设备的维护分类激活都用同样的方法创建，将不再详细描述。

❖ 练习

应用上面所学知识，在系统中完成本书案例设备维护分类的激活，具体信息见表 5-19。

表 5-19　练习设备维护分类的激活

维护内容分类激活		
序号	维护需求	维护内容分类
一、基于产量的维护需求：设备每生产 10 件进行维护		
1	10 件	01 润滑管理
2	10 件	02 防腐蚀
3	10 件	03 防泄漏
4	10 件	04 防损伤
二、基于日期的维护需求：设备在 2020 年 04 月 25 日进行维护		
1	20200425	01 润滑管理
2	20200425	02 防腐蚀
3	20200425	03 防泄漏
4	20200425	04 防损伤
三、基于重复日期的维护需求：设备每天进行维护		
1	每天	01 润滑管理
2	每天	02 防腐蚀
3	每天	03 防泄漏
4	每天	04 防损伤

3. 设备维护记录

（1）执行维护任务　登录 MES 后，在 Resource 模块下打开 Maintenance Management 界面，如图 5-26 所示。

打开 Maintenance Class Activation 界面操作步骤如下：

1) 通过单击 Resource，打开 Resource 菜单。

2) 通过单击 Maintenance Management，打开 Maintenance Management 界面。

3) 在 Maintenance Management 界面操作步骤如图 5-27 所示：

① 通过 Resource 筛选框选择 CNC001。

② 通过单击 Seach 按钮，查询 CNC001 所有维护任务，开始线下维护工作。

③ 维护任务完成后，通过单击 Complete 按钮提交及反馈。

a)

b)

图 5-26　在 Resource 模块下打开 Maintenance Management 界面

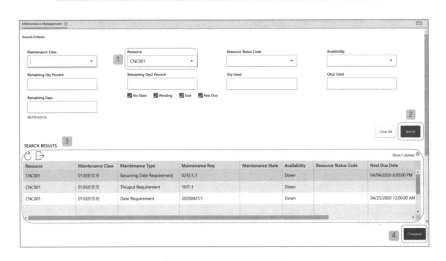

图 5-27　执行维护任务

❖ 练习

应用上面所学知识，在系统中完成本书案例的执行维护任务。执行维护任务见表5-20。

表 5-20　练习执行维护任务

序号	维护任务	维护结果反馈
1	CNC001 每天	
2	CNC001 基于产量	
3	…	
4		
5		

（2）维护过程数据收集（示例一）　登录 MES 后，在 Resource 模块下打开 Resource Data Collection 界面，如图 5-28 所示。

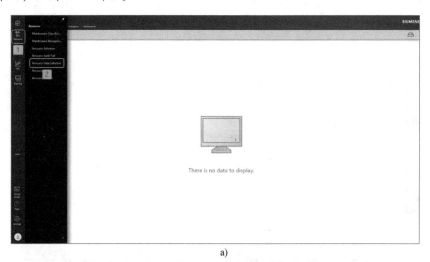

a)

b)

图 5-28　在 Resource 模块下 Resource Data Collection 界面

进入 Resource Data Collection 界面操作步骤如下：

1）通过单击 Resource，打开 Resource 菜单。

2）通过单击 Resource Data Collection，打开 Resource Data Collection 界面。

3）在 Resource Data Collection 操作步骤如图 5-29 所示。

① 通过 Resource 筛选框选择 CNC001。

② 通过 Data Collection Def 筛选框选择"设备维护操作步骤"。

③ 现场维护作业完成每项任务后选择 True。

④ 完成现场维护作业所有数据采集后，通过单击 Submit 提交。

现场维护作业数据采集后，再到 Maintenance Management 界面提交及反馈维护任务的结果。

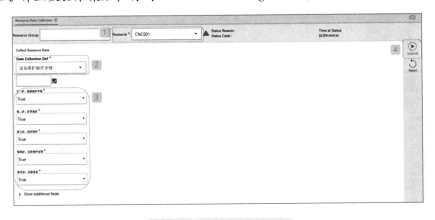

图 5-29 维护作业数据采集

❖ 练习

应用上面所学知识，在系统中完成 CNC001 设备的数据收集。

（3）维护过程数据收集（示例二） 登录 MES 后，在 Resource 模块下打开 Resource Data Collection 界面，如图 5-30 所示。

打开 Resource Data Collection 界面操作步骤如下：

1）通过单击 Resource，打开 Resource 菜单。

2）通过单击 Resource Data Collection，打开 Resource Data Collection 界面。

3）进入 Resource Data Collection 界面，操作步骤如图 5-31 所示：

① 通过 Resource 筛选框选择 CNC001。

② 通过 Data Collection Def 筛选框选择"设备维护过程记录"。

③ 现场维护作业信息如下：

第一步、设备使用单位——机架车间

第二步、制造厂家——哈尔滨电子技术所

第三步、安装地点——机架车间 CNC002 工位

第四步、维修前状态——设备噪音太大

第五步、计划维修日期——2020-04-20

第六步、设备维修项目——更换轴承

第七步、设备维修评价——噪声正常

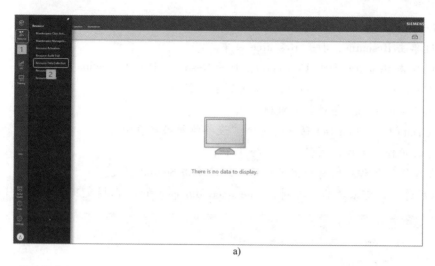

a)

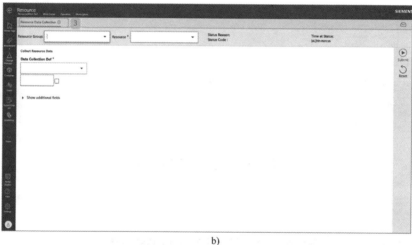

b)

图5-30   在 Resource 模块下打开 Resource Data Collection 界面

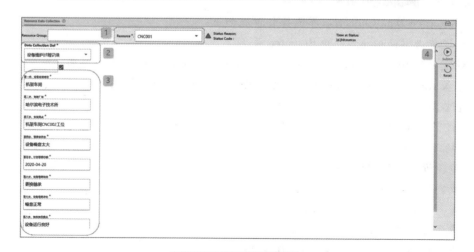

图5-31   现场维护信息

第八步、使用单位意见——设备运行良好

④ 完成现场维护作业所有数据的采集后，通过单击 Submit 提交。

现场维护作业数据采集后，再到 Maintenance Management 界面提交及反馈维护任务的结果。

❖ 练习

应用上面所学知识，在系统中完成 CNC001 设备的数据收集。

5.4　知识拓展：MES 与 SCADA 系统集成

设备的监控和维护是保证设备正常运行、提高设备效率、延长设备使用寿命的主要方法。西门子设备监控系统通过对现场设备的实时数据采集，将设备状态、报警、产量、节拍等数据采集到系统中，MES 将对 PLC、现场终端及各自动化设备的工作状态（手动、自动、半自动、运行、停止等）等信息进行采集，并实时显示现场各设备的运行情况。

MES 除了能够实时显示故障报警信息外，还对数据进行保存，能够统计故障时间，故障引起原因为计时的起点，以故障引起原因消失和设备正常运行为结束时间；通过停机数据的统计可以计算设备开动率等参数；报警控件可以显示历史报警信息，MES 将报警进行分组、分类和关键报警等多种过滤方法，保证现场人员能够及时准确地获取需要的报警信息。

MES 将需要进行长期保存的数据进行本地归档处理，同时将 MES 需要的实时数据直接提供或经过计算机处理提供，MES 也可以从设备管理系统直接获取归档的历史数据。

通过 MES 可以对车间的生产情况进行实时监控，使管理者能及时地掌握生产第一线的情况，以便尽快响应和决策。同时，生产监控系统中的各种屏幕给用户提供一个生产线上底层设备的图形化显示，"导航特性"使用户方便地在各屏幕之间切换，各种屏幕分为不同的层次，不同的用户能够查看到不同的级别。数据屏幕提供给用户上线数、下线数和储备数。

用户可以通过 C/S 架构客户端直接访问系统的数据和画面，也可以使用 IE 浏览器通过 B/S 方式访问 MES 的画面。现场通过液晶电视对部分 MES 界面进行展示，展示的 MES 界面可以进行定时切换、按事件切换，如图 5-32 ~ 图 5-34 所示。

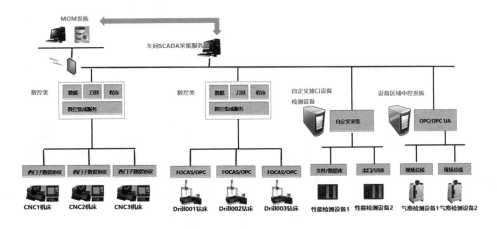

图 5-32　MES 与 SCADA 系统集成

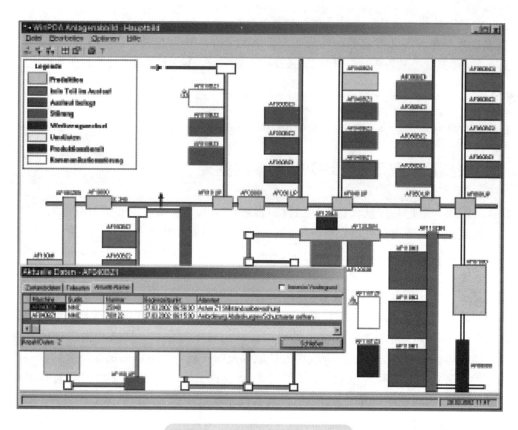

图 5-33　单台设备监控（仅示意）

图 5-34　整体设备监控（仅示意）

第6章

制造运营现场执行

6.1 学习目标

本章主要介绍制造运营现场执行的主要功能与事务，应用场景及实践操作。通过完成学习，学生能够达到以下学习目标：

(1) 了解现场管理与执行的理论知识。

(2) 理解 MES 在现场执行的应用范畴。

(3) 熟悉 MES 在本章所涉及的管理功能。

(4) 掌握西门子 Opcenter Execution Core MES 在现场执行的各业务场景操作，独立完成本章的所有模拟场景任务。

6.2 理论学习

6.2.1 现场管理核心要素 (5M1E)

生产现场执行的目的是按照工艺设计规范，用标准化的方法，高效利用企业资源，在保证交货期的前提下，制造出品质合格的产品。怎样才能高效生产出符合标准的产品？会受哪些因素影响？如何将这些因素的影响控制好？

首先来看生产管理都包含哪些内容。在生产管理领域，通常所说的现场是指车间生产现场，而现场管理是指用科学的管理制度、标准和方法对生产现场各生产要素进行合理有效地计划、组织、协调、控制和检测，使其处于良好的结合状态，达到优质、高效、低耗、均衡、安全、文明生产的目的。在整个的制造环节中，现场管理主要管什么，如何管？有没有一些标准和方法可以使用？下面从制造与质量的相互关系来看现场管理的核心要素。

要生产出高品质产品需要重点关注两个环节，一个是设计环节，另一个是制造环节。对于设计过程中的质量控制，可以使用仿真与模拟验证来发现并解决设计缺陷，在此就不详细说明。对于制造环节，可以利用标准的分析方法，来改善整个制造过程。得益于质量分析工具，我们在改善产品品质时，需要进行根本原因分析，采用一种称为"5M1E 分析法"的方法来分析造成产品质量波动的主要因素。这里的 5M1E 分别为：人（Man）、机器（Machine）、材料（Material）、方法（Method）、测量（Measurement）、环境（Environment）。也就是常说的人、机、料、法、测、环的英文首字母，通常简称为 5M1E。由此可见，整个制造过程与"5M1E"要素息息相关，由它们构成了现场管理的核心要素。

下面从车间现场管理可能遇到的问题，来看一下这些核心要素标准化的重要性。例如某个工厂在生产过程中，发现最近生产的一批产品不良率较高，但是此产品是已经量产的产品，工艺规范并未变更，质量人员对此现象从"5M1E"的角度进行排查分析。

（1）人（Man）

1）考虑方向：

- 生产人员技能需要符合岗位要求，满足培训考核标准要求。
- 特殊工序或设备操作人员，需要具有专业知识和操作技能，满足考核标准要求。
- 有操作经验要求的岗位和重要岗位，需要由具有质量意识和丰富经验的人员来担当。
- 人员的个人因素：如年龄、心态情绪、身体状况等。

2）排查结果：不良率较高的生产期间，所有操作人员都已经具有岗位操作资质并通过熟练能力考核，没有明显的因个人原因导致不良率上升的现象。

（2）机器（Machine）

1）考虑方向：

- 生产设备有完整的管理办法和操作规定，设备管理人员严格按照规定和操作规范执行设备的维护保养工作。
- 所有设备符合工艺规范要求，处于可控的状态。

2）排查结果：加工设备没有发生故障，保养计划按时执行，设备参数一切正常，工装夹具等精度已校准。

（3）材料（Material）

1）考虑方向：

- 物料有具体的管理制度贯穿采购、储运、质检等各个环节，并能够严格执行。
- 有完整的来料检验标准和严格的检验执行力。
- 所有物料有明确的标识便于追溯。
- 对不合格物料有标准化的控制措施并能有效隔离，可追溯整个过程。

2）排查结果：本次加工使用的原材料的批次有变化，与上一批次的生产日期不同；有物料采购管理制度，但执行力欠缺，虽有纸质记录的批次追溯资料，但是追溯费时。

（4）方法（Method）

1）考虑方向：

- 各作业工序结构、分布合理，并符合工艺规范要求。
- 有规范、标准化的作业方法，并形成作业指导书下发到作业工序进行指导及监督。
- 工艺文件对人员、设备、操作、过程参数都有明确定义和技术要求。
- 特殊工序和关键工序有明确的标识。
- 工艺变更和工艺文件的变更有完善的管理流程和标准。

2）排查结果：产品设计与工艺标准没有变化。

（5）测量（Measurement）

1）考虑方向：

- 根据工艺规范要求，规范操作用于现场检验和测量的工具及设备。

- 有明确的技术要求，对检验项、检验方法、测量步骤、检验频率进行定义和记录。

2）排查结果：检测人员的检测工具定期校正，并按照测量标准规范操作。

（6）环境（Environment）

1）考虑方向：

- 对生产环境有明确的标准要求和测量方法，例如温度、湿度、光照度以及其他特殊要求。
- 对于有特殊要求的生产环境，有传感器的信息采集和建立数据追踪的体系。
- 生产环境符合相关安全生产的法律法规和健康标准的规定。
- 生产环境符合公司制定的5S现场管理法相关要求。

2）排查结果：工作场所环境没有调整，温度和湿度以及其他环境指标没有明显变化。

通过以上信息的梳理，可以发现物料批次的变化导致影响的可能性比较高，质量人员将本批次物料和上一批次物料的尾料进行质检分析，比较结果发现确实是本批次物料异常导致的不良率上升。

上面只是用一个简单的场景来说明这6大核心要素对现场执行的影响非常大，一个小小的因素，就会导致生产品质的不稳定，甚至影响整个生产计划的稳定性。现场管理要将这6大核心要素紧密结合统一管理，用数字化模型搭建起来，并将数字化现场管理融合到整个企业的管理体系中。

6.2.2　MES 的各种操作方式

MES 对现场操作的各个场景都有相应的操作方式与其对应，例如，工单的创建、批次的生成、工序之间的移动操作、产品组装操作、批次拆分与合并操作、物料转移操作、测试信息录入操作、作业指导书的显示操作等。首先将这些基本概念与操作方式结合起来讲解。另外，对于一些特殊场景，可以采用定制开发的方式按需搭建，具体定制开发方法参考电子资源包提供的拓展内容。

1. 工单的手动创建

现场执行层面的基础是工单，工单是包含工单编号、生产数量、产品型号、预计开始和完成时间等信息的现场管理单据。工单信息的对接常用的做法是通过系统接口，直接从 APS 系统中下载至 MES 中。对于一些临时新增的工单，也可以在 MES 中手动创建。下面来检查 MES 中的工单是否已经从 APS 下载完成，同时也可以手动创建临时工单。

手动创建临时工单的操作步骤如下：

1）在左侧的主菜单中选择 Modeling，打开 Modeling 界面后，在 Modeling 中的对象筛选框输入 Mfg Order，选择并打开工单管理界面，如图 6-1 所示。

2）单击 New 按钮，填写工单号、产品、工单数量、优先级等信息，如图 6-2 所示。

3）单击 Save 按钮，保存录入的信息。这样就完成了一个临时工单的手动创建。图 6-2 中主要字段的描述见表 6-1。

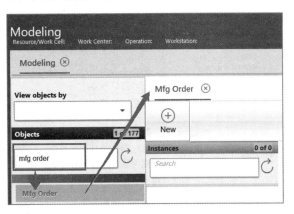

图 6-1　工单管理界面

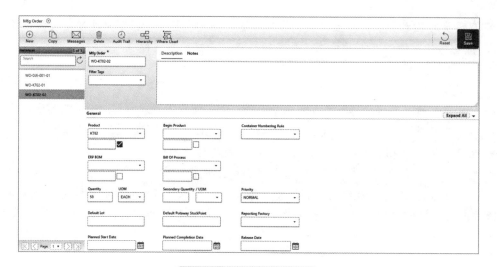

图6-2 设置工单管理信息

表6-1 工单主要字段描述

字段	描述	类型
Product（产品）	为制造订单生产的最终产品的名称。输入产品的特定修订版本，或者选中"记录修订版本"复选框以使用当前记录修订版本	可选
Begin Product（开始产品）	准备启动（通常使用容器启动事务）以满足制造订单的产品的名称。可与最终产品名称相同 输入产品的特定修订版本，或者选中"记录修订版本"复选框以使用当前记录修订版本	可选
Container Numbering Rule（容器编号规则）	应用程序中定义的所有编号规则的列表。可以使用此字段将编号规则与制造订单相关联，以在启动容器时自动编号 注：如果为由容器引用的多个建模对象指定了编号规则，应用程序将使用以下优先顺序确定要使用的编号规则：容器级别、制造订单、产品、产品系列和工厂	可选
ERP BOM（ERP 物料清单）	与 ERP 路线中的处理工步相关联的物料清单（BOM），而不是 Opcenter EX MDD 或 Opcenter EXCR 工作流程中的工步 输入 ERP 物料清单的特定修订版本，或者选中"记录修订版本"复选框以使用当前记录修订版本	可选
Bill Of Process（工艺清单）	可与订单关联的备选规范的预定义列表 输入工艺清单的特定修订版本，或者选中"记录修订版本"复选框以使用当前记录修订版本 工艺清单将替代一个或多个规范中的一个或多个字段引用	可选
Workflow（工作流程）	在本地计划中用于表示从中处理此制造订单的容器的工作流程 注：当本地计划生效时，在制造订单中指定的工作流程会替代与产品或产品系列关联的工作流程。此工作流程必须具有指派的 ERP 路线以及关联的 ERP 路线工步	可选
Quantity（数量）	制造订单所需产品的最终数量	可选
UOM	与制造订单所需产品关联的度量单位	可选

（续）

字段	描述	类型
Secondary Quantity（次要数量）	制造订单所需产品的最终次要数量。只有当产品容器使用计量跟踪的次要单位时，"次要数量"字段才可用	可选
次要 UOM	与制造订单所需产品关联的次要度量单位。只有当产品容器使用计量跟踪的次要单位时，"次要 UOM"字段才可用	可选
Priority（优先级）	由 EPR 分配给此制造订单的优先级	可选
Reporting Factory（隶属工厂）	预定义的工厂列表。选择拥有此订单的工厂，通常这是对订单进行处理的工厂	可选
Planned Start Date（计划启动日期）	为订单设置的开始日期	可选
Planned Completion Date（计划完成日期）	为订单设置的完成日期	可选

2. 批次序号的生成

在车间现场加工的每个产品都是一个独立的个体，也有一些会是以多个产品组成一个批次的方式进行管理。我们需要对它们统一管理，并且能追溯到每个产品的生产过程，这就需要给这些产品一个编号，在 MES 里使用 Container 的概念，这里的 Container 可以想象成一个容器，这个容器的大小可以设定，单件管理的容量就是 1，批次管理的容量就是一个批次的数量。而这个 Container 的编号，就是批次号（Lot No.）。

在 MES 中需要创建这些批次号，这些批次号就是这个产品在工厂里的身份识别码，然后使用条码标签（一维条码或二维条码）或者电子标签（RFID 标签）附着在产品上，这样每生产一个工件都有专门的条码识别设备进行读码，MES 就可以知道每个产品当前的位置和加工过程的信息。

工单是制造现场执行的基础，那么每个批次号，就是制造现场执行的最小单元。同时批次号是与工单关联的，例如，一个工单需要生产 50 个单件管理的产品，每批 10 个，那么就需要产生 5 个批次号与这个工单进行关联。通过这样的关系，MES 就知道这 50 个产品目前的生产进度以及各工序的加工情况。

为了理解这个概念，下面来看一下系统中是如何创建批次并且与工单建立关联关系的。操作步骤如下：

1）在主菜单 Container 中选择 Start 并单击。

2）打开 Start 界面，在 Container Name 栏勾选 Generate Names Automatically，让系统根据定义的编码规则自动生成（这里的编码规则是在产品中定义的 Numbering Rule）。按照图 6-3 所示设定 Level*、Owner*、Start Reason*这几个必选项（有*标记为必选项）。

3）单击右上角 Submit，生成新的批次号。

4）新生成的批次可以通过单击 Container→Operational View，打开 Operational View 界面，查看生成的批次号和当前所在的工序，如图 6-4 所示。

5）如果要查询每个工单已经创建了哪些批次，可以通过在 Modeling 界面筛选框输入 Mfg Order，打开 Mfg Order 界面，在 Containers 中可以看到已经关联的批次号，如图 6-5 所示。

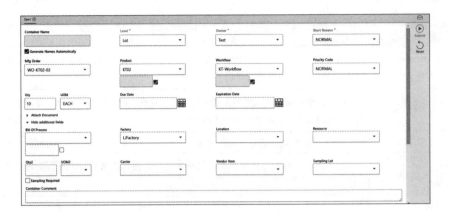

图6-3　生成批次界面

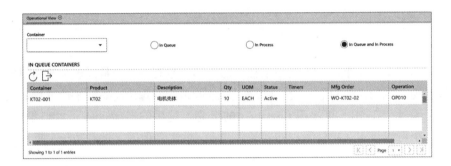

图6-4　批次检索界面

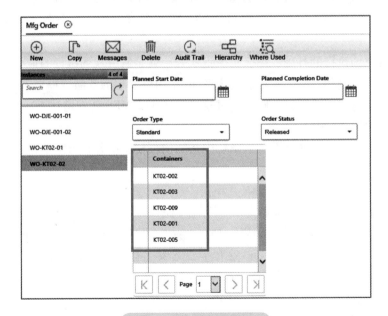

图6-5　工单关联的批次号

3. 产品的移动操作

移动（Move）操作主要用于工序之间的移动，是指一个产品批次从一个工序加工完成后，移动到另一个工序这样一系列的过程，也称为过站操作。

具体来说，要模拟生产的半成品是壳体（KT02），在前面加工流程的定义中已定义了五个工序，分别是 OP010→OP020→OP030→OP040→OP050。这样一个生产顺序，每一个工序上都有一定的操作动作，例如，先完成 OP010 工序的操作，然后再去下一个工序 OP020 生产，每个产品从当前的 OP010 工序移动到 OP020 工序之前，都需要有人员在 OP010 工序对这个产品确定已加工完成，信息化管理水平较低的企业会采用纸质的过程信息卡片跟随产品，由每个工序的作业人员签字或者签章。这样做的好处是可以清晰地知道每个产品经过了哪些工序、由谁加工。如果采用 MES 进行管理，就可以更快捷地追踪并查询到这个工序的操作人员、操作时间，同时系统还可以根据流程顺序进行检查，如果没有按照工序的流程顺序执行，是不允许移动操作的，也就是不能从 OP010 工序做完，直接来到 OP030 工序生产。这种移动方式称为标准移动。

既然有标准移动的定义，那接下来看看非标准移动是什么情形。非标准移动（Non - Std Move）是指一个产品从当前的加工工序加工完成后，可以任意移动到流程中的其他工序的过程，这个工序可能是当前工序在流程中前面的某一个工序，也可能是流程中向后面间隔若干个的工序。通常称之为"跳站"。

同样还是上面的例子，标准移动里是不允许从 OP010 工序直接跳到 OP030 工序进行生产的。而使用非标准移动，则是允许的，这种情况一般用于产品在做样品，做完一个工序后，可以跳到标准流程中的下一个工序直接生产。另外，还有对产品进行返工，可能需要将 OP030 工序的产品跳到前面的 OP020 工序再次加工（返工），这类情况都可以使用非标准移动。这个功能很好用，但是随意性强，所以为了让整个生产过程都可控，就需要对能够做这类操作的人员有一定的操作权限约束，如果不使用系统管理，产品在生产线返工多少次，可能都无法统计。

对于同一个工序，还有两个概念：移入（Move In）和移出（Move Out），如图6-6所示。

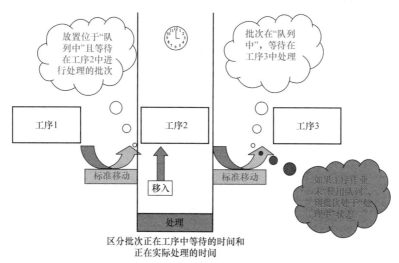

区分批次正在工序中等待的时间和
正在实际处理的时间

图6-6　移动类型

　　Move In 是指进入这个工序之前的移入队列的操作。在工序 2 上正在加工的一个批次还没完全加工完，下一个待加工批次已经准备进入工序 2，此时可以使用移入操作，将待加工批次放置于一个虚拟的队列中，等待进入工序 2。例如，这里的工序 2 是一个检验工序，由于人工检验效率较低，所以会有一定的待检产品积压，形成瓶颈工序，此时就可以建立一个待检队列，从工序 1 过来待检的产品先移入（Move In）待检队列后，再进行检验。

　　Move Out 是指移出这个工序的操作，此处与上面的标准移动（Move）的操作是等同的，代表这个产品从工序出站。同样用上面的例子，当产品从工序 2 检验完成后，使用移出（Move Out）操作，将检验完成的产品移出工序 2，如果工序 3 需要 Move In，那么移出后的产品是介入工序 2 与工序 3 之间，此过程可能有搬运。

　　以上就是关于移动操作常见的几种类型，这些类型的操作是现场执行的基础，可以根据不同的场景要求，在系统中配置实现。具体操作过程先通过下面的讲解学习操作界面，在后面的模拟项目场景的练习中再深入学习。

（1）Move In 操作步骤

1）通过单击 Container→Move In，打开 Move In 界面。

2）输入需要 Move In 操作的批次号 KT02 – 001，会显示出产品编号、批次数量、所在的工序和工单号，如图 6-7 所示。

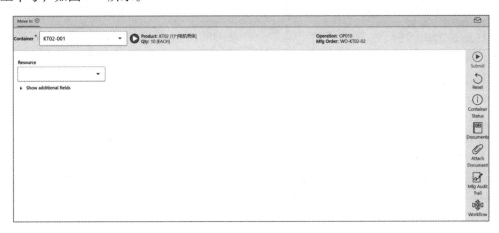

图 6-7　Move In 操作界面

　　3）通过单击右下角的 Workflow 按钮，查看整个工序流程和当前的工序（以蓝色框圈中），如图 6-8 所示。

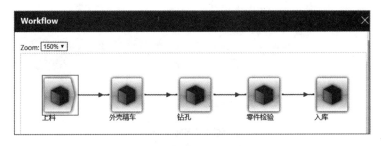

图 6-8　工作流程

4）单击 Submit 按钮，提交后则从上料工序的等待区进入上料工序中。同时系统有操作成功的提示，并记录是由哪个人员操作的，如图 6-9 所示。

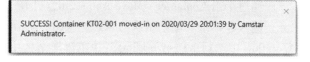

SUCCESS! Container KT02-001 moved-in on 2020/03/29 20:01:39 by Camstar Administrator.

图 6-9　Move In 操作反馈结果

（2）Move 操作步骤

1）通过单击 Container→Move，打开 Move 界面。

2）输入需要 Move 操作的批次号 KT02 – 001，会显示出产品编号、批次数量、所在的工序和工单号，如图 6-10 所示。

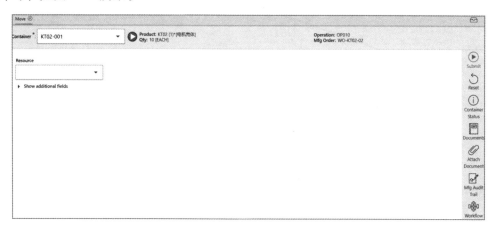

图 6-10　Move 操作界面

3）单击 Submit 按钮，提交后则上料工序执行完成，准备进入外壳精车工序。同时系统有操作成功的提示，并记录是由哪个人员操作的，如图 6-11所示。

SUCCESS! Container moved to 外壳精车 on 2020/03/29 20:08:46 by Camstar Administrator.

图 6-11　执行反馈信息

（3）非标准移动操作步骤

1）通过单击 Container→Operational View，打开 Operational View 界面。

2）输入刚才操作的批次号 KT02 – 001，查询当前批次所在的工序。为了更好地演示，已经将这个批次号移动到 OP030（钻孔）这个工序。现在把它非标准移动到 OP010（上料）工序，如图 6-12 所示。

图 6-12　批次检索界面

3）通过单击 Container→Move Non – Std，打开 Move Non – Std 界面。

4）输入非标准移动的批次号 KT02 – 001，显示当前在 OP030（钻孔）工序上，在下方的 To Workflow 中选择 KT – Workflow，并在树形结构中找到"上料"，选中后，To Step 栏会填充待移动的工序如图 6-13 所示。

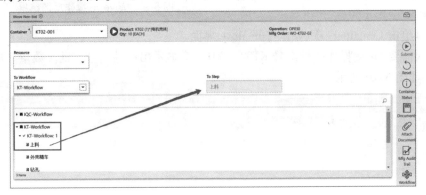

图6-13　Move Non – Std 界面

5）单击 Submit 按钮，提交后则上料工序执行完成，准备进入外壳精车工序。同时系统有操作成功的提示，并记录是由哪个人员操作的，如图 6-14 所示。

图6-14　执行反馈信息

4. 产品的组装操作

在生产过程中还会遇到产品组装的情况，在组装工序需要对待组装的每个关键配件检查是否使用正确；按照装配顺序提示下一个待组装的物料，避免组装错误；组装完成后，记录使用的关键配件的批次号和使用数量。

对于复杂一点的装配，需要先装配一个零部件，再进行总装，在实际操作中一般先通过生产零部件工单将零部件组装完成后，再通过生产总装工单，把零部件在总装工序中组装到最终产品上。

对于组装的操作过程，在 MES 中如何实现，通过下面的操作来学习。组装过程需要使用 BOM 来确定使用的物料和单位用量，这个信息可以通过 BOM 的设定，确定物料的具体使用工序。BOM 的信息在第 2 章中已经做了相应的介绍，但是没有建立半成品的组装作业工序以及 BOM 与产品的绑定关系，下面介绍这个过程。

（1）检查 BOM 操作步骤

1）通过 Modeling 界面筛选框输入 BOM，打开 BOM 界面。

2）在 Material List 中检查 BOM 信息，包括半成品料号、组装的 Spec 工序、物料耗用管控方式、单位用量等。如图 6-15 所示，可以看到 DJE – 001 这个产品的 BOM 编号为 DJE – 001_BOM，需要在 SP110 工序（定转子合装）使用三种物料：KT02（壳体）、DZ02（定子）、ZZ02（转子），每个零部件需要使用 1 个。

BOM 检查好以后，就需要检查 BOM 与产品关联信息，这样在创建新的批次时，只要选择批次号对应的产品，系统就知道这个批次应该在哪个工序组装什么零部件。

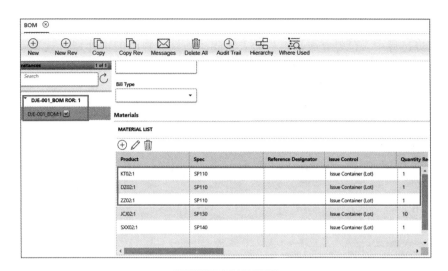

图 6-15　BOM 信息

（2）检查 BOM 与 Product 绑定步骤

1）通过 Modeling 界面筛选框输入 Product，打开 Product 界面。

2）筛选需要修改的 Product 名称，在 Product Structure 的 BOM 中，检查所设定产品对应的 BOM 信息。如图 6-16 所示，就是检查上一步的 BOM 信息 DJE－001_BOM。

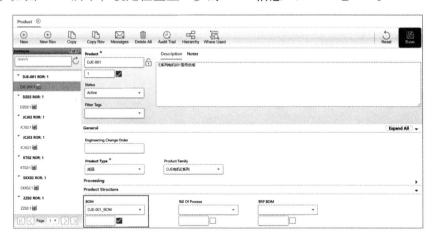

图 6-16　产品信息

基础信息的关联维护完成后，就可以进行组装生产，这里要先生成一个序列号用于组装工序，具体的操作方法在生成批次操作中有具体说明，这里不再详细介绍。

（3）组装操作步骤

1）通过单击 Container→Component Issue，打开 Component Issue 界面。

2）在 Container 中输入待组装的电机成品序列号。

3）在 MATERIAL REQUIREMENTS 的列表中从设定的 BOM 信息中获取在当前工序所需组装的所有零部件号和所需的用量。

4）在 Scan Container/Product 中输入三种零部件的物料代码或者批次号（如果是批次管控，

则一定要输入批次号），系统会自动获取到物料的信息，如图6-17所示。这些物料信息是在第4章的物料管理过程中，已经完成来料检验入库同时根据物料的配送计划送达车间现场的物料批次。物料的检验与入库操作，参考"第4章4.3.2"小节的具体操作。

图6-17　组装界面

5）当组装动作完成时，单击Submit按钮，提交组装的零部件物料信息，系统会将已经组装完成的物料使用绿色标记，如图6-18所示。

图6-18　绿色标记已组装的零部件

6）用同样的办法完成其他两个零部件的装配，并提交，最终完成整个装配过程，如图6-19所示。

在实际生产过程中，经常会遇到组装上的产品有缺陷或组装错误的情况，需要将组装件解除绑定，此时就需要用到解除的功能。

（4）解除绑定组装操作步骤

1）通过单击Container→Component Remove，打开Component Remove界面。

2）在Container中输入待解除绑定的电机成品序列号，如图6-20所示。

3）在Material Issue中选择需要解除绑定的半成品。

4）单击Submit按钮提交后，则完成半成品的解除绑定操作。

5. 作业指导书的显示

以上面复杂的组装工序为例，由于操作步骤较多，需要有作业指导书对操作人员的操作规

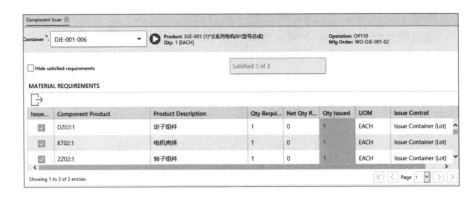

图6-19　组装完成界面

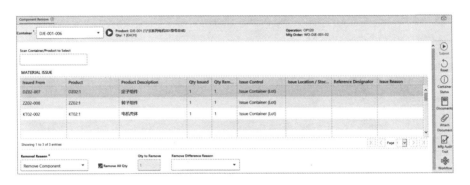

图6-20　解除绑定界面

范进行指引，使用电子文件在节约资源的同时，可以对下发文件的版本有很好的控制机制，也不会让现场员工因遗失或看错版本导致现场异常的发生。MES 中可以提供作业指导书的显示，还支持 CAD 图样、三维设计图样、三维操作演示等。

通过图6-21，来了解一下系统是如何在不同的工序上建立显示不同文件的对应关系的。

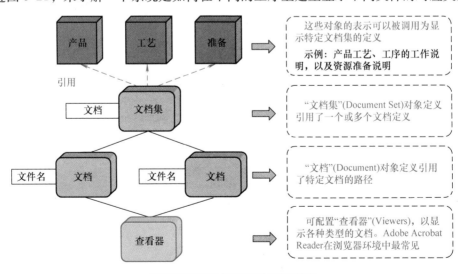

图6-21　文档与文档集的关系

首先，需要将作业指导书上传到 MES 中，并进行版本控制，形成系统可以识别的文档（Document）。这里的文件可以存在于网页或服务器路径（URLorFTP），可以是 pdf、cad、doc等各种文件类型，只需要在操作工序的计算机上安装相应的浏览软件即可。

（1）Document 操作步骤

1）通过 Modeling 界面中筛选框输入 Document，打开 Document 界面。

2）输入需要创建文件的名称"电机结构图"，版本默认为 1，状态为 Active，同时可以输入描述。

3）单击 Locate File 后面的文件夹图标，打开本地文件浏览器，选择本地文件上传到服务器上，此处选择一个电机结构图片。

4）待本地文件上传完成后，单击 Save，将结果保存。

5）用同样的方法，将"电机组装作业指导书"的文件上传并创建文档管理的版本，如图 6-22 所示。

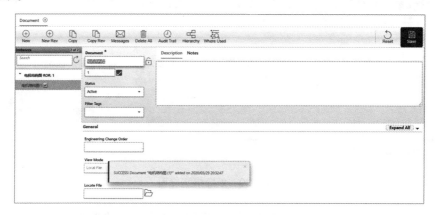

图 6-22　文档管理界面

其次，可以将多个文档合并成一个文档集（Document Set），这个文档集就是所需要显示的所有文档的集合，也就是把文档归类到一个文档集中，用于后续的显示。

（2）Document Set 操作步骤

1）通过 Modeling 界面中筛选框输入 Document Set，打开 Document Set 界面。

2）输入需要创建文件集合的名称"组装作业指导文件集"，同时可以输入描述。

3）在下方的 DOCUMENTS 列表中，单击 + 按钮，将刚才新增的文档关联到这个文档集上。

4）单击 + 按钮后，弹出 Documents 窗口，在 Document Entry Name 输入定义的 Document 名称，在 Document 下拉列表框中选择上一步创建的 Document 名称，单击 OK，如图 6-23所示。

图 6-23　添加文档界面

5）此处可以关联多个 Document，操作步骤相同。

6）完成所有 Document 的关联后，单击右上角 Save，将结果保存，如图 6-24 所示。

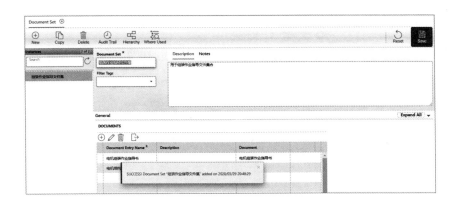

图 6-24　文档集管理界面

最后，定义在哪个工序中会用到这个文档集，也可以定义哪些产品用到这些文档集，MES 支持从不同维度来建立这种对应关系。例如，在包装工序需要显示"包装操作规范"这样一个文档集，只需要在基础模型定义的工艺（Spec）中找到文档集设定，选择后，就配置好了。

（3）Document Set 与 Spec 关联操作步骤

1）通过 Modeling 界面中筛选框输入 Spec，打开 Spec 界面。

2）在这里设定 SP110 工序，找到 SP110，可以查看这个文档集，选择 Document Set 为"组装作业指导文件集"。

3）单击右上角的 Save 按钮，完成保存，如图 6-25 所示。

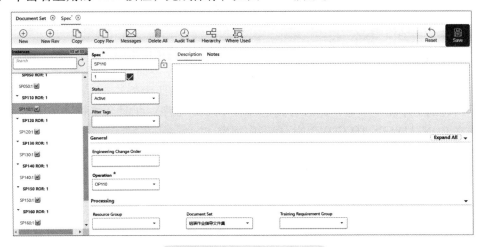

图 6-25　文档集与 Spec 关联

紧接着看一下如何在工序的作业界面上查看。

（4）Document Set 在工序上的查看操作步骤

1）通过单击 Container→Component Issue，打开 Component Issue 界面。

2）输入需要查看操作的批次号 DJE－001－006，会显示出产品编号、批次数量、所在的工序和工单号，此时看到已经在 OP110 工序。

3）单击右侧的 Document 按钮，会显示出关联的两个文件，单击文件图标即可在本地查看，如图 6-26 所示。

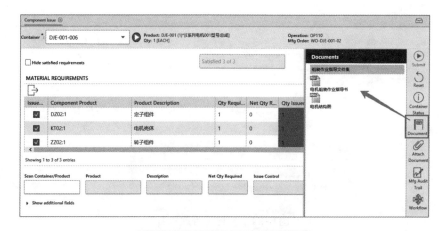

图 6-26　在组装工序查看文档集

6. 批次的合并与拆分

在现场生产过程中用于批次管理的批次号有时会有批次拆分或者合并的需要，例如，同一个产品有一些尾数批次，需要合并成一个批次的情况；或者一个大批次在某个工序生产时，物料不足，需要拆分生产，这些情况需要对批次进行拆分与合并的操作。

（1）批次合并　批次合并时，只能合并相同产品的批次。例如，这里有 2 个产品批次，需要合并成 1 个批次，如图 6-27 所示。

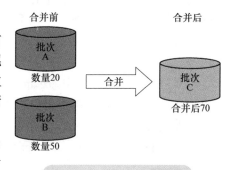

图 6-27　批次合并示意图

在 MES 中，批次合并的操作步骤如下：

1）通过单击 Container→Combine Qty，打开 Combine Qty 界面。

2）输入或选择需要合并操作的批次号 KT02 – 003（以此为例），会显示出产品编号、批次数量、所在的工序和工单号，此时看到已经在 OP010 工序，此时会将相同工序、相同产品的批次号在 CONTAINERS TO COMBINE 列表中列出。

3）勾选需要合并的批次，这里勾选 KT02 – 004，同时勾选最后的 Close When Empty，代表当这个批次合并清空后，系统自动将这个批次号关闭，如图 6-28 所示。

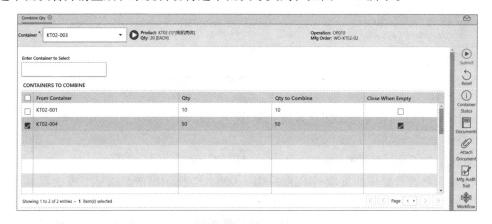

图 6-28　批次合并界面

4) 单击 Submit 按钮，会提示 50 个已经合并，如图 6-29 所示。

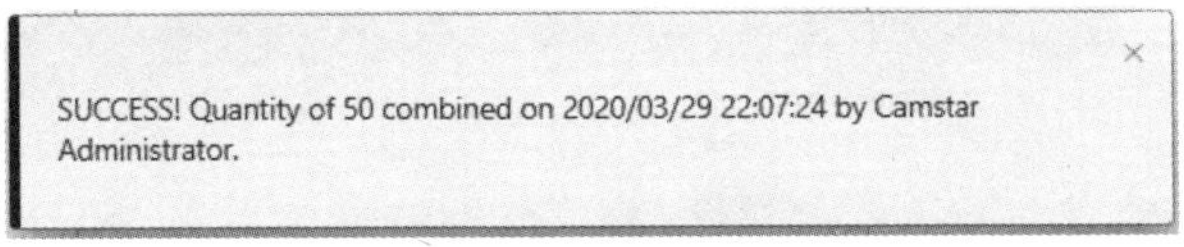

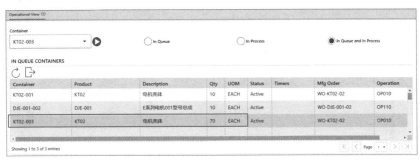

SUCCESS! Quantity of 50 combined on 2020/03/29 22:07:24 by Camstar Administrator.

图 6-29 执行反馈信息

5) 可以通过单击 Container→Operational View，打开 Operational View 界面，查看合并的批次号数量为 70，如图 6-30 所示。

图 6-30 查看合并后的批次数量

（2）批次拆分 批次拆分和批次合并互为反向的过程，将一个批次可以指定数量拆分成若干小批次，如图 6-31 所示。批次拆分的操作步骤如下：

1) 通过单击 Container→Split Qty，打开 Split Qty 界面。

2) 输入或选择需要拆分操作的批次号 KT02 –003（以此为例），会显示出产品编号、批次数量、所在的工序和工单号。

3) 勾选 Generate Names Automatically，表示按照编码规则自动生成批次号，同时输入需要拆分出来的数量，这里输入 30，如图 6-32 所示。

4) 单击 Submit 按钮，会提示 30 个已经拆分到批次 KT02 –005，剩余的数量 40 保留在原批次里，如图 6-33 所示。

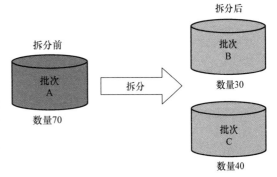

图 6-31 拆分批次示意图

5) 可以通过单击 Container→Operational View，打开 Operational View 界面，查看拆分后的批次号数量分别为 30 和 40，如图 6-34 所示。

7. 测试信息的录入

在现场执行的工序中，有的工序需要将检测的数据记录下来，例如测量孔径是否在公差范围内。测量数据可以记录一次测量结果，也可以记录多次测量结果。这些测试数据的采集，可以通过与设备或电子测量工具结合来完成整个数据采集。操作步骤如下：

1) 设定数据采集项：要在系统中定义数据采集的内容，是长度、宽度、直径，还是一些

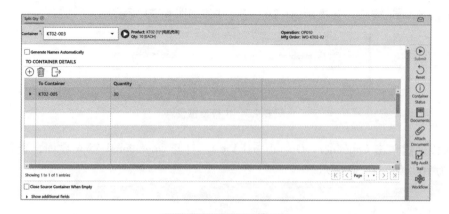

图 6-32　批次拆分界面

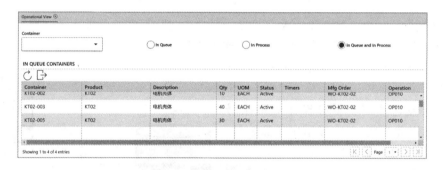

图 6-33　执行反馈信息

图 6-34　拆分后批次检索

其他参数。同时定义采集的数值是整型、浮点型数据，还是字符串数据。这里以内径测量为例，通过 Modeling 界面中筛选框输入 User Data Collection Def，打开 User Data Collection Def 界面，如图 6-35 所示。

2）定义数据采集的工作任务清单：设定一个数据采集的工作任务，这个任务是可以定义顺序的任务列表，此时需要把之前要采集的数据根据规则生成一个或多个任务。例如，先测量内径值，然后再执行移动过站的操作。也就是说这一个工序必须要完成测量记录后过站，这个批次才能到下一个工序生产。通过 Modeling 界面中筛选框输入 Task List，打开 Task List 界面，如图 6-36 所示。

3）在下方的 Task 列表中新增一个"直径测量记录"的任务。这里的 Task Type 为常规任务，Instruction Type 为数据采集，Min Iterations 为 5，表示最少采集 5 次数据，Max Iterations 为 8，表示最多采集不能超过 8 次。采集数据的方式使用上一步定义的"直径测量"，如图 6-37 和图 6-38 所示。

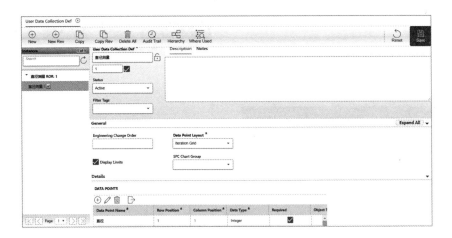

图 6-35 用户采集数据定义界面

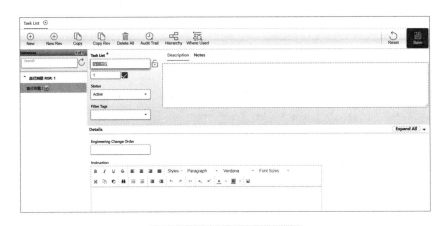

图 6-36 任务列表配置界面

4）再用同样的方式新增一个"过站"的任务。这里的 Task Type 为 End Process Task，表示这个工序的最后一步操作。Transaction Page 为系统默认对应的标准移动的虚拟界面编码，如图 6-39 所示。

5）两个任务都定义完成后可以在 Task 列表中看到，然后将这个 Task 列表保存，如图 6-40所示。

6）定义数据采集的电子流程（Electronic Procedure）：在电子流程中设定需要组合的工作任务清单，可以设置多个工作任务清单的组合，系统会按照设定的顺序执行。例如，这里设置了直径测量的工作任务清单。

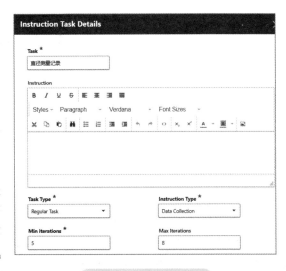

图 6-37 测量任务配置

图6-38　任务与数据采集项的关联

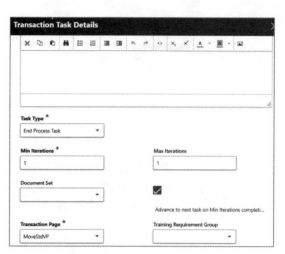

图6-39　配置过站操作任务

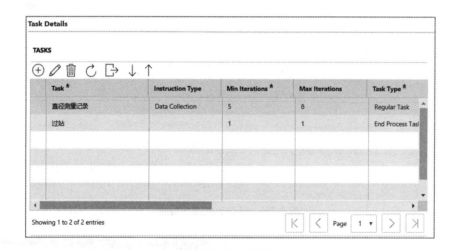

图6-40　多任务组合

通过 Modeling 界面中筛选框输入 Electronic Procedure，打开 Electronic Procedure 界面。新增一个"直径测量"的电子流程，同时绑定 Task List 为上一步设定好的工作任务清单，如图6-41所示。

7）关联工艺与电子流程：这个数据采集的工作任务需要在哪个工序完成，就要在工艺（Spec）中设定。

通过 Modeling 界面中筛选框输入 Spec，打开 Spec 界面。在 SP040 工序设定关联的电子流程为"直径测量"，如图6-42所示。

8）当产品到达这个工序时，会自动跳转到工作任务需要执行的界面，提示操作人员进行一步步的操作。例如，需要对直径至少采集5次数据，数据采集完成后，执行过站操作，按照设定的顺序执行，如图6-43和图6-44所示。

通过在系统中建立这样的业务模型，就可以将一些复杂的业务场景或者操作与系统对应，实现系统与实际的一致性，从而达到管理和追溯的目的。

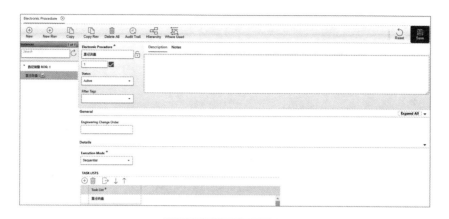

图 6-41　定义电子流程

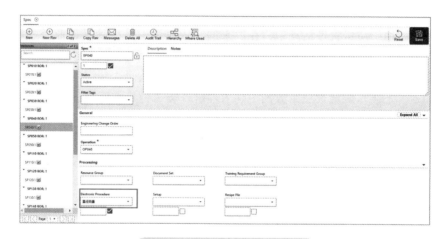

图 6-42　电子流程与 Spec 关联

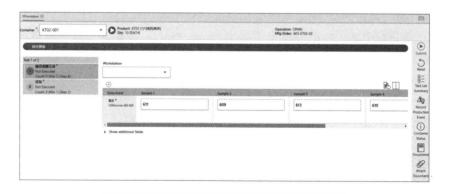

图 6-43　电子流程操作界面——直径测量记录

6.2.3　现场执行实现工艺、计划、质量的闭环管理

现场执行是将工艺、计划、质量的要求与规范以制造方式的集中体现,用制造的过程来实现这三者的闭环管理。什么是闭环管理?简单说就是 PDCA 循环,它是一个完整的闭环管理机

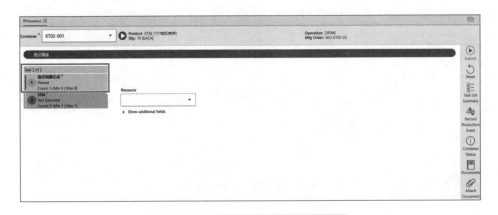

图 6-44　电子流程操作界面——过站

制。PDCA 循环又称"戴明环",是美国质量管理专家休哈特博士首先提出,由戴明采纳、宣传、普及。最开始用于质量管理活动中,在后来的实践应用中推广到其他业务领域。PDCA 分别是 Plan(计划)、Do(执行)、Check(检查)、Action(行动)的首字母。通过这 4 个过程持续、周而复始的循环来发现问题、分析问题、解决问题,从而达到闭环管理的效果。

下面从计划、工艺、质量这三个方面更深入理解现场执行是如何推进闭环管理的。

1. 工艺闭环

工艺是指导现场执行怎么制造的问题,所以在工艺规划与设计的过程中,更多的是规划产品的结构组成、材料组成,通过 BOM 设计、工艺流程设计来形成工艺规范与现场操作规范,用于指导现场如何生产。

一般情况下,工艺数据可以通过企业的 PLM/PDM 获取工艺数据,例如西门子公司的 PLM 软件产品(Teamcenter)可以将 PLM 中已经结构化的产品工艺数据通过接口传递到 MES 中,这样在 MES 里就有了生产所需的物料信息、BOM 信息、工艺流程、工艺规范、工艺图样、作业指导书等信息。这就是整个规划的过程。

在现场执行时,通过 MES 规范作业员在制造过程中能够按照设计的工艺流程、规范要求和 BOM 按照作业指导书和图样的标准来指导生产。一些工艺参数的要求,可以通过设备互联的方式下发到设备中,用设备来控制工艺要求。做的过程主要是现场执行的过程。

对于现场执行的一些工艺偏差,需要工艺设计人员进行检查、分析和反馈,对于一些属于产品设计范畴的问题,从产品设计端去解决,进行产品工艺的迭代过程。这样就完成检查和执行的过程。通过多次的产品迭代过程,产品的工艺规范趋于稳定。

通过这个过程,产品在工艺闭环管理中不断完善,形成更有利于现场执行的工艺规范。

2. 计划闭环

计划是用来指导车间现场在什么时间生产什么产品的。在第 3 章学习了制造运营的车间排产,用高级排产算法得到了工单的合理执行顺序。这个排产的结果同样可以通过接口的方式传递到 MES 中。

MES 把需要执行的工单下发到每个工序,让每个工序按照既定的顺序执行,同时通过 MES 来监控生产进度与异常。通过与设备互联的方式,获取工序的过站信息以及设备的运行状态,这些信息可以及时反馈到计划端。例如,滚动计划需要上一版计划的完工状态,或者当设备有异常停机需要维修时,设备日历的调整需要同步给计划端,用于根据新的情况,快速调整生产计划。

由于与排产相关的约束条件较多，所以现场的任何变化都会影响整个生产计划，这就要求现场及时反馈，通过接口间的闭环联动，实现计划的闭环管理。

3. 质量闭环

质量是用来指导车间现场如何制造出高品质产品的方法与过程。质量闭环管理实质就是产品生命周期内对质量的 PDCA 循环，它强调的是对质量问题进行系统改善，避免再次发生，提高质量管理水平。

在产品研发阶段，就需要引入结构化质量规划，通过产品工艺研发的工程信息导入 FMEA 管理，对产品进行失效模式和影响分析，这其中还包含 DFMEA（设计 FMEA）和 PFMEA（过程 FMEA），它可以在产品设计或生产工艺真正执行之前发现产品在制造阶段可能存在的潜在问题与风险并预防和控制。并在原形样机阶段或在大批量生产之前得以验证确定，由此得到科学可行的控制计划，并与客户方沟通确定图样要求与质量协议，与供应商沟通确定原材料与外购件的质量要求与质量协议，最终商讨确定认可的控制计划。这是质量规划的主要过程。

在现场执行的过程中，通过前期制定的质量检验标准，对原材料的来料检验、现场生产的首件检验、生产过程巡检、产品抽检、入库终检等进行全面质量管理，用数字化全过程检验对产品完成检验操作和数据采集。例如，与设备控制和数据采集系统集成，做到从设备端获取检验数据，对现场质量监控和检验出的不良品从设备端进行锁定等控制，保证现场执行与质量标准保持一致。

对于生产过程中的不良与异常分析，可以用统计过程分析、质量过程追溯、检验报告与评估、供应商质量评估等多种手段与分析工具，得出分析结果并反馈到质量持续改进流程中，通过质量问题追踪，总结经验形成更全面的质量管理标准，以及形成历史经验库，更好地指导后续生产任务。

通过现场执行的过程，将工艺、计划、质量结合起来，构成了整套的闭环管理体系，为制造运营管理打下有力的基础。

6.3　实践操作

为了更好地对制造运营管理系统的管理方式、操作方式有更深入地理解，在下面的实践操作过程中，一起使用系统模拟环境，运用 Opcenter 系统规范化的管理理念，执行电机从壳体生产到装配的完整流程作业。

这里模拟的场景主要分为以下几个部分：

1）工单的下发与准备工作。

2）以一个批次的壳体为例，对壳体加工过程中每个工序的过站操作和具体检查步骤进行演示。

3）以另一个批次壳体为例，对壳体加工过程中发现的品质异常，进行隔离并执行返工操作。

4）以一个序列号的电机为例，对电机加工过程中每个工序的过站操作和具体检查步骤进行演示。

6.3.1　练习一：工单下达

在上一章节中学习了如何手动创建工单。本次练习中默认工单 WO‑KT02‑01 已经从 APS 的接口中下载到 MES 中，或者已经手动创建了工单（见图6‑45）。

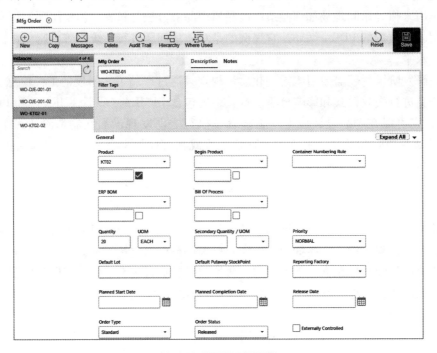

图6-45　工单管理界面

下面将这个壳体的生产工单派工到第一个工序：上料。这个工单的目标产量是20个，以10个壳体为一个批次，所以这个工单一共会生成2个批次。操作步骤如下：

1）通过单击 Container→Start，打开 Start 界面。

2）在 Start 界面中，生成所需的批次，这里选择用系统编码规则自动产生批次号，选择或输入 Level、Owner、Start Reason、Workflow、Priority Code、Qty、UOM、Factory 信息，如图6‑46所示。

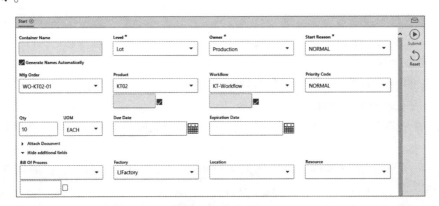

图6-46　创建批次

3) 单击 Submit 完成提交，把这个批次派工完成，系统提示生成的批次号为 KT02 - 012，且已经在上料工序做准备，如图 6-47 所示。

SUCCESS! KT02-012 started at 上料 on 2020/03/31 17:14:00 by Camstar Administrator.

图 6-47　执行反馈信息

4) 通过单击 Container→Order Dispatch，打开 Order Dispatch 界面。在 Order Dispatch 界面中可以查看到刚才派工的批次已经属于 In Process Qty，如图 6-48 所示。

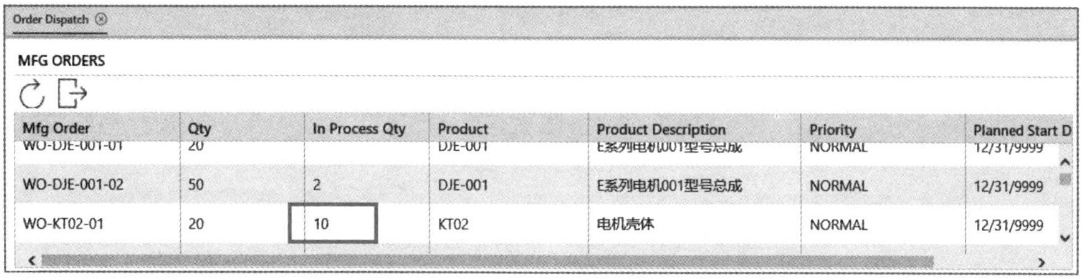

Mfg Order	Qty	In Process Qty	Product	Product Description	Priority	Planned Start D
WO-DJE-001-01	20		DJE-001	E系列电机001型号总成	NORMAL	12/31/9999
WO-DJE-001-02	50	2	DJE-001	E系列电机001型号总成	NORMAL	12/31/9999
WO-KT02-01	20	10	KT02	电机壳体	NORMAL	12/31/9999

图 6-48　工单信息和已派工的数量

5) 用同样的方法创建另一个批次，最终生成的批次为 KT02 - 013。通过上面的操作，工单 WO - KT02 - 01 的 20 个生产数量就分别分派给 2 个批次号，从上料工序开始生产。由于已经派工完成，工单在 Order Dispatch 的界面上就不再显示。

❖ 练习

手动创建一个工单，工单号：WO - KT02 - 11，生产零部件：KT02，工单数量：60 (EACH)，优先级：NORMAL。创建完成后，再深入理解创建工单所需的要素，以及是如何与这些要素形成关联关系的。

将创建的工单 WO - KT02 - 11 派工到指定的工作流程 KT - Workflow 中，派工 2 个批次，每个批次 15 个，再查看工单已派工的数量变化，理解派工需要设定的信息，掌握派工操作步骤，理解派工的工作过程。

6.3.2　练习二：壳体生产

通过上面的练习操作，已经创建完成壳体工单，并且已经派工到上料工序，下面就可以用于生产。壳体工单生产过程如图 6-49 所示。

（1）OP010 上料工序操作步骤

1) 通过单击 Container→EProcedure，打开 EProcedure 界面。

2) 由于在 Spec 中关联了这个工序所使用的电子流程，可以参考系统中在 Modeling 中的 Spec 配置。打开界面后可以看到这个工序需要有 3 个操作步骤，如图 6-50 所示。

3) 在 Container 中输入第一个批次号 KT02 - 012，单击 Submit 提交后，这个批次就完成了 Move In 的操作，进入上料队列，已经可以进入上料工序操作，如图 6-51 所示。

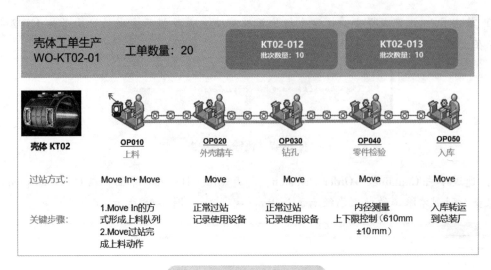

图 6-49　壳体工单生产场景

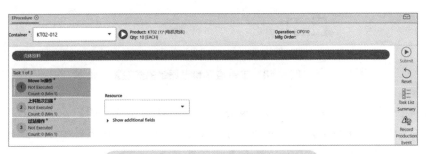

图 6-50　OP010 上料工序 Move In 操作

图 6-51　OP010 上料工序壳体铸造件上料操作

4）此处的 Scan Container 输入创建并完成收料入库的物料批次，这里输入 MAT – ZZJ02 – 001 这个批次。此处将会用到其中的 10 个铸造件，如图 6-52 所示。

5）单击 Submit 按钮提交后，系统验证批次与物料号正确，完成第二步的上料操作，如图 6-53 所示。

6）在过站操作这个步骤，选择设备，单击 Submit 按钮提交后，这个批次就完成 Move 过站操作。上料工序的三步操作都已经完成，可以转移至下一个外壳精车工序，如图 6-54 和图 6-55 所示。

图 6-52　OP010 上料工序扫描壳体铸造件批次

图 6-53　OP010 上料工序上料完成

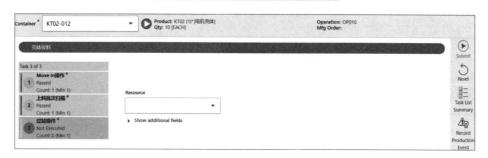

图 6-54　OP010 的 Move 过站操作

（2）OP020 外壳精车工序 Move 操作步骤

1）通过单击 Container→Move，打开 Move 界面。

2）这个批次在精车加工完毕后，在 Container 中输入 KT02－012，显示当

SUCCESS! Container moved to 外壳精车 on 03/31/2020 5:25:12 PM by Camstar Administrator.

图 6-55　执行反馈信息

前应该作业的工序为 OP020，选择精车工序使用的设备 CNC001，单击 Submit 提交后，系统就记录了这个批次在 OP020 使用的设备为 CNC001，同时会记录当前设备已经加工的产品数量，用来统计达到一定加工数量时，系统会提示需要对设备进行保养，如图 6-56 所示。

3）完成后，这个批次的壳体就可以移动到 OP030 钻孔工序进行加工。

注：关于设备保养的异常说明。

如果设备的维护保养计划中定义了维保周期，在过站时，系统会先检查设备状态，如果有

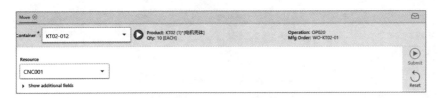

图 6-56　OP020 的 Move 操作

维保任务未完成，则有设备维保提示，如每天的设备保养提醒，如图 6-57 所示。

（3）OP030 钻孔工序 Move 操作步骤

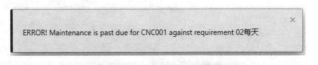

图 6-57　设备异常反馈信息

1）通过单击 Container→Move，打开 Move 界面。

2）这个批次在钻孔加工完毕后，在 Container 中输入 KT02 - 012，显示当前作业工序为 OP030，选择精车工序使用的设备 Drill001，单击 Submit 提交后，系统就记录了这个批次在 OP020 使用的设备为 Drill001，如图 6-58 所示。同样，这里也会对钻孔设备加工的数量进行统计，达到最大钻孔数量后，系统会提示需要对设备进行维护保养操作。

图 6-58　OP030 的 Move 操作

3）完成后，这个批次的壳体就可以移动到 OP040 零件检验工序进行检测。

（4）OP040 零件检验工序 EProcedure 操作步骤

1）通过单击 Container→EProcedure，打开 EProcedure 界面。

2）这个批次在零件检验时同步操作记录检验结果，在 Container 中输入 KT02 - 012，显示当前应该作业的工序为 OP040，此时在界面左侧会有两个 Task，分别是"直径测量记录"和"过站"，这里由于操作步骤较多，把这两个操作步骤合并在一个界面完成。首先输入壳体的直径测量结果，这里的上下限可设置为显示（也可以设置为不显示），采集次数为 10，最多不能超过 10 次，如图 6-59 所示。

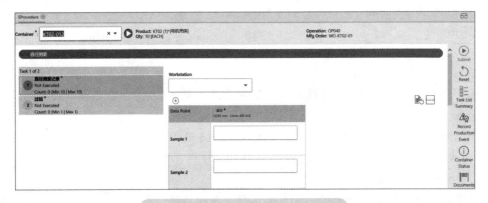

图 6-59　OP040 的电子流程操作界面

3）输入使用测量工具测出的壳体直径，这个输入可以是与电子测量设备通过接口获取测量输入记录系统，本次使用手动输入模拟，如果输入的结果在上下限范围内，则系统会提示为绿色，如果超出范围，则会提示红色，并标记为 Fail 记录，不允许过站，如图 6-60 所示。

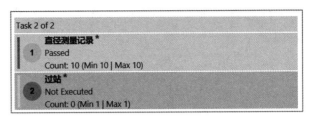

图 6-60　电子流程的两个任务

4）当完成测量后，系统会自动跳转到过站这个步骤，即执行 Move 操作，对于直径测量通过的产品，单击 Submit，完成检验并过站；如果是未通过的产品则不允许过站，如图 6-61 所示。

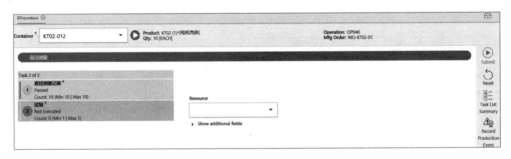

图 6-61　OP040 的过站操作

（5）OP050 入库工序 Move 操作步骤

1）通过单击 Container→Move，打开 Move 界面。

2）输入待入库的批次号，系统会提示当前的工序为 OP050，单击 Submit 完成入库操作，如图 6-62 所示。

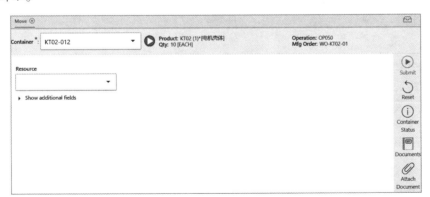

图 6-62　OP050 的 Move 操作

（6）Ship 操作步骤

1）通过单击 Container→Ship，打开 Ship 界面。

2）对于在零件厂区生产的零件，入库后需要转运到总装厂区用于装配，输入待转运的批次号，选择 Shipment Destination 为总装厂区，选择 To Factory 为 AssyFactory，同时还要设置转运的工作流和待使用的工序，这里设置为"定转子合装"，单击 Submit，完成转运的操作，如图 6-63 所示。

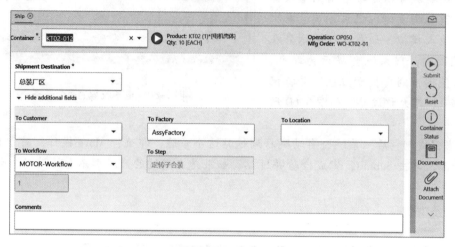

图 6-63 零件厂区转运到总装厂区

3）转运完成后，这个批次就被系统转运到总装厂区的定转子合装工序，用于装配使用，如图 6-64 所示。

图 6-64 执行反馈信息

通过上面的操作，就完成了一个批次的壳体生产过程，并将这个批次转运至总装工厂待装配。

❖ 练习

1）用上一小节中创建的工单生成一个批次（用系统自动创建批次号），模拟整个壳体生产的操作过程，通过实际操作再去理解整个生产过程与实际管控的意义。

2）尝试定义一个 EProcedure 名称为"上料步骤"，主要包含两个 Task List，分别是 Move In 和 Move 两步操作，然后将这个 EProcedure 和上料工序绑定，用来在上料时完成这两步操作步骤。

3）尝试定义一个数据采集项，例如安装孔的孔距，这里可以命名为"孔距测量"，孔距的最大值为810mm，最小值为790mm。可以设置在 OP040 完成之前的直径检测后，再完成第二步的孔距测量，最后才可以过站。

6.3.3 练习三：壳体批次拆分

下面模拟一个场景，在壳体生产过程中，有一个批次在检测时发现有2个壳体不合格，需要返工处理。其中一个产品返工处理后达到检验标准，与之前的批次合并后入库，另一个产品由于不合格，做报废处理，如图 6-65 所示。操作步骤如下：

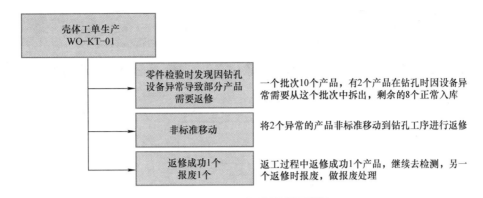

图 6-65　壳体工单拆分批次场景

1）通过单击 Container→Move In 和 Move 进入对应的操作界面，先将批次号 KT02-013 按照上一小节的生产过程，设置从 OP010 上料工序至 OP040 零件检验工序的全过程。这个过程就不再重复。

2）在检测之前，对 User Data Collection Def 的采集方式做了调整，将 Data Point Layout 设置为 Row Column Position，如图 6-66 所示。

图 6-66　自定义数据采集类型的更改

3）再打开 EProcedure 界面时，就会发现所有的测量数据变为单次输入并提交，这是系统提供的两种采集方式，如图 6-67 所示。

4）在 OP040 零件检验工序，有两个产品的直径测量数据异常，同时会记录下测量结果，如图 6-68 所示。

5）此时需要将其中的两个壳体从批次中拆分出来，拆分的 2 个壳体会以 KT02-014 为批次号，其余的 8 个以 KT02-013 为批次号并入库，如图 6-69 所示。

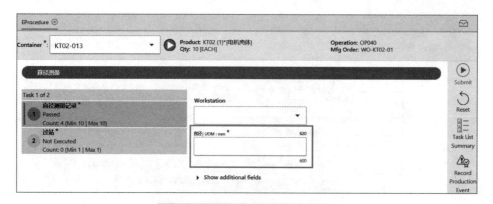

图 6-67　OP040 直径测量记录操作

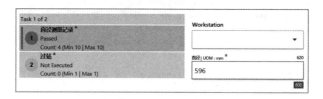

图 6-68　直径测量中不合格信息的录入

图 6-69　2 个不良品从批次中拆分出来的操作

6）将 KT02 – 014 用非标准移动到钻孔工序进行返工，通过单击 Container→Move Non – Std，在非标准移动界面返工至钻孔工序，如图 6-70 所示。

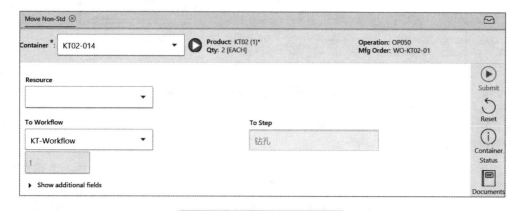

图 6-70　非标准移动到钻孔工序

7）在钻孔工序返工时，发现其中一个壳体返工也无法达到检验标准，只能报废，此时需要再次拆分，拆分后的批次为 KT02-015，如图6-71所示。

图6-71 1个报废品从不良品批次中拆分出来的操作

8）拆分后，KT02-015 这个壳体继续生产，直至入库。操作方式与之前的步骤相同，如图6-72所示。

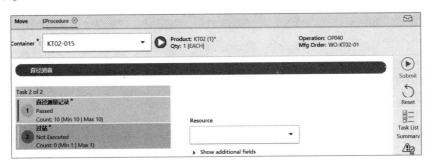

图6-72 不良品返修合格后的检测与过站操作

9）另外一个壳体 KT02-014 则报废处理，同时在系统中需要将这个批次关闭。通过单击 Container→Close 打开 Close 界面，输入批次号，选择原因，单击 Submit 提交后，完成这个批次在系统中的报废操作，如图6-73所示。

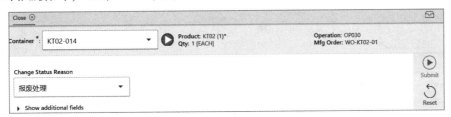

图6-73 报废品的报废处理操作

❖ 练习

1）试着用一个批次进行与演示过程类似的拆分操作，熟悉拆分的操作。例如一个批次共10个，先拆分出4个不良品，然后再拆分出1个报废品执行报废操作，另外3个不良品返修后达到合格标准，过站入库。

2）对于上一步已经拆分过并且返修合格的3个产品批次在入库后，用合格批次的操作将这三个产品的批次与之前一次性合格的 6 个产品批次合并为一个批次，批次号使用 6 个产品原有的批次号。

6.3.4 练习四：电机总装

壳体完成生产，定子、转子这些外购件已经通过检验并入库，同时通过物料配送的方式，配送至产线线边仓准备生产。以下是电机的总装过程，整个模拟的过程如图 6-74 所示。

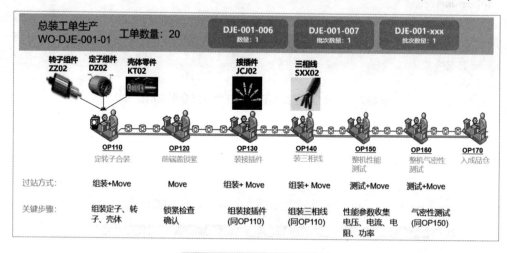

图 6-74 总装工单生产场景

（1）OP110 定转子合装工序操作步骤

1）通过单击 Container→Start，打开 Start 界面，进行生成批次并派工操作，如图 6-75 所示。

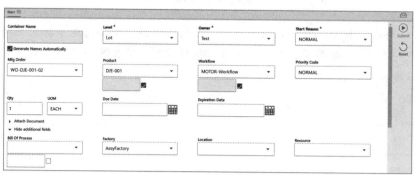

图 6-75 生成批次与总装工单派工

2）通过单击 Container→EProcedure，打开 EProcedure 界面。在接下来的所有工序操作中，都会使用 EProcedure 界面。输入批次号，系统会自动识别当前批次应该操作的工序，并通过工序获取系统中配置的任务列表，并显示在界面中。由于已经配置好工作任务清单并且与组装工序绑定，可以看到在定转子合装工序主要有两个步骤，第一步是组装，第二步是检查并过站。通过 EProcedure 把组装和过站两个操作步骤合并到一个操作界面中，方便用户操作，如图 6-76所示。

3）在 Scan Container 中输入在零件厂生产并转运到总装厂的壳体的批次号（参考"第 4 章

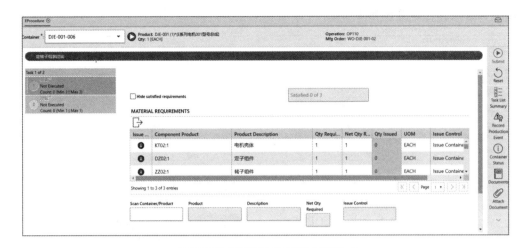

图6-76 OP110的组装操作界面

4.3.2"小节中已经创建并完成收料入库的物料批次），并提交。此时完成组装壳体的料号检查、数量记录操作，如图6-77所示。

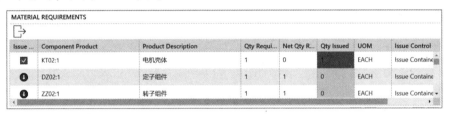

图6-77 OP110的壳体组装操作

4）在Scan Container中输入采购到总装厂已经完成来料检验的定子批次号（参考"第4章4.3.2"小节中已经创建并完成收料入库的物料批次），并提交。此时完成组装定子的料号检查、数量记录操作，如图6-78所示。

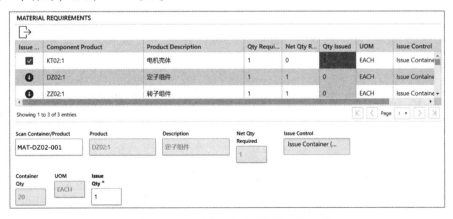

图6-78 OP110的定子组装批次号录入

5）在Scan Container中输入采购到总装厂已经完成来料检验的转子批次号（参考"第4章4.3.2"小节中已经创建并完成收料入库的物料批次），并提交。此时完成组装转子的料号检查、数量记录操作，如图 6-79 所示。

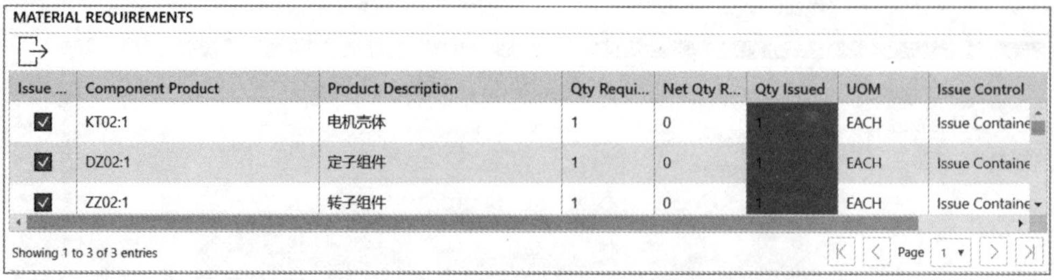

MATERIAL REQUIREMENTS
Issue ...
Component Product
Product Description
Qty Requi...
Net Qty R...
Qty Issued
UOM
Issue Control
KT02:1
电机壳体
1
0
1
EACH
Issue Containe
DZ02:1
定子组件
1
0
1
EACH
Issue Containe
ZZ02:1
转子组件
1
0
1
EACH
Issue Containe
Showing 1 to 3 of 3 entries
Page
1

图 6-79　OP110 的组装操作完成界面

6）在组装过程中需要查看电子 SOP 或者图样，可以通过单击右侧的 Documents 按钮，来查看配置好的电子文件，如图 6-80 所示。

7）完成组装后，系统界面会自动跳转到过站界面，选择组装的设备，单击 Submit，完成定转子合装的操作，并移动到下一个工序，如图 6-81 所示。

（2）OP120 前端盖锁紧工序操作步骤

1）通过单击 Container→EProcedure，打开 EProcedure 界面。输入批次号以后，系统识别到在前端盖锁紧工序需要检查锁紧是否完好并且过站，这样两个步骤如图 6-82 所示。

Documents
组装作业指导文件集
PDF
电机组装作业指导书
PNG
电机结构图
Submit
Reset
Task List
Summary
Record
Production
Event
Container
Documents
Attach
Document

图 6-80　查看 OP110 的组装操作电子 SOP

2）如果检查结果为 Pass，则选择 Passed；如果检查结果为 Fail，则选择 Failed，此时，系统会提示不允许过站，如图 6-83 和图 6-84所示。

定转子组装过站
Task 2 of 2
1
组装 *
Passed
Count: 3 (Min 3 | Max 3)
2
过站 *
Not Executed
Count: 0 (Min 1 | Max 1)
Resource
Station_合装_01
Show additional fields

图 6-81　OP110 的组装过站操作

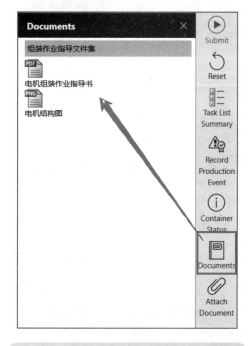

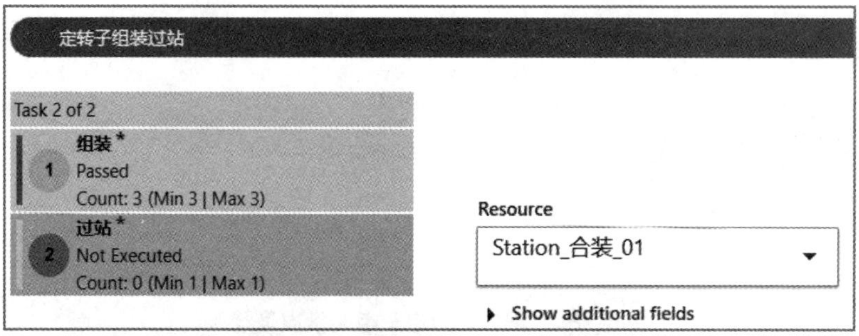

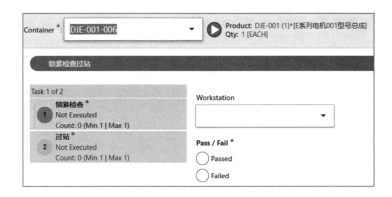

图 6-82 OP120 的锁紧检查操作

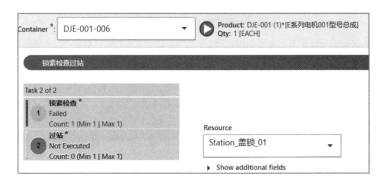

图 6-83 OP120 的过站操作

图 6-84 锁紧检查不合格无法过站的反馈信息

3）此时如果回到锁紧检查，再次判定为 Passed，则系统会提示，仅允许判定一次，如图 6-85 所示。

图 6-85 OP120 重新判定锁紧检查的不允许提示

4）如果需要重新判定，需要使用非标准移动操作，移动到"前端盖锁紧"工序，如图 6-86 所示。

图6-86　OP120 重新判定锁紧检查需要非标准移动

5）重新判定为 Passed，然后执行过站操作如图 6-87 所示。

图6-87　OP120 重新判定锁紧检查

（3）OP130 接插件安装工序操作步骤

1）打开 Container→EProcedure 界面，输入批次号，在这个工序需要对接插件进行安装，整个操作界面与定转子合装类似，如图 6-88 所示。

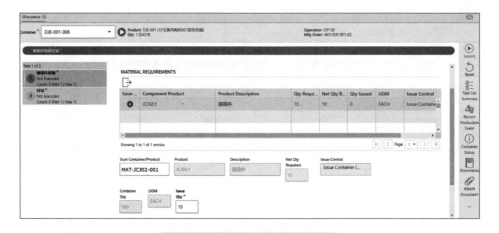

图6-88　OP130 接插件组装界面

2）输入接插件的批次号（参考"第4章4.3.2"小节中已经创建并完成收料入库的物料批次）并提交，完成组装料号检查和数量扣减，并自动跳转到下一步过站操作界面。选择过站设备并提交，完成接插件安装的过站操作，并转运至下一个工序，如图6-89所示。

图6-89　OP130 接插件过站界面

（4）OP140 三相线安装工序操作步骤

1）打开 Container→EProcedure 界面，输入批次号，在这个工序需要对三相线进行安装，整个操作界面与接插件安装类似，如图6-90所示。

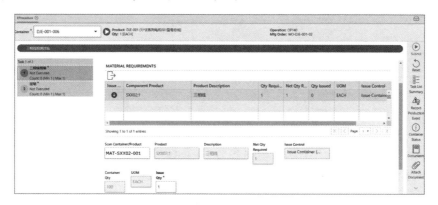

图6-90　OP140 三相线组装界面

2）输入三相线的批次号（参考"第4章4.3.2"小节中已经创建并完成收料入库的物料批次），并提交，完成组装料号检查和数量扣减，并自动跳转到下一步过站操作界面。选择过站设备，并提交，完成三相线安装的过站操作，如图6-91所示，并转运至下一个工序。

图6-91　OP140 三相线过站界面

（5）OP150 整机性能测试工序操作步骤

1）打开 Container→EProcedure 界面，输入批次号，在这个工序需要对整机的性能进行测试，需要记录性能参数，一般会由测试设备将测试结果（甚至是更复杂的测试项目）通过接口的方式传入 MES 并记录，用手动方式模拟这一过程。输入测试的电压、电流、功率等参数，如图 6-92 所示。

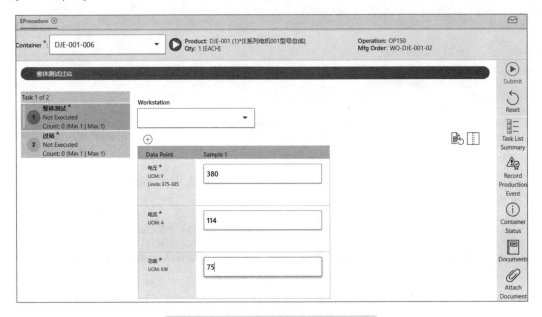

图 6-92　OP150 整体测试数据采集界面

2）录入结果，系统根据上下限范围判定为 Passed，并自动跳转到下一步过站操作界面。选择过站设备并提交，完成整体性能测试的过站操作，如图 6-93 所示，并转运至下一个工序。

图 6-93　OP150 整体测试过站界面

（6）OP160 整机气密性测试工序操作步骤

1）打开 Container→EProcedure 界面，输入批次号，在这个工序需要对气密性进行测试，需要记录气密性能参数，同样可以采用设备接口的方式输入。此时，输入压力降值的检测结果，如图 6-94 所示。

2）录入结果，系统根据上下限范围判定为 Passed，并自动跳转到下一步过站操作界面。选择过站设备并提交，完成整机气密性测试的过站操作，并转运至下一个工序。

图6-94 OP160气密性测试数据采集界面

3）入库操作，与壳体的入库操作相同，就不再讲解。

通过上面的操作，模拟了电机总装各工序的操作过程。在这里通过EProcedure的方式，把一个工序的几步操作合并到一个界面完成，提高操作人员的易用性，在各装配工序中，可以通过Spec与BOM的定义，灵活设定各工序需要装配的零部件。通过各种组合的搭配配置，来完成现场的复杂作业模式。

❖ 练习

1）动手创建一个批次（用系统默认的编码规则），并模拟整个电机总装生产的操作过程，通过实际操作再去理解整个生产过程与实际管控意义。

2）尝试定义一个EProcedure，名称为"接插件组装检查并过站"，用来完成以下四个操作步骤：

a. 组装一个零部件。可以新增一个新的零部件，例如另一种型号的接插件用于组装。

b. 装配完成后的两个零部件之间距离的检查结果记录。定义一个"接插件距离测量"的数据采集项，距离的最大值为200mm，最小值为190mm。

c. 定义一个"装配结果检查"的检查项。用来判定装配的整体检查结果Passed/Failed。

d. 最后一步定义一个"过站"动作，完成过站操作。

6.4 知识拓展

6.4.1 知识点一：MES与APS模块数据交互

前面通过学习车间排产，理解了APS排产所需的输入数据，以及排产后的输出结果。那么这个排产结果需要传达给车间现场，用于指导现场执行的先后顺序以及物料的配送进度。同时，对于现场的执行结果、人员情况、设备情况、模具使用情况等各种与排产相关的制约因素，也需要及时反馈给APS，用于滚动排产。这就需要MES与APS模块间具有数据交互能力，具体内容见表6-2。

表 6-2 MES 与 APS 交互信息

内容	说明
APS 下发给 MES 的数据，包括但不限于	
工单信息	包括目标产量、排产设备、工序、产品、优先级、预计开始时间、预计结束时间等
物料信息	包括物料编号、使用工序、耗用数量、耗用时间、提前配送时间等
人员岗位信息	包括特殊技能岗位所需具有资质的人员数量、班次时间、资质等级等
模具信息	包括使用的模具所在设备、使用的时间、数量等
工装夹具信息	包括使用的工装夹具所在设备、使用时间、数量等
MES 上传给 MES 的数据，包括但不限于	
工单完工情况	包括工单号、加工工序、加工设备、完工数量、实际开始时间、实际结束时间等
设备日历	包括设备的维护日历、异常停机等
模具使用情况	模具可用数量等
工装夹具使用情况	工装夹具可用数量等

两个模块通过这些信息的集成对接，就完成了计划与执行的协同管理，实现计划的完整闭环。

6.4.2 知识点二：MES 与 ERP 系统集成

在企业的生产运营管理过程中，ERP 和 MES 都承担着各自重要的作用。ERP 是面向公司层级的，它根据企业的人、财、物等状况对企业资源进行调配，制定生产管理计划；而 MES 属于对车间现场生产的执行层面，主要负责生产管理和执行调度。这个管理过程包括：订单执行与跟踪、质量控制、生产调度、物料投入产出管理、设备管理等诸多功能。MES 处于企业资源计划（ERP 系统）和数据采集与监视控制（SCADA 系统）的中间位置，具有承上启下的作用。MES 与上层 ERP 等业务系统和底层生产设备控制系统一起构成企业的神经系统，完成上通下达的整个业务管理过程。

在制造企业中 ERP 存在一些不可忽视的问题，其中最主要的是 ERP 管理的领域主要在物资、财务、采购、销售等环节，对生产过程的管理力度不够；另外，由于系统边界问题，MES 的解决方案也不能为管理层的决策支持提供有效信息支撑。这就要求企业在数字化转型的过程中，将两者有效融合，实现业务与信息的集成。

如何集成 ERP 与 MES，不同的企业在不同的发展阶段和不同的平台要综合考虑，但总体可以分为以下几个重点过程：

1）企业在做数字化工厂建设前，需要统一规划现有业务系统和未来业务系统的管理目标，各系统的接口建设要以整体规划为中心，形成统一标准。

2）在梳理各业务系统与生产相关的业务流的过程中，以最优的方式将冗余流程或一些不合理流程进行整合，为提升效率打下基础。

3）在业务流程梳理完毕的基础上，确定各系统间是否有业务交互信息。也就是确定哪些信息需要"上传"，哪些信息需要"下发"。

4）确定每个业务流所需要交互的数据，并定义通信规范。例如信息内容的定义、接口规范的定义、交互频率的定义等，同时要体现灵活可变的设计思路，方便后续针对业务转换而进行的调整。

5）汇总为统一的业务蓝图，并确定实施路线和计划。

当企业把 MES 与 ERP 集成以后，从系统各自不同的业务特点发挥各自的优势，同时对各自的劣势也有相应的补充。从企业整体运营层面来看生产率、管理效率都会有大幅度提升，同时打通了两个系统之间的业务流，产、供、销协同管理能力也有更大的提升空间，这些对于任何一个制造企业来说都是必须经历的阶段，也具有重要意义。

6.4.3　知识点三：MES 与安灯系统集成

安灯系统也称 Andon 系统。Andon 为日语的音译，意思为"灯""灯笼"。安灯系统指企业用分布于车间各处的灯光和声音报警系统收集生产线上有关设备和质量等信息的信息管理工具。它起源于日本丰田汽车公司，主要用于实现车间现场的目视管理。在一个安灯系统中每个设备或工作站都装配有呼叫灯，如果生产过程中发现问题，操作员（或设备自身）会将灯打开引起注意，使得生产过程中的问题得到及时处理，避免生产过程中断或减少它们重复发生的可能性。

很多企业在实际生产过程中，经常会遇到如下类似的问题无法快速解决：

1）现场缺料、少料或发错物料的情况。

2）设备故障导致的异常停线。

3）工艺执行过程中的诸多问题，如作业步骤有改进空间，SOP 与现场不符，工装夹具有损坏或不足的情况。

4）质量检验过程中，巡检异常、有重大质量缺陷等。

通过安灯系统，当现场发生异常时，即可由人或设备发出预警，并由系统通知到相关责任人，以及采用异常未解决的升级机制来保证问题可以及时处理，并且实现异常问题的追踪与总结分析。安灯系统实现了与现场各种反馈的连接，将问题的处理与沟通的过程尽量简化，提高制造质量和生产率。

在这个过程中，安灯系统与 MES 集成，可以实现：

1）设备集成化：设备信号或设备自身系统与安灯系统、MES 全方位集成，来实现设备层与系统层的互联互通。

2）预警及时化：现场工序与设备的各种异常情况，通过安灯系统的反馈，可以快速定位预警信号源的位置，再通过 MES 来实现小范围产品锁定或其他隔离措施，以保证制造过程的质量控制。

3）分析全面化：安灯系统的所有信息以接口的方式统一存储于 MES 中，可以多维度生成分析报表，查找异常的根本原因，提升现场问题的分析效率。

4）目视透明化：所有的现场异常，都可以通过与 MES 的集成显示在看板上，这些位于生产管理中心以及车间现场的看板，可以让管理人员、生产人员、设备人员对现场情况了如指掌，提高问题处理效率与管理水平。

通过安灯与 MES 的集成，可以减少产线问题处理的等待时间，提升处理效率，降低内部质量成本，提升工厂运营效率，为建设智慧工厂打好基础。

第 7 章

制造运营质量管理

7.1 学习目标

本章主要介绍制造运营管理的质量管理模块，包括基本概念、主要功能、应用场景及实践操作。通过完成学习，学生能够达到以下学习目标：

> (1) 了解质量管理相关的基础知识。
> (2) 掌握质量管理模块的模型定义。
> (3) 掌握质量管理模块的处理流程和事务的使用。
> (4) 熟练运用质量管理模块进行简单业务场景的操作。

7.2 理论学习

7.2.1 质量管理基本概念

制造企业需要使用结构化、系统化的方法来全面执行质量管理。它是一种管控核心质量流程的机制，同时通过质量闭环管理来持续改进它，让企业能以"最低的总成本实现最大的客户满意度"，通过综合使用各类标准、方法和工具来实现质量相关的目标。

质量管理应该做到以下两点：

1）明确质量方针、目标和职责；

2）通过质量策划、控制和持续改进工作来落实所有活动。

通过持续完善质量管理系统，可以逐步实现以下目标：

1）持续稳定地生产高品质产品；

2）降低产品缺陷、浪费、返工和人为错误；

3）提高生产能力、效率和收益。

1. 质量管理原则

包括：时刻关注客户需求、决策层的支持、自上而下的全员参与、系统性的过程管理方法、持续完善、基于客观分析的决策、供应链关系管理。

2. PDCA 质量闭环

1）计划（Plan）：建立质量体系及其过程的目标，以及活动的规划。

2）执行（Do）：根据制定的计划、已知信息、设计和布局，进行具体实施，完成计划中的内容。

3）检查（Check）：分析和总结计划执行结果，对执行结果的错误与正确进行分类，从现象中找出问题的根源。

4）处置（Action）：对检查结果进行分类处置。实施标准化成功经验，总结失败的经验教训。对于还未解决的问题，使其进入下一个 PDCA 循环中。

3. 不合格品的管理和纠正措施

1）当发现不合格品时（包括投诉所引起的不合格品），企业应该：

① 对不合格品做出应对措施：

○ 采取措施进行控制和纠正。

○ 处理所产生的影响。

② 评估是否需要采取措施，消除产生不合格的原因并避免其再次发生：

○ 调查和分析不合格品。

○ 确定不合格的原因。

○ 确定是否还存在或可能发生类似的不合格的状况。

③ 实施所需的应对措施。

④ 评估所采取的纠正措施的有效性。

⑤ 持续完善质量管理体系。

2）应保留完整的文档追溯信息，作为下列事项的证据：

① 不合格品的性质以及随后所执行的纠正措施。

② 纠正措施的结果。

4. 如何建立有效的生产过程质量管理

建立有效的生产过程质量管理需要与 PLM、MOM、ERP 等系统进行集成，并致力于使制定的决策具有较强的可操作性，为寻找质量问题的根源提供可能性，完善企业生产流程和质量管理体系。

Opcenter 系统可帮助企业创建闭环的前瞻式的质量管理流程。这是一种完全不同的生产质量保障方法，它有助于监控所有事件（无论来源如何），包括供应商问题、不合格品、服务和审查（本地、分销或外包业务范围内），以便在质量问题出现之前尽早发现潜在问题；提供快速的追踪控制和调查方法，可在发生质量问题时最大限度地缩小和减轻质量问题的影响范围。同时，实现生产的合规性是其必然结果。生产过程质量管理模块应包含事件管理和不合格品管理功能。

7.2.2　国家检验标准

目前使用广泛的国际标准有：ISO 2859—1999《计数抽样检验程序及表》、ISO 3951—1981《不合格品率的计量抽样检验程序及图表》，在国内应用最广泛的是 GB/T 2828.1—2012《计数抽样检验程序 第 1 部分：按接收质量限（AQL）检索的逐批检验抽样计划》标准。该标准中最常用到的是"正常检验一次抽样方案"。本节将介绍如何依据 GB/T 2828.1—2012 抽样标准中的"正常检验一次抽样方案"表来确定具体的抽样数量、不合格判定数 Re 和合格判定数 Ac。

首先需要了解以下几个与抽样标准相关的概念。

样本量字码：用于确定不同批量大小的生产批次对应的抽样代码，见表7-1。例如：一般检验水平Ⅱ，批量9～15，B。

表7-1　样本量字码

批量	特殊检验水平				一般检验水平		
	S-1	S-2	S-3	S-4	Ⅰ	Ⅱ	Ⅲ
1～8	A	A	A	A	A	A	B
9～15	A	A	A	A	A	B	C
16～25	A	A	B	B	B	C	D
26～50	A	B	B	C	C	D	E
51～90	B	B	C	C	C	E	F
91～150	B	B	C	D	D	F	G
151～280	B	C	D	E	E	G	H
281～500	B	C	D	E	F	H	J
501～1200	C	C	E	F	G	J	K
1201～3200	C	D	E	G	H	K	L
3201～10000	C	D	F	G	J	L	M
10001～35000	C	D	F	H	K	M	N
35001～150000	D	E	G	J	L	N	P
150001～500000	D	E	G	J	M	P	Q
500001 及其以上	D	E	H	K	N	Q	R

一次抽样方案：它是针对二次、多次抽样方案而言的。抽样检验过程中，只抽一次样本进行检验就做出批次是否合格的判断，称为一次抽样方案。

二次、多次抽样方案：它是在一次抽样方案的基础上引申出来的，它规定必要时可以抽取第二次甚至更多次样本进行检验。

正常检验：它是针对严加检验和放宽检验而言的。通常情况下，当批次的质量处于正常情况时，采用正常检验。正常检验一次抽样方案见表7-2。

表7-2　正常检验一次抽样方案

（表中每格数值为 Ac Re；↓表示采用箭头下面第一个抽样方案；↑表示采用箭头上面第一个抽样方案）

字码	样本量	0.010	0.015	0.025	0.040	0.065	0.10	0.15	0.25	0.40	0.65	1.0	1.5	2.5	4.0	6.5	10	15	25	40	65	100	150	250	400	650	1000
A	2	↓	↓	↓	↓	↓	↓	↓	↓	↓	↓	↓	↓	↓	↓	↓	↓	0 1	1 2	2 3	3 4	5 6	7 8	10 11	14 15	21 22	30 31
B	3	↓	↓	↓	↓	↓	↓	↓	↓	↓	↓	↓	↓	↓	↓	↓	0 1	1 2	2 3	3 4	5 6	7 8	10 11	14 15	21 22	30 31	44 45
C	5	↓	↓	↓	↓	↓	↓	↓	↓	↓	↓	↓	↓	↓	↓	0 1	1 2	2 3	3 4	5 6	7 8	10 11	14 15	21 22	30 31	44 45	↑
D	8	↓	↓	↓	↓	↓	↓	↓	↓	↓	↓	↓	↓	↓	0 1	1 2	2 3	3 4	5 6	7 8	10 11	14 15	21 22	30 31	44 45	↑	↑
E	13	↓	↓	↓	↓	↓	↓	↓	↓	↓	↓	↓	↓	0 1	1 2	2 3	3 4	5 6	7 8	10 11	14 15	21 22	30 31	44 45	↑	↑	↑
F	20	↓	↓	↓	↓	↓	↓	↓	↓	↓	↓	↓	0 1	1 2	2 3	3 4	5 6	7 8	10 11	14 15	21 22	30 31	44 45	↑	↑	↑	↑
G	32	↓	↓	↓	↓	↓	↓	↓	↓	↓	↓	0 1	1 2	2 3	3 4	5 6	7 8	10 11	14 15	21 22	30 31	44 45	↑	↑	↑	↑	↑
H	50	↓	↓	↓	↓	↓	↓	↓	↓	↓	0 1	1 2	2 3	3 4	5 6	7 8	10 11	14 15	21 22	30 31	44 45	↑	↑	↑	↑	↑	↑
J	80	↓	↓	↓	↓	↓	↓	↓	↓	0 1	1 2	2 3	3 4	5 6	7 8	10 11	14 15	21 22	30 31	44 45	↑	↑	↑	↑	↑	↑	↑
K	125	↓	↓	↓	↓	↓	↓	↓	0 1	1 2	2 3	3 4	5 6	7 8	10 11	14 15	21 22	30 31	44 45	↑	↑	↑	↑	↑	↑	↑	↑
L	200	↓	↓	↓	↓	↓	↓	0 1	1 2	2 3	3 4	5 6	7 8	10 11	14 15	21 22	30 31	44 45	↑	↑	↑	↑	↑	↑	↑	↑	↑
M	315	↓	↓	↓	↓	↓	0 1	1 2	2 3	3 4	5 6	7 8	10 11	14 15	21 22	30 31	44 45	↑	↑	↑	↑	↑	↑	↑	↑	↑	↑
N	500	↓	↓	↓	↓	0 1	1 2	2 3	3 4	5 6	7 8	10 11	14 15	21 22	30 31	44 45	↑	↑	↑	↑	↑	↑	↑	↑	↑	↑	↑
P	800	↓	↓	↓	0 1	1 2	2 3	3 4	5 6	7 8	10 11	14 15	21 22	30 31	44 45	↑	↑	↑	↑	↑	↑	↑	↑	↑	↑	↑	↑
Q	1250	↓	↓	0 1	1 2	2 3	3 4	5 6	7 8	10 11	14 15	21 22	30 31	44 45	↑	↑	↑	↑	↑	↑	↑	↑	↑	↑	↑	↑	↑
R	2000	↓	0 1	1 2	2 3	3 4	5 6	7 8	10 11	14 15	21 22	30 31	44 45	↑	↑	↑	↑	↑	↑	↑	↑	↑	↑	↑	↑	↑	↑

严加检验：当批次的质量变坏时，可改用严加检验。严加检验一次抽样方案见表7-3。

表7-3　严加检验一次抽样方案

（每格为 Ac Re；↓表示采用箭头下面的第一个抽样方案，↑表示采用箭头上面的第一个抽样方案）

样本量字码	样本量	0.010	0.015	0.025	0.040	0.065	0.10	0.15	0.25	0.40	0.65	1.0	1.5	2.5	4.0	6.5	10	15	25	40	65	100	150	250	400	650	1000
A	2	↓	↓	↓	↓	↓	↓	↓	↓	↓	↓	↓	↓	↓	↓	↓	0 1	1 2	2 3	3 4	5 6	8 9	12 13	18 19	27 28	41 42	↑
B	3	↓	↓	↓	↓	↓	↓	↓	↓	↓	↓	↓	↓	↓	↓	0 1	1 2	2 3	3 4	5 6	8 9	12 13	18 19	27 28	41 42	↑	↑
C	5	↓	↓	↓	↓	↓	↓	↓	↓	↓	↓	↓	↓	↓	0 1	1 2	2 3	3 4	5 6	8 9	12 13	18 19	27 28	41 42	↑	↑	↑
D	8	↓	↓	↓	↓	↓	↓	↓	↓	↓	↓	↓	↓	0 1	1 2	2 3	3 4	5 6	8 9	12 13	18 19	27 28	41 42	↑	↑	↑	↑
E	13	↓	↓	↓	↓	↓	↓	↓	↓	↓	↓	↓	0 1	1 2	2 3	3 4	5 6	8 9	12 13	18 19	27 28	41 42	↑	↑	↑	↑	↑
F	20	↓	↓	↓	↓	↓	↓	↓	↓	↓	↓	0 1	1 2	2 3	3 4	5 6	8 9	12 13	18 19	27 28	41 42	↑	↑	↑	↑	↑	↑
G	32	↓	↓	↓	↓	↓	↓	↓	↓	↓	0 1	1 2	2 3	3 4	5 6	8 9	12 13	18 19	27 28	41 42	↑	↑	↑	↑	↑	↑	↑
H	50	↓	↓	↓	↓	↓	↓	↓	↓	0 1	1 2	2 3	3 4	5 6	8 9	12 13	18 19	27 28	41 42	↑	↑	↑	↑	↑	↑	↑	↑
J	80	↓	↓	↓	↓	↓	↓	↓	0 1	1 2	2 3	3 4	5 6	8 9	12 13	18 19	27 28	41 42	↑	↑	↑	↑	↑	↑	↑	↑	↑
K	125	↓	↓	↓	↓	↓	↓	0 1	1 2	2 3	3 4	5 6	8 9	12 13	18 19	27 28	41 42	↑	↑	↑	↑	↑	↑	↑	↑	↑	↑
L	200	↓	↓	↓	↓	↓	0 1	1 2	2 3	3 4	5 6	8 9	12 13	18 19	27 28	41 42	↑	↑	↑	↑	↑	↑	↑	↑	↑	↑	↑
M	315	↓	↓	↓	↓	0 1	1 2	2 3	3 4	5 6	8 9	12 13	18 19	27 28	41 42	↑	↑	↑	↑	↑	↑	↑	↑	↑	↑	↑	↑
N	500	↓	↓	↓	0 1	1 2	2 3	3 4	5 6	8 9	12 13	18 19	27 28	41 42	↑	↑	↑	↑	↑	↑	↑	↑	↑	↑	↑	↑	↑
P	800	↓	↓	0 1	1 2	2 3	3 4	5 6	8 9	12 13	18 19	27 28	41 42	↑	↑	↑	↑	↑	↑	↑	↑	↑	↑	↑	↑	↑	↑
Q	1250	↓	0 1	1 2	2 3	3 4	5 6	8 9	12 13	18 19	27 28	41 42	↑	↑	↑	↑	↑	↑	↑	↑	↑	↑	↑	↑	↑	↑	↑
R	2000	0 1	1 2	2 3	3 4	5 6	8 9	12 13	18 19	27 28	41 42	↑	↑	↑	↑	↑	↑	↑	↑	↑	↑	↑	↑	↑	↑	↑	↑
S	3150	1 2	2 3	3 4	5 6	8 9	12 13	18 19	27 28	41 42	↑	↑	↑	↑	↑	↑	↑	↑	↑	↑	↑	↑	↑	↑	↑	↑	↑

放宽检验：当批次的质量水平较好且稳定时，可改用放宽检验；在确保产品质量的同时，提高检验效率。放宽检验一次抽样方案见表7-4。

表7-4　放宽检验一次抽样方案

（每格为 Ac Re；↓表示采用箭头下面的第一个抽样方案，↑表示采用箭头上面的第一个抽样方案）

样本量字码	样本量	0.010	0.015	0.025	0.040	0.065	0.10	0.15	0.25	0.40	0.65	1.0	1.5	2.5	4.0	6.5	10	15	25	40	65	100	150	250	400	650	1000
A	2	↓	↓	↓	↓	↓	↓	↓	↓	↓	↓	↓	↓	↓	↓	0 1	1 2	2 3	3 4	5 6	6 7	7 8	8 9	10 11	14 15	21 22	30 31
B	2	↓	↓	↓	↓	↓	↓	↓	↓	↓	↓	↓	↓	↓	0 1	1 2	2 3	3 4	5 6	6 7	7 8	8 9	10 11	14 15	21 22	30 31	↑
C	2	↓	↓	↓	↓	↓	↓	↓	↓	↓	↓	↓	↓	0 1	1 2	2 3	3 4	5 6	6 7	7 8	8 9	10 11	14 15	21 22	30 31	↑	↑
D	3	↓	↓	↓	↓	↓	↓	↓	↓	↓	↓	↓	0 1	1 2	2 3	3 4	5 6	6 7	7 8	8 9	10 11	14 15	21 22	30 31	↑	↑	↑
E	5	↓	↓	↓	↓	↓	↓	↓	↓	↓	↓	0 1	1 2	2 3	3 4	5 6	6 7	7 8	8 9	10 11	14 15	21 22	30 31	↑	↑	↑	↑
F	8	↓	↓	↓	↓	↓	↓	↓	↓	↓	0 1	1 2	2 3	3 4	5 6	6 7	7 8	8 9	10 11	14 15	21 22	30 31	↑	↑	↑	↑	↑
G	13	↓	↓	↓	↓	↓	↓	↓	↓	0 1	1 2	2 3	3 4	5 6	6 7	7 8	8 9	10 11	14 15	21 22	30 31	↑	↑	↑	↑	↑	↑
H	20	↓	↓	↓	↓	↓	↓	↓	0 1	1 2	2 3	3 4	5 6	6 7	7 8	8 9	10 11	14 15	21 22	30 31	↑	↑	↑	↑	↑	↑	↑
J	32	↓	↓	↓	↓	↓	↓	0 1	1 2	2 3	3 4	5 6	6 7	7 8	8 9	10 11	14 15	21 22	30 31	↑	↑	↑	↑	↑	↑	↑	↑
K	50	↓	↓	↓	↓	↓	0 1	1 2	2 3	3 4	5 6	6 7	7 8	8 9	10 11	14 15	21 22	30 31	↑	↑	↑	↑	↑	↑	↑	↑	↑
L	80	↓	↓	↓	↓	0 1	1 2	2 3	3 4	5 6	6 7	7 8	8 9	10 11	14 15	21 22	30 31	↑	↑	↑	↑	↑	↑	↑	↑	↑	↑
M	125	↓	↓	↓	0 1	1 2	2 3	3 4	5 6	6 7	7 8	8 9	10 11	14 15	21 22	30 31	↑	↑	↑	↑	↑	↑	↑	↑	↑	↑	↑
N	200	↓	↓	0 1	1 2	2 3	3 4	5 6	6 7	7 8	8 9	10 11	14 15	21 22	30 31	↑	↑	↑	↑	↑	↑	↑	↑	↑	↑	↑	↑
P	315	↓	0 1	1 2	2 3	3 4	5 6	6 7	7 8	8 9	10 11	14 15	21 22	30 31	↑	↑	↑	↑	↑	↑	↑	↑	↑	↑	↑	↑	↑
Q	500	0 1	1 2	2 3	3 4	5 6	6 7	7 8	8 9	10 11	14 15	21 22	30 31	↑	↑	↑	↑	↑	↑	↑	↑	↑	↑	↑	↑	↑	↑
R	800	1 2	2 3	3 4	5 6	6 7	7 8	8 9	10 11	14 15	21 22	30 31	↑	↑	↑	↑	↑	↑	↑	↑	↑	↑	↑	↑	↑	↑	↑

1. 正常检验一次抽样方案的执行步骤

1）确定批量大小。

2）确定检验水平（GB/T 2828.1—2012提供了三种一般检验水平Ⅰ、Ⅱ、Ⅲ和四种特殊检验水平S-1、S-2、S-3、S-4。除非另有规定，通常采用一般检验水平Ⅱ）。

3）确定样本大小对应的字码（根据所选定的检验水平和检验批量的大小，在"表7-2正常检验一次抽样方案"中选取所对应的样本量字码）。

4）确定合格质量水平（AQL值）。

5）检验的样本数、不合格判定数（Re）、合格判定数（Ac）。

2. 抽样检验技术的应用案例

某结构件在某个加工工序的生产检验过程中，采用GB/T 2828.1—2012抽样标准中的"正常检查一次抽样方案"进行抽检。规定检验水平为Ⅱ，与客户商定的接受质量限 AQL 值为 1.0。某次该结构件的加工批量为 100 件时，将在加工工序中对其进行抽样检验，以判断这一批次的结构件是否合格。当批的质量变坏时，可将下一批次的检验标准更改为严加检验；当批的质量水平较好且稳定时，可将下一批次的检验标准更改为放宽检验；通常有以下两种作业方式：

（1）传统的人工作业方式

1）从"表 7-1 样本量字码"中包含批量数 100 的行（91~150）与检查水平Ⅱ所在的列相交处，读出样本大小字码 F。

2）在"表 7-2 正常检验一次抽样方案"中由样本大小字码 F 所在行与 AQL=1.0 所在列相交处读出【0，1】，再由该行向左在样本大小栏内读出样本大小为 20。

3）该检验员应抽取该批零件中的 20 件样本做生产过程检验，检验结果：不合格品数量在 0 以内时判定为整批合格，不合格品数量≥1 时判定整批不合格。

4）根据批次检验结果判断是否下一批次需要严加检验或放宽检验。假如需要执行严加检验，则使用"表 7-3 严加检验一次抽样方案"，并重复步骤 1）~3）；获得样本大小字码 F、样本大小为 8、允收标准为【0，1】。

（2）借助制造运营系统自动判断

1）通过"检验级别"模型将一般检验水平Ⅱ的样本量字码构建在制造运营系统中。

2）通过"AQL 级别"模型分别将"正常检查一次抽样方案""严加检验一次抽样方案""放宽检验一次抽样方案"中对应的接受质量限 AQL 值为 1.0 的列数值输入到制造运营系统中。

3）通过"切换规则"模型将检验标准的切换规则固定在制造运营系统中。

4）执行制造运营系统中的采样检验事务，系统自动判断检验标准，检验员在系统中录入检验数据完成检验。

7.2.3 事件管理

Opcenter 中的事件管理功能可以发现并记录来自企业内任何生产或非生产源头的质量事件，并运用标准的风险准则为事件进行适当分类和选择处理路径。它使客户能够监控企业运营情况并发现质量事件，从而可以对出现的问题展开必要的调查并执行质量流程。质量事件记录作业界面如图 7-1 所示。

（1）事件管理功能特点

1）监控事件以及发展趋势：监控整个企业内的数据源，以便可以尽早发现潜在问题并提醒相关人员。

2）工艺实施确保合规：实施质量和制造流程，确保遵循相关法规和国际标准。

3）全局风险管理：找出整个企业内风险最高的项目，以正确安排解决方案的优先顺序。

4）根本原因智能分析：利用企业内不断增长的质量事件数据知识库，快速发现根本原因。

5）适应性强的最佳实践：通过使用开箱即用的方法并进行修改或定义自己的方法，可以完全根据自身业务需求来配置流程。

6）出色的易用性：直观的界面流程和用户界面可加快用户的采用速度并提升业务价值。

7）企业级可扩展技术：灵活的组织结构和安全框架可实现从本地到全局、从自主生产到

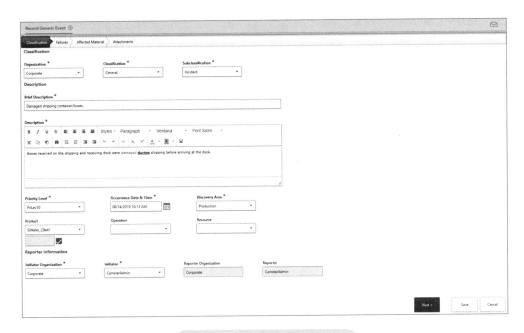

图7-1 质量事件记录作业界面

外包生产以及从在岸到离岸实施的扩展。

（2）事件管理执行流程 使用事件管理的开箱即用流程并进行修改或创建自己的流程。可以配置事件管理来满足独特的业务流程和环境需求。标准流程步骤包含如下：

1）记录：事件管理可以让企业简化各种类型事件的记录和管理。可以发现与不合格产品、验收活动、流程监控、供应商零部件、审查、设备监控、服务、召回、培训、环境条件等相关的质量事件。

2）发现：利用简便易用的 Web 表单，可以记录各种类型的质量事件。事件管理可以轻松进行配置，以便为不同类型的质量事件采集不同的数据集。在适当情况下，可以直接从其他应用程序中记录产品、业务流程、地点、参与人员、资源、结果和报告人等所有关键信息。

3）分类和调查：事件管理可以对所有质量事件进行综合分类。可以随时对当前和过去相关事件的数据进行分析。

4）纠正措施：轻松记录通过调查并经过批准的措施，可在将来问题再次发生时进行参考。

5）风险评估：事件管理使企业可以执行全面的风险评估，包括防止相关问题隔离的当前和历史事件。

7.2.4 不合格品管理

Opcenter 中的不合格品管理功能（Non Conformance Management，NCM），可以发现并记录来自企业内任何生产源头的质量事件，并运用标准风险准则为事件正确分类和选择处理方式。作为制造运营管理系统的必要组成部分，NCM 可以立即追查可疑物料，进行必要的调查并实施处置决定。

NCM 支持闭环质量流程，从而可以让企业集中精力开展能够提升产品质量的活动。NCM 不仅提供了不合格品报告，它还可以减少问题的数量并降低问题的严重程度。不合格品处置作业与流程如图 7-2 所示。

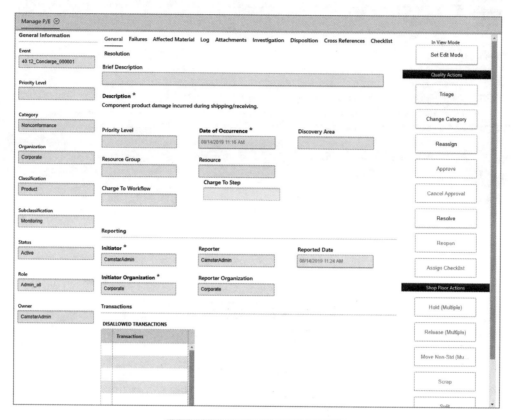

图 7-2　不合格品处置作业与流程

（1）不合格品管理功能特点

1）执行相关流程，确保合规：执行质量和制造流程，以确保符合法规与国际标准。

2）自动追查控制可疑项目：全球使用位置追踪功能实现从产品和组件到原材料的全套电子追踪，能够迅速隔离和自动暂停受影响的批次和单元。

3）与物料评审委员会协同：使物料评审委员会（MRB）能够处理任何位置的不合格品。

4）执行处置决定：系统地执行处置决定，确保正确处置不合格物料，并确保符合法规指令、国际标准化组织（ISO）和国际质量标准。

（2）不合格品管理执行流程　NCM 完全可自主配置，因此可以适应独特的业务流程和环境，步骤包括如下：

1）发现：NCM 让企业能够简化各类生产和产品事件的记录和管理。NCM 中将显示不合格产品相关事件、认可活动和流程。

2）记录：提供简单、易于使用的 Web 表单，能够记录一个或多个工厂中发生的不同类型的不合格事件。NCM 可以轻松配置，以便为不同类型的事件收集不同的数据集。可以直接在 Opcenter 中记录产品、工艺、批次/单元、流程、位置、操作员、设备和报告者等重要信息。

3）评估：NCM 可为所有企业提供全面的分类方法，帮助其从各个方面展开全面的风险评估。结果可以记录下来并为所需的解决方案指明方向。

4）分析根本原因：NCM 使不同部门的员工能够协同工作，进行根本原因分析。可以轻松访问和获取详细的生产记录、维护记录、培训记录和物料记录等前后相关数据，以用于分析。

5）追查控制：当确定不合格品会影响生产时，企业可通过记录并执行与单元和批次相关的追查控制活动。执行追查控制活动可确保对不合格物料进行控制并防止其被不当使用。

6）处置：可以建议采用不同的处置类型并保留物料评审委员会。员工和部门之间可能需要通过该功能展开前所未有的合作，共同处理可能影响多个场地或工厂的不合格品。可以在生产系统中系统地执行报废、维修和照常使用等批准的处置活动，确保取得有效且高效的结果。

7.2.5 生产过程中的 SPC 应用

1. SPC 技术原理

统计过程控制（SPC）是一种借助数学统计方法的过程控制工具。它对过程进行分析与评估，然后根据反馈的信息来及时地发现系统性问题出现的征兆，促使相关人员采取措施消除其影响，使其尽可能地维持在仅受随机性因素影响的受控状态，以达到控制产品质量的目的。

当过程仅受随机因素影响时，则处于统计控制状态（受控状态）；当过程中存在系统因素的影响时，过程可能会处于统计失控状态（失控状态）。由于过程的波动具有统计规律性，当过程受控时，它的特性通常呈现稳定的随机分布；当过程失控时，它的分布将发生变化。SPC正是利用这种过程波动的统计规律性对过程进行分析与控制。所以，它强调的是利用数学统计的方法来监控生产过程的状态，确保生产过程处于受控状态，提高产品质量的稳定性，从而使产品和服务稳定地满足客户的要求。

SPC 的实施过程通常分为两大步骤：

第一步：需要用 SPC 工具对生产过程进行分析，如绘制一些分析用的控制图（质量控制图、变量控制图等），根据控制图的分析结果执行相应措施：

○ 可能需要消除生产过程中的系统性因素。

○ 可能需要管理层的介入来减小生产过程中不确定因素的输入。

第二步：用控制图对生产过程进行监控，例如：

○ 使用 EWMA 和 CUSUM 控制图对小波动进行监控。

○ 使用比例控制图和目标控制图对小批量、多品种的生产过程进行控制。

2. SPC 控制图分类

（1）按控制图的使用目的分类

1）分析用控制图。

2）控制用控制图。

（2）按统计数据的类型分类

1）计量控制图：

○ IX – MR（单值移动 – 极差图）。

○ Xbar – R（均值 – 极差图）。

○ Xbar – S（均值 – 标准差图）。

2）计数控制图（计件和计点）。

○ P（用于可变样本量的不合格品率）。

○ Np（用于固定样本量的不合格品数）。

○ U（用于可变样本量的单位缺陷数）。

○ C（用于固定样本量的缺陷数）。

3. 常用的八项判异准则

1）一点落在 A 区以外。

2）连续 9 点落在中心线同一侧。

3）连续 6 点递增或递减。

4）连续 14 点相邻点上下交替。

5）连续 3 点中有 2 点落在中心线同一侧的 B 区以外。

6）连续 5 点中有 4 点落在中心线同一侧的 C 区以外。

7）连续 15 点在 C 区中心线上下。

8）连续 8 点在中心线两侧且无一在 C 区内。

4. 在线 SPC

1）实时图表显示给生产人员。

2）图表是在收集数据时实时生成的。

3）随时显示。

4）可自动触发响应动作：

○ 基于异常数据拦截在制品（lot or batch），并设置拦截原因。

○ 将与异常数据关联的资源从可用资源中移除（或更改为另一种状态）。

○ 如果执行了上述操作之一，则自动对该异常点标注。

○ 需要异常数据的标注（若触发事件）。

○ 显示技术说明文档（通常是纠正操作）。

○ 发送电子邮件通知。

5）图表保存在服务器上，用于历史分析或滚动显示。

5. 离线 SPC

1）质量控制图。

2）变量控制图。

3）X – 条形图（平均值）：范围，标准偏差，个体测量，中值，移动平均数，移动范围，累积和，加工能力，小组措施，I – MR – R/S（内部）。

4）属性控制图：

○ 不合格（C），缺陷数（NP），缺陷率（P），单位不合格数（U）。

○ U 型累积和，帕累托。

○ 实验设计。

○ 鱼骨图。

5）统计数据。

6）描述性的工具：单变量统计，频率分布，multiway。

7）枚举数据：二项回归，泊松回归。

8）方差分析。

9）回归和相关性分析。

10）多变量分析，时间序列分析，生产分析。

7.3 实践操作

7.3.1 练习一：质量检验计划

1. 场景描述

场景中各区域布局如图 7-3 所示。

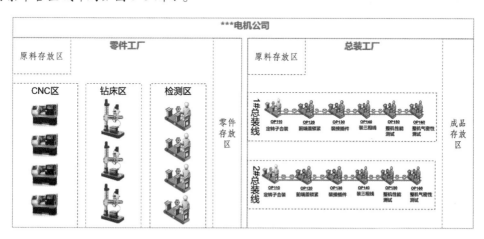

图 7-3 各区域布局

假设经过前工序的外壳精车、钻孔，已经完成了电机壳体 KT02 的加工，在每批电机壳体 KT02 放入零件库房前，还需要经过一个 FQC 工序：零件终检。在这道工序中，将根据产品质量检验要求和国家检验标准对所生产的电机壳体 KT02 进行抽样检验。

1）根据产品质量检验要求，确定的检验项为外表面粘砂、裂纹和冷隔以及损伤。将通过 Opcenter 系统的 Sample Data Point 和 Sample Test 模型对其进行建模。

2）根据国家检验标准 GB/T 2828.1—2012，将构建样本量字码和 AQL 水平。通过 Opcenter 系统的 Inspection Level 和 AQL Level 模型对其进行建模。

3）根据质量管理要求，当电机壳体 KT02 生产批次连续出现 2 次合格或者不合格时，其检验标准将调整为放宽检验或者严加检验。将通过 Opcenter 系统的 Switch Rule 模型对其进行建模。

4）将以上检验要求和规则进行整理，可得到电机壳体 KT02 的零件检验计划。将通过 Opcenter 系统的 Sampling Plan 模型对其进行建模。

2. 浏览相关的模型配置

（1）Sample Data Point（样本数据点） 通过 Sample Data Point 模型将电机壳体 KT02 的检验项：外表面粘砂、裂纹和冷隔以及损伤分别构建出来。可以为每个检验项配置以下关键信息：数据类型、计量单位、显示上下限、下限值、上限值、默认值。

浏览步骤：

1）使用对应账号登录 Opcenter 系统。

2）在菜单目录中找到 Modeling 子目录，单击它。

3）在打开的 Modeling 界面中，找到 Objects 过滤框，输入 Sample Data Point，单击下方搜索出来的 Sample Data Point 模型。

4）在打开的 Sample Data Point 界面中，分别单击浏览"外表面粘砂""裂纹和冷隔""损伤"等检验项，如图7-4所示。

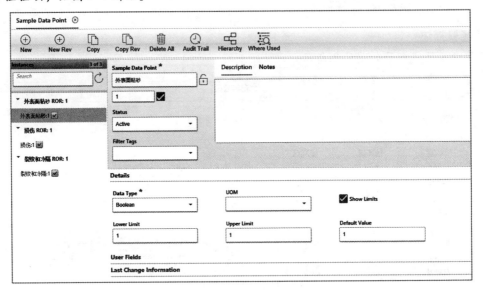

图7-4　样本数据点建模界面

（2）Sample Test（检验测试）　通过 Sample Test 模型将电机壳体 KT02 的三个检验项（外表面粘砂、裂纹和冷隔、损伤）组合成一个检验任务，然后定义该检验任务的行为，包含如下：

1）处理行为（见图7-5）

① Instructions：为样本测试收集数据提供指示。最多可以输入 4000 个字符。

② Scrap Rejects Default Reason：从列表中选择某个损失原因代码，以表示将使用此损失原因代码按拒绝原则减少容器数量。

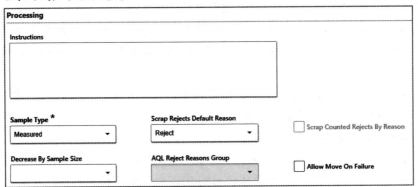

图7-5　检验测试的处理行为设置

2）检验项

Details：所有样本数据点的列表，如图7-6所示。

3）生产事件（见图7-7）

① Default Failure Mode：选择默认失败模式会导致在样本
被拒时使用该模式创建生产事件。

② Classification、Subclassification：选择默认分类、子分类
会导致在样本被拒时用于创建生产事件。

③ Default Production Event Description：描述在样本被拒时
发生的生产事件。最多可以输入4000个字符。

浏览步骤：

1）使用对应账号登录 Opcenter 系统。

2）在菜单目录中找到 Modeling 子目录，单击它。

3）在打开的 Modeling 界面中，找到 Objects 过滤框，输入
Sample Test，单击下方搜索出来的 Sample Test 模型。

图7-6　样本数据点列表

图7-7　检验测试的生产事件设置

4）在打开的 Sample Test 界面中，单击和浏览"零件检验项"，单击 Expand All，浏览所
有配置信息，如图7-8所示。

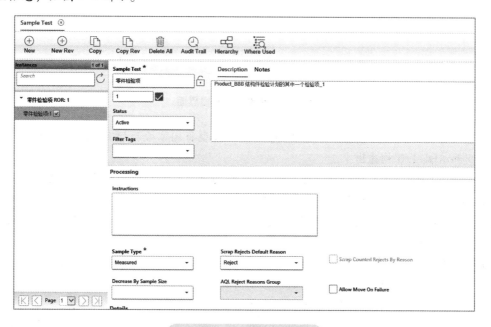

图7-8　检验测试建模界面

185

（3）Inspection Level（检验水平）　通过 Inspection Level 模型将国家检验标准 GB/T 2828. 1—2012 的一般检验水平样本量字码构建出来。

1）Min. Qty：相应检验级别的关联样本大小代码的最小容器或批次数量。

2）Max. Qty：相应检验级别的关联样本大小代码的最大容器或批次数量。

3）Sample Size Code：样本大小代码通过将检验级别与 AQL 级别对应来确定样本大小和允许的拒绝数。

浏览步骤：

1）使用对应账号登录 Opcenter 系统。

2）在菜单目录中找到 Modeling 子目录，单击它。

3）在打开的 Modeling 界面中，找到 Objects 过滤框，输入 Inspection Level，单击下方搜索出来的 Inspection Level 模型。

4）在打开的 Inspection Level 界面中，分别单击和浏览"一般检验水平 Ⅰ""一般检验水平Ⅱ""一般检验水平Ⅲ"，如图 7-9 所示。

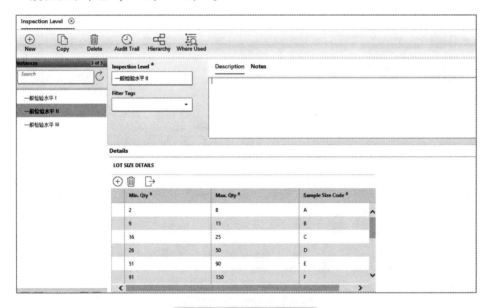

图 7-9　检验水平建模界面

（4）AQL Level（AQL 水平）　通过 AQL Level 模型将国家检验标准 GB/T 2828. 1—2012 的 AQL 0. 65 和 AQL 1. 0 构建出来。

1）Sample Size Code：此代码表示该 AQL 级别的相应样本大小和允许的拒绝数。

2）Sample Size：样本大小代码所需的样本大小。

3）Rejection Number：样本中允许的最大缺陷数。当容器或批次的缺陷数大于此数量时，将拒绝该容器或批次，等于 Ac。

浏览步骤：

1）使用对应账号登录 Opcenter 系统。

2）在菜单目录中找到 Modeling 子目录，单击它。

3）在打开的 Modeling 界面中，找到 Objects 过滤框，输入 AQL Level，单击下方搜索出来的 AQL Level 模型。

4）在打开的 AQL Level 界面中，分别单击和浏览"AQL 0.65""AQL 1.0"，如图 7-10 所示。

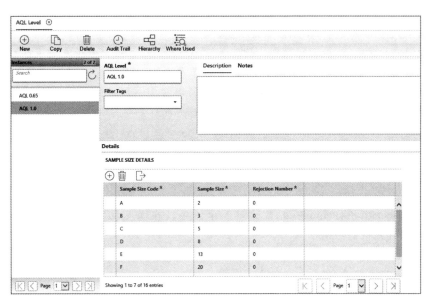

图 7-10　AQL 水平建模界面

（5）Switching Rule（切换规则）　通过 Switch Rule 模型将放宽检验或者严加检验的转换规则固定在 Opcenter 系统中（切换规则弹窗见图 7-11）。

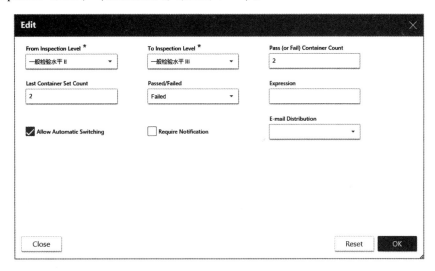

图 7-11　切换规则弹窗

1）E－mail Distribution：当检验级别发生变化时，从列表中选择的电子邮件消息会发送到"电子邮件通信组"列表中的收件人。

2）From Inspection Level：所有检验级别的列表，可从中选择此切换规则的起始检验级别。如果当前检验级别等于此值，则可以制定此切换规则。

3）To Inspection Level：所有检验级别的列表，可从中选择结果检验级别。如果满足切换规则准则，这将是新的检验级别。

4）Pass（or Fail）Container Count：通过或未通过检验的容器数量，具体取决于"通过/失败"字段中的值，例如，最后4个容器中有3个通过（或未通过）检验，其中3（此字段）是X（Y）表达式中的X值。此字段必须为整数。

注：必须填充此字段、"最后容器集计数"和"通过/失败"，或只需填充"表达式"字段。

5）Last Container Set Count：最后容器集中用于确定通过或失败率的容器数量，具体取决于"通过/失败"字段中的值，例如，最后4个容器中有3个通过（或未通过）检验，其中4（此字段）是X（Y）表达式中的Y值。此字段必须为整数。

注：必须填充此字段、"最后容器集计数"和"通过/失败"，或只需填充"表达式"字段。

6）Passed/Failed：此复选框表示"通过（或未通过）容器计数"字段是否为通过或失败的样本测试计数。

7）Allow Automatic Switching：此复选框表示该字段在满足切换规则准则时，导致检验级别自动更新到"目标检验级别"。

浏览步骤：

1）使用对应账号登录 Opcenter 系统。

2）在菜单目录中找到 Modeling 子目录，单击它。

3）在打开的 Modeling 界面中，找到 Object 属性框，输入 Switching Rule，单击下方搜索出来的 Switching Rule 模型。

4）在打开的 Switching Rule 界面中，单击和浏览"切换规则"，如图 7-12 所示。

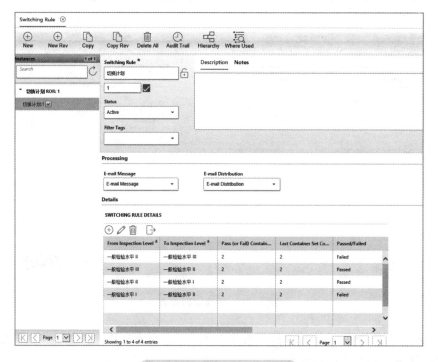

图7-12　切换规则建模界面

（6）Sampling Plan（质量检验计划）　通过 Sampling Plan 模型可以获得电机壳体 KT02 的零件检验计划。

1）AQL Level：需要在选定 AQL 级别执行此样本测试。

2）Inspection Level：需要在选定检验级别执行此样本测试。

3）Sample Rate："1"表示对每个容器进行采样。"2"表示每两个容器采样一次。"3"表示每三个容器采样一次。4、5、6、7 等依此类推。

4）Sample Test：所有样本测试的列表。从列表中选择一个样本测试可使之成为采样计划的一部分。

5）Spec：需要选定 Spec 执行此样本测试。

6）Switching Rule：需要选定切换规则执行此样本测试。

浏览步骤：

1）使用对应账号登录 Opcenter 系统。

2）在菜单目录中找到 Modeling 子目录，单击它。

3）在打开的 Modeling 界面中，找到 Object 过滤框，输入 Sampling Plan，单击下方搜索出来的 Sampling Plan 模型。

4）在打开的 Sampling Plan 界面中，单击和浏览"零件检验计划"，如图 7-13 所示。

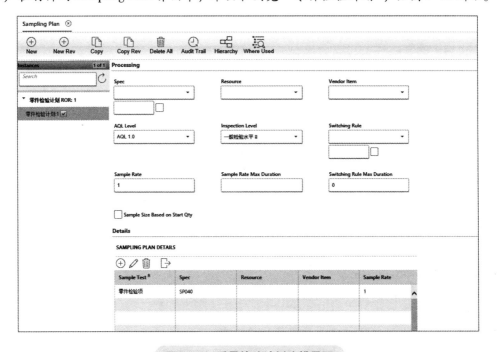

图 7-13　质量检验计划建模界面

（7）Product（产品）　通过 Product 模型对电机壳体 KT02 建模。在该模型中，将与前面定义好的零件检验计划进行关联。

1）Product Type：用于区分由业务定义的不同类别的产品。产品类型的示例包括：

○ WIP——在制品。

○ FG——成品。

○ RM——原材料。

2）Workflow：用于制造此产品的工作流程（工步序列）。工作流程中的每一工序将参考规范或包含此工序中产品处理的规则和说明的另一工作流程（子工作流程）。

3）Sampling Plan：用于定义产品的检验准则，如所需的样品测试、样品数量、采样率、采样位置和检验时本产品容器的允许拒绝数。选择为产品指派的计划。

4）Container Numbering Rule：可以将编号规则与产品关联，以在启动容器时进行自动编号。

浏览步骤：

1）使用对应账号登录 Opcenter 系统。

2）在菜单目录中找到 Modeling 子目录，单击它。

3）在打开的 Modeling 界面中，找到 Objects 过滤框，输入 Product，单击下方搜索出来的 Product 模型。

4）在打开的 Product 界面中，单击和浏览 "KT02"。可以看到电机壳体 KT02 与零件检验计划关联在一起，如图 7-14 所示。

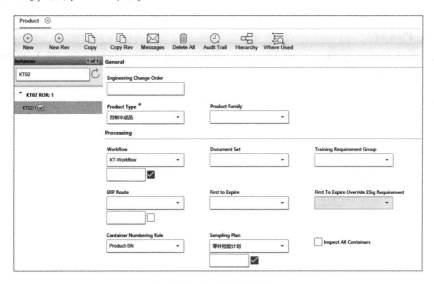

图 7-14　产品建模界面

3. 执行质量检验计划

（1）基于工单创建电机壳体 KT02 的生产批次

1）使用对应账号登录 Opcenter 系统。

2）在菜单目录中找到 Container 子目录，单击它。

3）在弹出的 Container 列表中找到 Order Dispatch，单击它。

4）在显示的 Order Dispatch 界面（见图 7-15）中，按以下顺序输入信息：

- 在 Mfg Orders 列表中，单击选中工单 WO – KT02 – 01
- 在 Container 属性框中，输入 QC – KT02 – 01 – 001
- 在 Level 属性框中，下拉选择 Lot
- 在 Owner 属性框中，下拉选择 Production
- 在 Start Reason 属性框中，下拉选择 NORMAL

- 在 Hide additional fields 的 Factory 属性框中，下拉选择 LJFactory

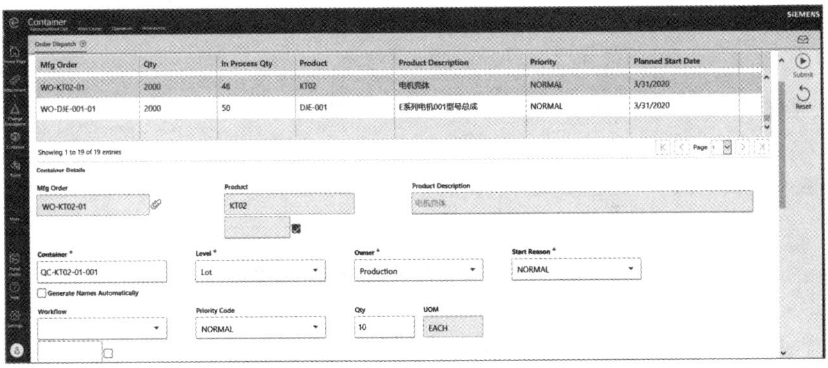

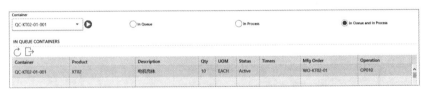

图7-15 订单派工操作界面

5）单击右上角的 Submit 按钮，生成电机壳体 KT02 的生产批次 QC－KT02－01－001。

6）创建成功后，系统将弹出通知信息。

（2）将电机壳体 KT02 的生产批次移动到 OP040 零件检验工序

1）在菜单目录中找到 Container 子目录，单击它。

2）在弹出的 Container 列表中找到 Operation View，单击它。

3）在显示的 Operational View 界面中，单击选中 IN QUEUE CONTAINERS 列表下电机壳体 KT02 的生产批次 QC－KT02－01－001，如图7-16所示。

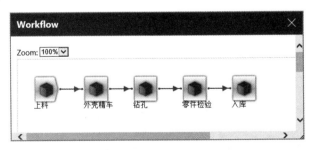

图7-16 作业视图的 Move In 列表

4）单击 Operational View 界面右边功能栏中的 Workflow，可以了解到电机壳体 KT02 的生产批次 QC－KT02－01－001 将会经历的生产过程，如图7-17所示。浏览完后，单击关闭按钮关闭 Workflow 浏览窗口。

图7-17 工作流程弹窗

5）单击 Operational View 界面右边功能栏中的 Shop Floor Txns，Opcenter 系统会根据QC－KT02－01－001 的状态显示可执行的操作事务。单击 Move In Immediate 按钮，QC－KT02－01

-001 将被移动到 OP010 上料工序，并显示操作成功信息，如图 7-18 所示。

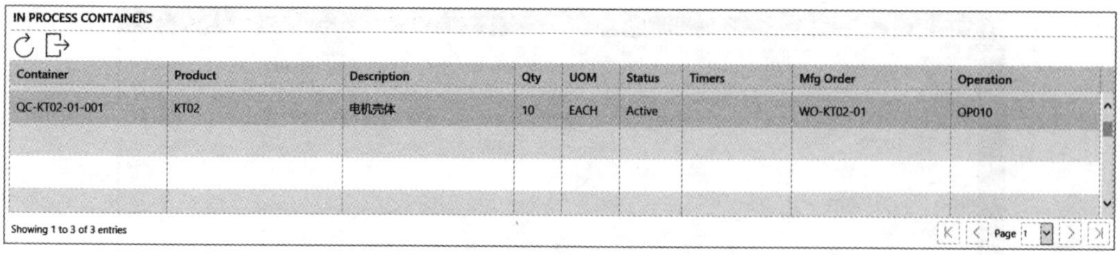

图 7-18　作业视图的 Move 列表

6）继续单击 Operational View 界面右边功能栏中的 Shop Floor Txns，在弹出列表中单击 Move Immediate 按钮，QC－KT02－01－001 将被移动到 OP020 外壳精车工序，并显示操作成功信息，如图 7-19 所示。

图 7-19　"外壳精车"操作成功

7）继续单击 Operational View 界面右边功能栏中的 Shop Floor Txns，在弹出列表中单击 Move Immediate 按钮，QC－KT02－01－001 将被移动到 OP030 钻孔工序，并显示操作成功信息，如图 7-20 所示。

图 7-20　"钻孔"操作成功

8）继续单击 Operational View 界面右边功能栏中的 Shop Floor Txns，在弹出列表中单击 Move Immediate 按钮，QC－KT02－01－001 将被移动到 OP040 零件检验工序，并显示操作成功信息，如图 7-21 所示。

图 7-21　"零件检验"操作成功

9）单击 Operational View 界面右边功能栏中的 Container Status，可以查看到电机壳体 KT02 的生产批次 QC－KT02－01－001 当前的生产状态，如图 7-22 所示，可以看到，QC－KT02－01－001 已经处于 OP040 零件检验工序，等待质量检验人员对其进行抽样检验。浏览完后，单击关闭按钮关闭 Workflow 浏览窗口。

（3）对电机壳体 KT02 的生产批次执行质量检验

1）在菜单目录中找到 Container 子目录，单击它。

2）在弹出的 Container 列表中找到 Collect Sampling Data，单击它。

3）在 Collect Sampling Data 界面中，单击 Container 输入框，输入电机壳体 KT02 的生产批次 QC - KT02 - 01 - 001，按 < Enter > 键。Opcenter 系统将根据电机壳体 KT02 配置的质量检验计划配置出在零件检验工序所需要执行的检验项目，如图7-23所示。

4）单击选中 CONTAINER SAMPLE DATA 列表中的"零件检验项：1"，Opcenter 系统将根据配置的检验标准自动计算本次检验的样本数、AQL 水平、样本量字码，如图7-24所示。

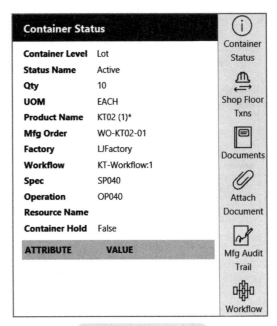

图7-22 容器状态信息

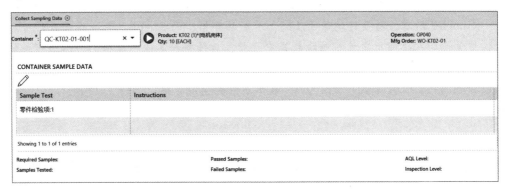

图7-23 样本数据采集操作界面

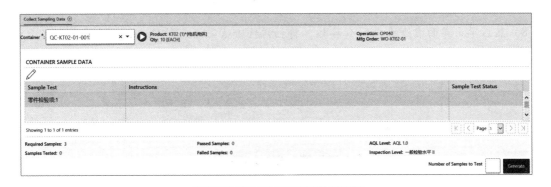

图7-24 样本数据采集操作界面

5）可以看到，QC - KT02 - 01 - 001 的批次量为10，根据 AQL 1.0 和一般检验水平 Ⅱ 可以确定本次需要从该批次中随机抽检3个电机壳体 KT02 产品。在 Number of Samples to Test 框中输入 3，然后单击 Generate 按钮，生成样本数据采集录入界面，如图 7-25 所示。

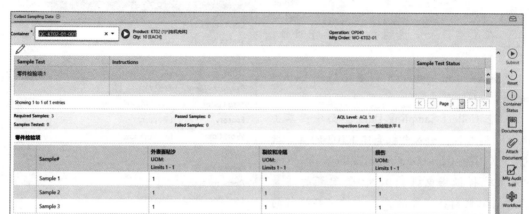

图 7-25 样本数据采集录入

6）其中 Sample1、Sample2、Sample3 分别代表被随机抽中的 3 个电机壳体 KT02 产品，外表面粘砂、裂纹和冷隔、损伤是其需要检验的 3 个项目。数据录入框中：1 表示该检验项合格，0 表示不合格。当质量检验人员对这 3 个电机壳体 KT02 产品进行检验时，得出以下结果：Sample1、Sample3 所有检验项目均等于 1，表示产品合格；而 Sample2 在检验时发现壳体内部有裂纹，质量检验人员即把它放入维修载具中存放，后续将和其他不合格品一起进行维修。

7）同时质量检验人员需要在 Opcenter 系统的 Collect Sampling Data 界面中，单击 Sample2 行的裂纹和冷隔列，将数据值 1 修改为 0，表示该检验项不合格，如图 7-26 所示。

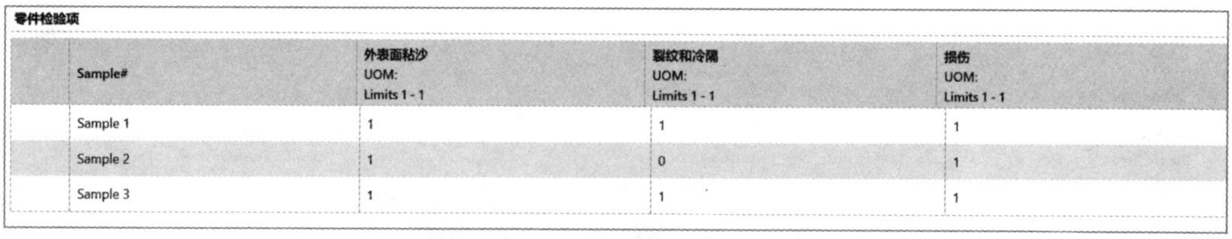

零件检验项				
	Sample#	外表面粘沙 UOM: Limits 1 - 1	裂纹和冷隔 UOM: Limits 1 - 1	损伤 UOM: Limits 1 - 1
	Sample 1	1	1	1
	Sample 2	1	0	1
	Sample 3	1	1	1

图 7-26 零件检验项结果显示

8）然后单击界面右边的 Submit 按钮，将抽样检验结果记录到 Opcenter 系统中，显示成功页面如图 7-27 所示。

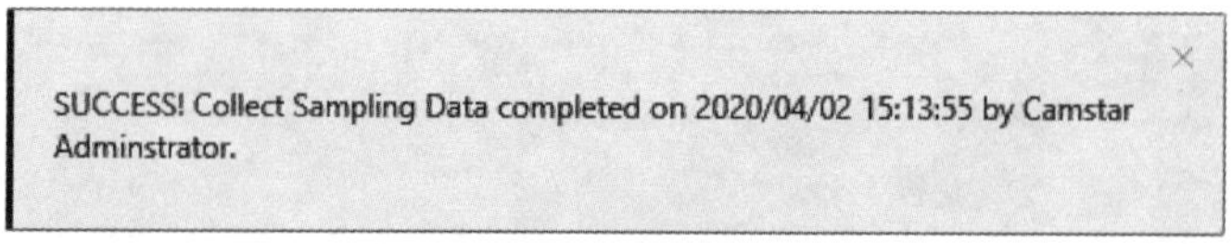

SUCCESS! Collect Sampling Data completed on 2020/04/02 15:13:55 by Camstar Adminstrator.

图 7-27 操作成功页面

9）根据零件检验计划的 AQL 接受标准的要求，3 个电机壳体 KT02 产品的检验结果必须均为合格时，该电机壳体 KT02 的生产批次 QC – KT02 – 01 – 001 才会判定为合格批次，如图 7-28 所示。

10）由于 Sample2 的检验结果不合格，因此系统判定该电机壳体 KT02 的生产批次 QC –

Sample Size Code *	Sample Size *	Rejection Number *
A	2	0
B	3	0
C	5	0

图7-28 3个电机壳体检验合格

KT02 –01 –001 为不合格批次。同时可以看到以下汇总结果，如图7-29 所示：

- Required Samples（必需的样本数）= 3
- Samples Tested（已检验的样本数）= 3
- Pass Samples（已合格的样本数）= 2
- Failed Samples（已不合格的样本数）= 1

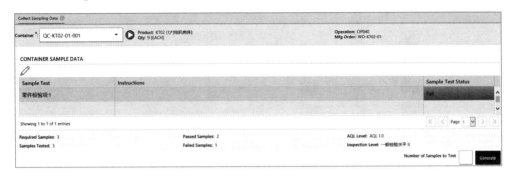

图7-29 样本数据采集结果

（4）不合格的电机壳体 KT02 生产批次被限制入库

1）在菜单目录中找到 Container 子目录，单击它。

2）在弹出的 Container 列表中找到 Operation View，单击它。

3）在显示的 Operational View 界面中，单击选中 IN PROCESS CONTAINERS 列表下的电机壳体 KT02 的生产批次 QC – KT02 – 01 – 001，如图7-30 所示。

图7-30 Move In 列表

4）单击 Operational View 界面右边功能栏中的 Shop Floor Txns，在弹出列表中单击 Move Immediate 按钮，Opcenter 系统将显示以下警告信息，如图7-31 所示。由于 QC – KT02 – 01 – 001 为不合格批次，因此系统将限制其下一步的移动入库操作，并等待质量管理人员对该不合格批次做进一步处理。

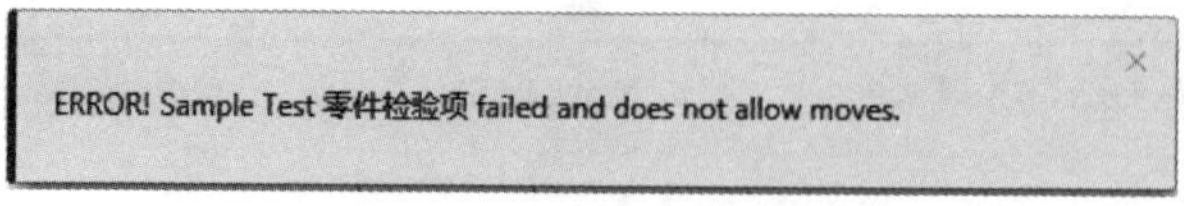

ERROR! Sample Test 零件检验项 failed and does not allow moves.

图 7-31 零件检验批次不合格信息

❖ 练习

在系统内创建一个数量为 50 的电机壳体 KT02 生产批次 QC－KT02－01－003，按抽样标准执行抽样计划，并假定有 2 个样品出现了质量问题。通过练习熟悉质量检验过程。

7.3.2 练习二：不合格品管理

1. 场景描述（各区域布局见图 7-32）

***电机公司
零件工厂
原料存放区
CNC区
钻床区
检测区
零件存放区
总装工厂
原料存放区
1#总装线
2#总装线
成品存放区

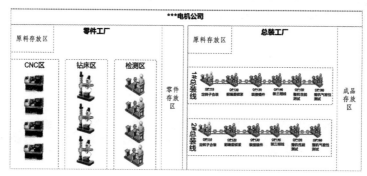

图 7-32 各区域布局

电机壳体 KT02 的生产批次 QC－KT02－01－001 在零件检验工序执行抽样检验时，由于 Sample2 的壳体内部有裂纹，因此该生产批次被判定为不合格批次，并被限制入库，等待质量管理人员对该不合格批次做进一步处理。

Opcenter 系统根据零件检验项中设置的生产事件管理机制将自动生成对应的不合格品事件记录（NCR），如图 7-26 所示。该 NCR 将会自动分配给质量部门的相关责任人，责任人可在系统的消息中接收到这条 NCR 消息并按相关流程进行处置，设置页面如图 7-33 所示。

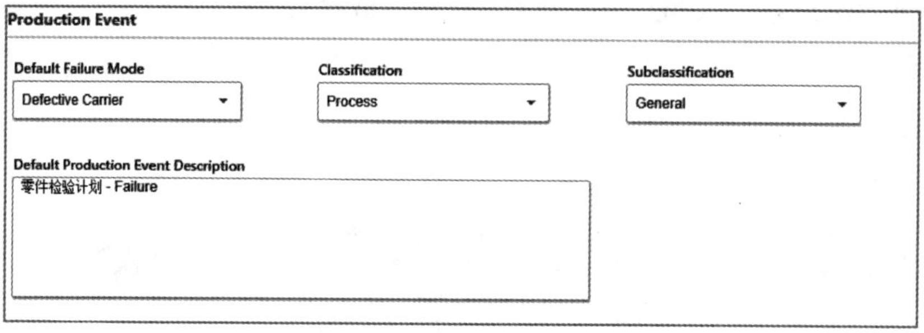

Production Event
Default Failure Mode
Defective Carrier
Classification
Process
Subclassification
General
Default Production Event Description
零件检验计划 - Failure

图 7-33 检验测试的生产事件设置

2. 浏览相关的模型配置

（1）Approval Decision List（审批决策列表） 通过 Approval Decision List 模型可在应用程序要求对质量记录解决方案进行审批时，定义将提交指定审批者的决定。需要将每个决定与预定义的决定类型（例如，"已批准"或"已拒绝"）关联起来。

- Decision Name：此审批决定的唯一名称。
- Approval Status：指派给相应决定的预定义状态。
- Include Comments：此复选框要求审批者在选择此决定时输入注释。

浏览步骤：

1）使用对应账号登录 Opcenter 系统。

2）在菜单目录中找到 Modeling 子目录，单击它。

3）在打开的 Modeling 界面中，找到 Objects 过滤框，输入 Approval Decision List，单击下方搜索出来的 Approval Decision List 模型。

4）在打开的 Approval Decision List 界面中，单击和浏览 Approval Decision List，如图 7-34 所示。

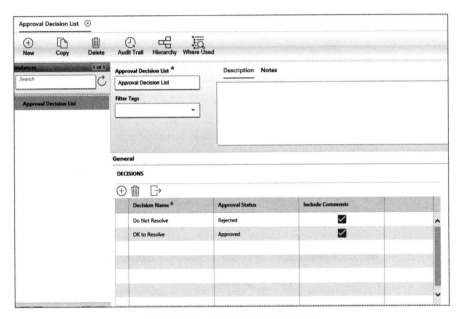

图 7-34　审批决策列表建模界面

（2）Approval Template（审批模板）　通过 Approval Template 模型可用于标识需要审批质量记录解决的用户，并为这些用户指定可能决定的列表。将审批模板与解决关联起来可确保在审批时向适当用户提供适当的决定列表。

为质量记录解决指派审批模板时，需将这些模板指派给组织。然后应用程序会自动将审批模板指派给质量记录。

- Approval Decision List：与此审批模板关联的审批决定列表。
- Level：与审批者关联的审批级别。只能输入数字字符。级别定义审批路由顺序。应用程序可以串行、并行或二者组合的方式将审批路由到审批者。
- Role：审批者的指定角色。
- Name：审批者的名称。

浏览步骤：

1）使用对应账号登录 Opcenter 系统。

2）在菜单目录中找到 Modeling 子目录，单击它。

3）在打开的 Modeling 界面中，找到 Objects 过滤框，输入 Approval Template，单击下方搜索出来的 Approval Template 模型。

4）在打开的 Approval Template 界面中，单击和浏览 Two Level Approval，如图 7-35 所示。

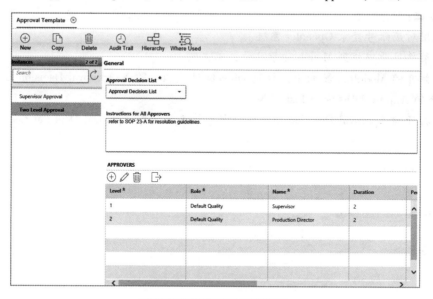

图7-35　审批模板建模界面

5）在 APPROVERS 列表中，单击选中"1"行，然后单击"编辑笔"按钮，浏览 Level 1 的配置信息，如图 7-36 所示。浏览完后，单击关闭按钮。

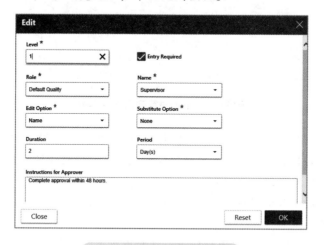

图7-36　审批模板编辑弹窗

（3）Checklist Template（检查列表模板）　通过 Checklist Template 模型可以确保用户在处理事件时完成必需的工步。

● Checklist Instructions：完成检查表的指示（最多 255 个字符）。管理事件记录时，这些指示将显示在"检查表"选项卡。

- Checklist Item：要执行的任务或回答的问题。
- Response Set：要与检查表项关联的响应集。响应集是在建模中定义的。
- Response Entry Control：用于确定应用程序显示响应集选项方式的设置。可能的控件包括单选按钮、复选框、选择列表。

浏览步骤：

1）使用对应账号登录 Opcenter 系统。

2）在菜单目录中找到 Modeling 子目录，单击它。

3）在打开的 Modeling 界面中，找到 Object 过滤框，输入 Checklist Template，单击下方搜索出来的 Checklist Template 模型。

4）在打开的 Checklist Template 界面中，单击和浏览 NCR Checklist，如图 7-37 所示。

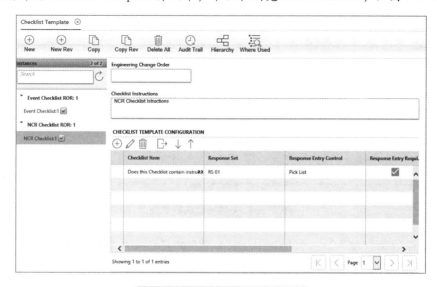

图 7-37　检查列表模板建模界面

5）在 CHECKLIST TEMPLATE CONFIGU-RATION 列表中，单击选中第一行，然后单击"编辑笔"按钮，浏览其配置信息，如图 7-38 所示。浏览完后，单击关闭按钮。

（4）Failure Mode（失效模式）通过 Failure Mode 模型可以描述实际失效原因。失效模式在记录或管理事件时指定。

- Default Failure Type：定义失效模式的默认失效类型。
- Default Failure Severity：定义失效模式的默认失效严重性。

浏览步骤：

1）使用对应账号登录 Opcenter 系统。在菜单目录中找到 Modeling 子目录，单击它。

图 7-38　检查列表模板编辑窗口

2）在打开的 Modeling 界面中，找到 Object 过滤框，输入 Failure Mode，单击下方搜索出来的 Failure Mode 模型。

3）在打开的 Failure Mode 界面中，分别单击和浏览 Defective、Defective Packaging、Dirty Carrier，如图 7-39 所示。

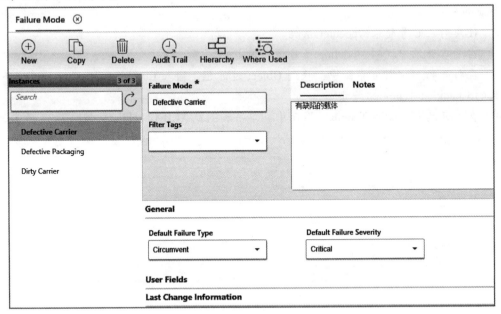

图 7-39　失效模式建模界面

（5）Organization（组织）　通过 Organization 模型可定义具备处理和报告职能的独立业务实体，例如：质量部门，其映射表如图 7-40 所示。

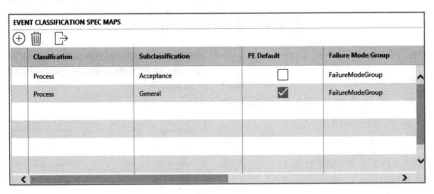

图 7-40　组织模型的事件分类规范映射表

- Classification：使用"分类"建模对象定义的分类列表。与"子分类"一起用来标识发生质量事件的类型。
- Subclassification：使用"子分类"建模对象定义的分类列表。与"分类"一起用来标识发生质量事件的类型。
- PE Default：生产事件默认设置。
- Failure Mode Group：使用"失效模式组"建模对象定义的失效模式组列表。

- Role：要与使用该"分类"和"子分类"创建的质量记录关联的默认角色。在记录生产事件之前，需要角色进行产品验收。
- Owner：此用户将成为与使用该事件"分类"和"子分类"创建的质量记录关联的默认所有者。在记录生产事件之前，需要所有者进行产品验收。
- Checklist Template：要指派给使用该"分类"和"子分类"创建的质量记录的默认检查表模板。用户将在处理事件时完成此检查表。

组织模型的序列号规则如图7-41所示，各列含义如下：
- Category：为其指派编号规则的类别。
- Numbering Rule：指派给所选类别的编号规则。

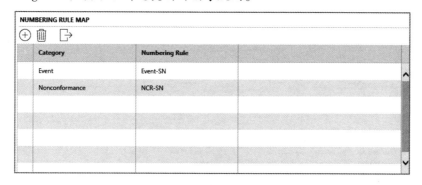

图7-41　组织模型的序列号规则

浏览步骤：

1）使用对应账号登录 Opcenter 系统。

2）在菜单目录中找到 Modeling 子目录，单击它。

3）在打开的 Modeling 界面中，找到 Object 过滤框，输入 Organization，单击下方搜索出来的 Organization 模型，如图7-42所示。

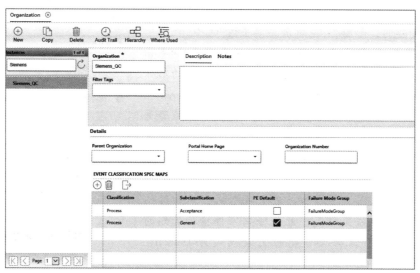

图7-42　组织建模界面

3. 处理不合格品事件记录

（1）查询所有的不合格品事件记录（NCR）

1）使用 QC 账号登录 Opcenter 系统。

2）在菜单目录中找到 Search 子目录，单击它。

3）在弹出的 Search 列表中找到 Quality Search，单击它。

4）在显示的 Quality Search 界面中，找到 Organization 属性框，下拉选择 Siemens_QC，然后单击 Search 按钮，如图 7-43 所示。

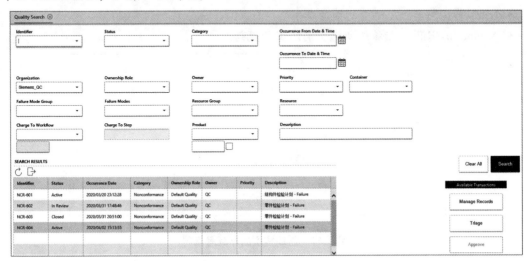

图 7-43　质量事件查询界面

（2）从消息中心接收并处置 NCR

1）在 Opcenter 系统界面右上角中单击"消息中心"图标，打开消息中心。My Assignments 列表最后一条 NCR 是刚由电机壳体 KT02 的生产批次 QC-KT02-01-001 不合格而触发创建的，如图 7-44 所示。单击该 NCR。

2）进入 Manage P/E 不合格品管理界面，单击 Set Edit Mode 进入编辑状态。当前处于不良品事件处理流程的第一阶段：常规界面，如图 7-45 所示。从 Initiator、Reported Data、Description 属性可以知道 NCR-604 是由哪位检验员在什么时候做什么抽样检验时创建的。

3）单击"Failures"进入第二阶段：失效界面。可以通过初步分析得出电机壳体 KT02 的生产批次 QC-KT02-01-001 的不合格原因，来添加对应失效模式，为后续的不合格批次处置提供决策信息。此处根据零件检验计划的设置，系统自动判断该批次可能的失效模式为 Defective Carrier，如图 7-46 所示。

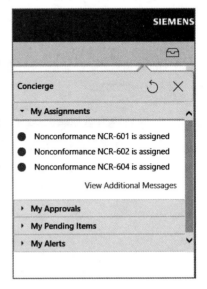

图 7-44　消息中心

4）单击 Affected Material 进入第三阶段：受影响的物料界面，如图 7-47 所示。QC-KT02-01-001 因为是不合格批次，因此已被系统添加到 EVENT>AFFECTED MATERIAL 列表

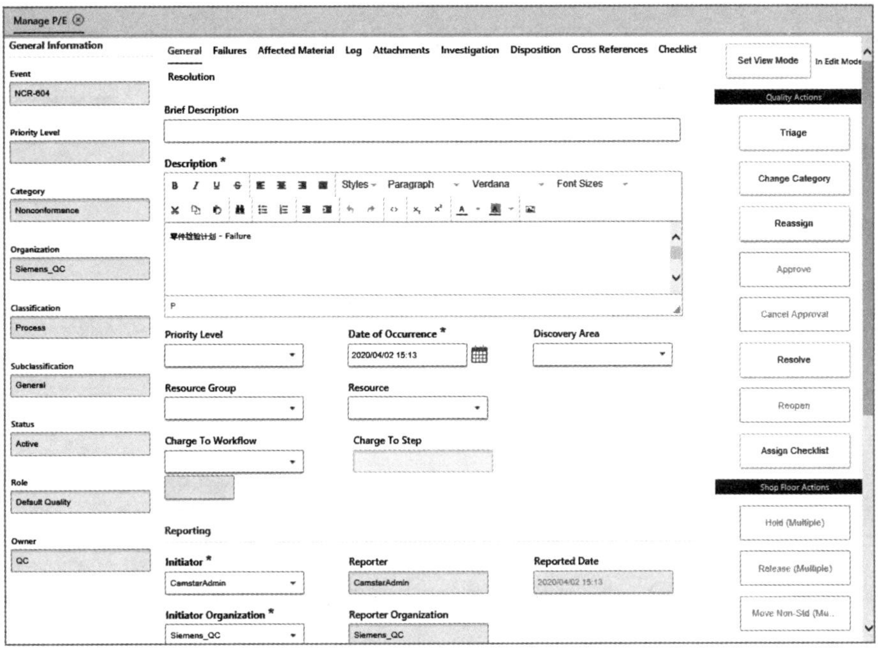

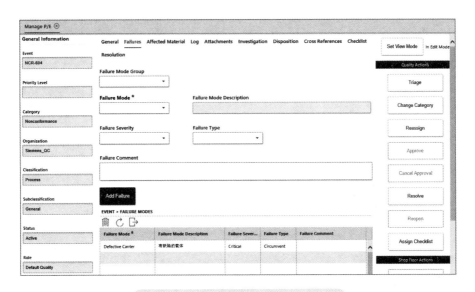

图 7-45 不合格品管理界面的常规界面

图 7-46 不合格品管理界面的失效界面

中。而通过分析失效模式知道，导致 QC‐KT02‐01‐001 不合格的原因可能是壳体 KT02 在前工序 OP030 钻孔工序中由于 CNC02 设备异常导致 Sample2 壳体内部出现裂纹，所以为了保证不再出现同样的不合格批次，将冻结当前正在 OP010 上料工序进行加工的生产批次 QC‐KT02‐01‐002，等待 CNC02 设备被维修好后再继续加工生产。在 Mfg Order 属性框中输入 WO‐KT02‐01，然后单击 Search 按钮。在 SEARCH RESULTS 列表中，勾选 QC‐KT02‐01‐002，单击 Add Selected Containers 按钮，将 QC‐KT02‐01‐002 添加到 EVENT> AFFECTED MATERIAL 列表中。最后单击 Update Affected Material 保存设置。

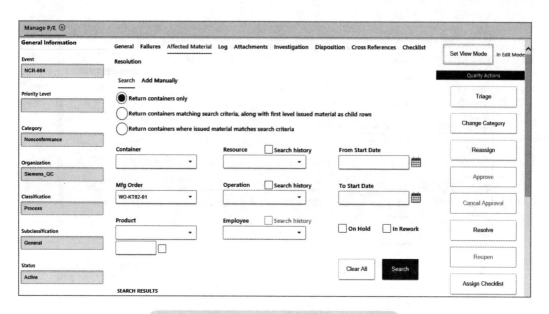

图7-47　不合格品管理界面的受影响物料界面

5）单击 Log 进入第四阶段：日志界面，如图 7-48 所示。它显示所有用户添加的所有注释，并可用作中心存储库来跟踪和协调所有事件处理活动。这里录入一条日志请求相关责任人协助处理该 NCR。在 Comment Type 属性框下拉选择 Investigation，在 Comment 属性框中输入"请相关人员尽快处理相关问题!"，最后单击 Update Comment 保存设置。

图7-48　不合格品管理界面的日志界面

6）单击 Attachments 进入第五阶段：附件界面，如图 7-49 所示。可添加相关的附件文档为后续的决策提供支持。此处添加一份壳体 KT - 02 产品结构图的 Word 文档。在计算机桌面创建一份 Word 文档，打开文档输入"壳体 KT - 02 产品结构图"，保存后将其命名为"壳体 KT - 02 产品结构图"。再单击附件界面中的"＋"按钮，然后单击窗口中的"文件夹"按钮，选中"壳体 KT - 02 产品结构图 . docx"，单击 Open。在弹出的 Title 属性框中输入"壳体 KT - 02 产品结构图"，单击 Upload。最后单击 View Attachment 保存设置。

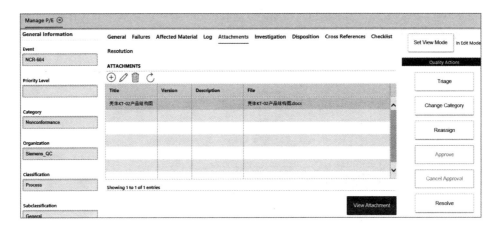

图 7-49　不合格品管理界面的附件界面

图 7-50　不合格品管理界面的调查研究界面中原因选项卡

7）单击 Investigation 进入第六阶段：调查研究界面，如图 7-50 所示。根据调查分析结果得出：导致 QC‐KT02‐01‐002 批次不良的根本原因是由于 OP030 钻孔工序的 CNC02 设备故障导致的，需要指派一位设备维修人员对 CNC02 设备进行维修。因此，在 Define Causes 选项卡中勾选 CAUSE CODE 列表下的 Defective Carrier 项，在 Cause Code 属性框下拉选择 Equipment Cause，勾选 Is Root Cause，然后单击 Add Cause to Selected Failure（s），将 Equipment Cause 添加到 Defective Carrier 失效模式中。

8）针对 Equipment Cause 导致的此次不良品事件，需要指派相关人员在规定事件内执行处置工作。因此需要单击 Define Actions 选项卡，勾选 ACTION 列表下的 Equipment Cause 项，在 Action Type 属性框下拉选择 Corrective，在 Completion Date 属性框中设置 2 天的完成时间，在 Action Role 属性框中下拉选择 Default Quality，在 Action Owner 属性框中下拉选择 Production Director 作为该任务的负责人，在 Action Comment 属性框中输入"请紧急处理！"，单击 Add

Action to Selected Cause(s)，将该 Action 指派到 Equipment Cause；最后单击 Update Actions 保存设置，界面设置如图 7-51 所示。

图 7-51　不合格品管理界面的调查研究界面中行动选项卡

9）单击 Disposition 进入第七阶段：处置界面，如图 7-52 所示。基于前六个阶段的分析判断，将在这一阶段对受影响的两个批次 QC – KT02 – 01 – 001 和 QC – KT02 – 01 – 002 做出维修的处置决定，并将这两个批次冻结，防止其在生产线继续流动。

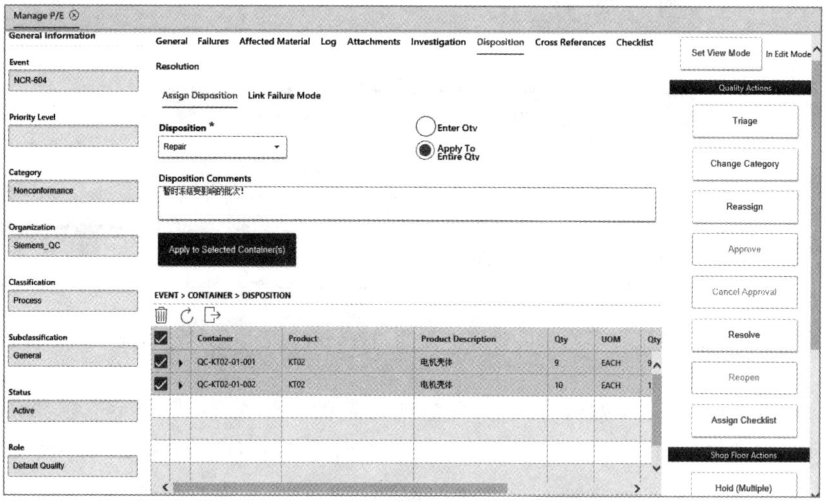

图 7-52　不合格品管理界面的处置界面中处置选项卡

在 Assign Disposition 选项卡中勾选 DISPOSITION 列表下的两个批次。然后在 Disposition 属性框中下拉选择 Repair，勾选 Apply To Entire Qty，在 Disposition Comments 属性框中输入 "暂时冻结受影响的批次！"，单击 Apply to Selected Container(s) 将处置决定应用到两个批次中，单击 Update Disposition 保存设置。最后单击 Hold（Multiple）按钮，在 Enter Container to Select 属性框中分别输入 QC – KT02 – 01 – 001，按 < Enter > 键将其添加到 Containers to Hold 列表中，重复以上操作，对 QC – KT02 – 01 – 002 进行添加。在 Hold Reason 属性框中下拉选择 Production，单击 Hold Selected 按钮，将两个受影响的批次进行冻结，然后单击关闭按钮。处置界面中失效模式选项卡设置如图 7-53 所示。

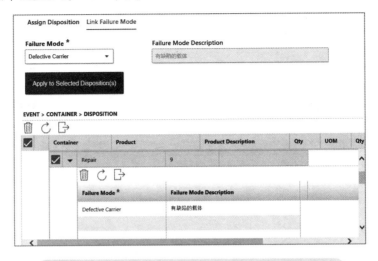

图 7-53 不合格品管理界面的处置界面中失效模式选项卡

10）单击 Cross References 进入第八阶段：交叉引用界面，如图 7-54 所示。在这一阶段，可以根据分类、状态、组织、所有者、发生时间、设备、失效模式、产品等多维度查询相关的 NCR 事件记录，以便将相关的 NCR 在此次处置流程中统一解决。假如由于 CNC02 设备的异常，导致在某个时间段内产生了 10 个 NCR，可以在 Resource 属性框中下拉选择 CNC02，并设置异常时间段即可搜索出所有的 NCR，将其添加到 Current References 列表中统一处置。由于当前没有需要关联的其他 NCR，所以此处不做操作。

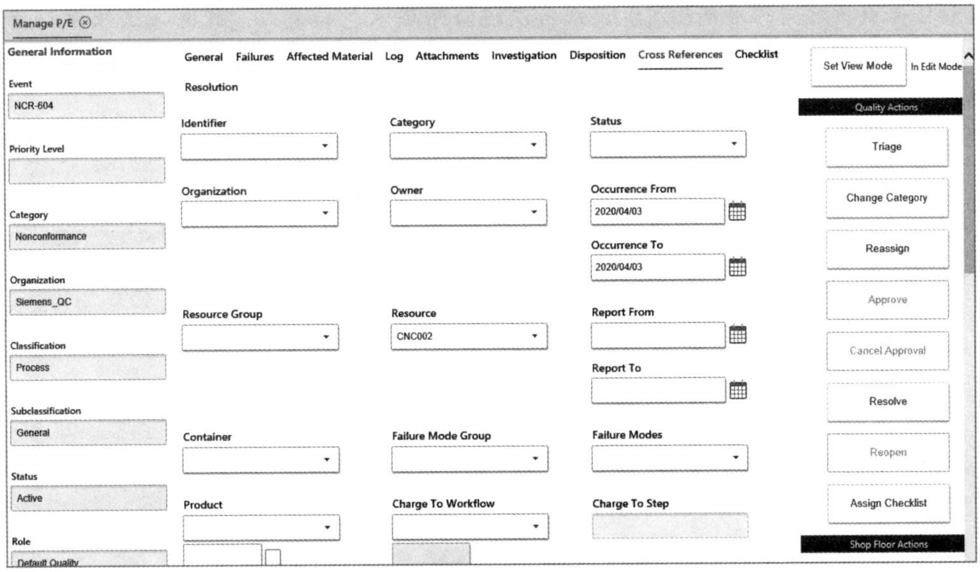

图 7-54 不合格品管理界面的交叉引用界面

11）单击 Checklist 进入第九阶段：检查清单界面，如图 7-55 所示。检查清单可确保质量检验人员在处理不合格品质量记录时完成所需的步骤。根据定义模板的方式，检查表或检查项可以是必须项或可选项。可以在管理记录时手动指派检查表模板。在前七个阶段中已完成该检查清单中的所有项目，因此做以下操作即可：在每个检查项中勾选 YES，然后单击 Update Checklist 保存。

图7-55 不合格品管理界面的检查清单界面

12）单击 Resolution 进入第十阶段：解决界面，如图7-56所示。"解决"选项卡显示所有记录者和任何审批解决的用户在质量记录解决过程中输入的信息。"解决"选项卡始终只读。可以在这里完整浏览和跟踪该 NCR 的审批过程和反馈信息。接下来将会提交给 NCR 的解决方案中各相关人员进行审批。

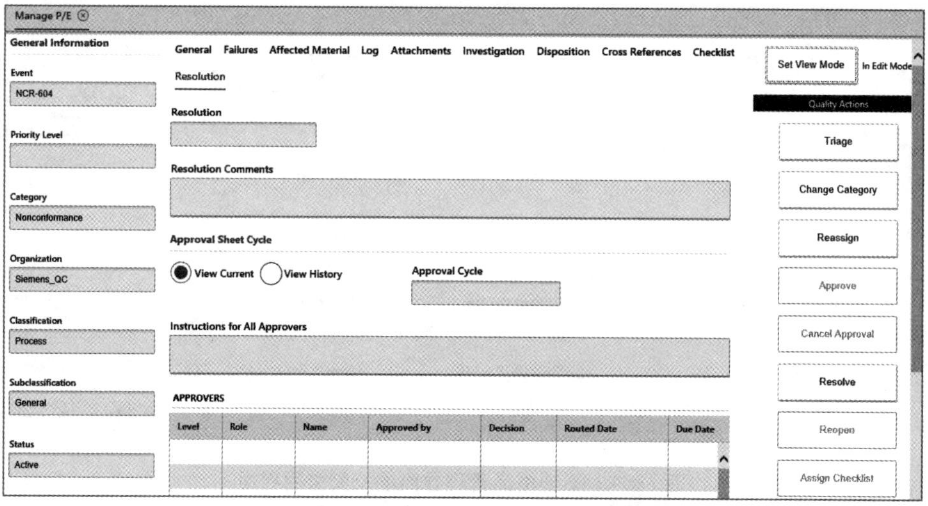

图7-56 不合格品管理界面的解决界面

（3）提交并审批 NCR 解决方案

1）通过前面阶段的分析、判断、处置，已经对 NCR–604 形成了完整的解决方案，下面将 NCR–604 的解决方案提交给对应的责任人进行审批。单击 Manage P/E 界面右边的 Resolve 按钮。

2）在 Quality Object Resolution 窗口中，通过选择审批模板来决定发起什么样的审批流程。针对 NCR–604 将进行两级审批，分别由主管和生产总监审批。在 Resolution Code 属性框下拉选择 QRR 01，在 Resolution Comments 属性框输入"NCR–604 解决方案，请审批！"，在 Approval Template 属性框下拉选择 Two Level Approval，最后单击 Route 按钮发起审批流程，如图 7-57 所示。

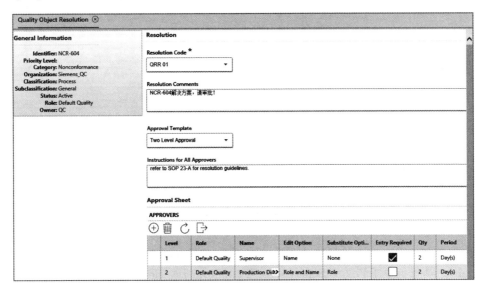

图 7-57　不合格品管理界面中审批流程发起与结束界面

3）系统将显示成功信息，如图 7-58 所示。

（4）主管审批 NCR

1）根据 NCR–604 执行的 Two Level Approval 审批模板，需要先通过主管审批。使用 Supervisor 账号登录 Opcenter 系统，在系统界面右上角中找到"消息中心"图标，单击它打开消息中心。单击 My Approvals 列表可以看到 NCR–604 的审批请求，界面如图 7-59 所示。

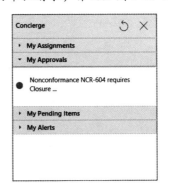

图 7-58　显示成功信息　　　　图 7-59　消息中心

2）单击 My Approvals 列表下的 NCR-604 的审批请求，进入 Sign Approval 审批界面。主管在做出审批决定前，可查看 QC 质量检验人员提供的 NCR-604 解决方案。单击 Open Event 按钮进行浏览。了解完 NCR-604 的解决方案后，单击关闭按钮关闭 Manage P/E 界面，如图 7-60 所示。

图 7-60　不合格品管理界面的检查清单界面

3）主管确定 NCR-604 的解决方案是可行的，在 Role 属性框中下拉选择 Default Quality，在 Approval for 属性框中下拉选择 Supervisor，在 Approval Decision 属性框中下拉选择 OK to Resolve，在 Approval Comments 属性框中输入"NCR-604 解决方案可行！"，单击 Submit 按钮批准 NCR-604，界面如图 7-61 所示。

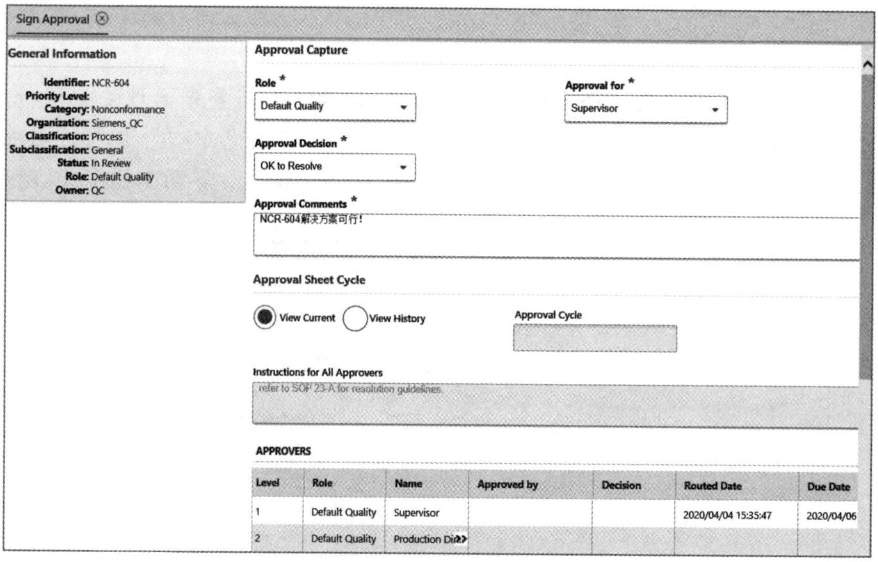

图 7-61　不合格品管理界面的审批流程界面

4）完成审批后，系统将显示以下信息，如图7-62所示。

（5）生产总监审批 NCR

1）根据 NCR-604 执行的 Two Level Approval 审批模板，还需要通过生产总监做二级审批。使用 Production Director 账号登录 Opcenter 系统，在系统界面右上角中找到"消息中心"图标，单击它打开消息中心。单击 My Approvals 列表可以看到 NCR-604 的审批请求，如图7-63所示。

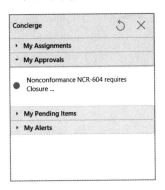

图7-62　系统显示成功信息　　　　　图7-63　消息中心

2）单击 My Approvals 列表下的 NCR-604 的审批请求，进入 Sign Approval 审批界面。生产总监在做出审批决定前，可查看 QC 质量检验人员提供的 NCR-604 解决方案以及主管的审批。单击 Open Event 按钮进行浏览，界面如图7-64所示。了解完 NCR-604 的解决方案后，关闭 Manage P/E 界面。

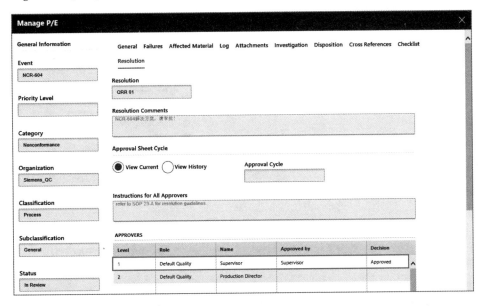

图7-64　不合格品管理界面的解决界面

3）由生产总监确定 NCR-604 的解决方案是否可以通过。在 Role 属性框中下拉选择 Default Quality，在 Approval for 属性框中下拉选择 Production Director，在 Approval Decision 属性框中下拉选择 OK to Resolve，在 Approval Comments 属性框中输入"NCR-604 解决方案通过审

批！"，单击 Submit 按钮批准 NCR – 604，界面如图 7-65 所示。

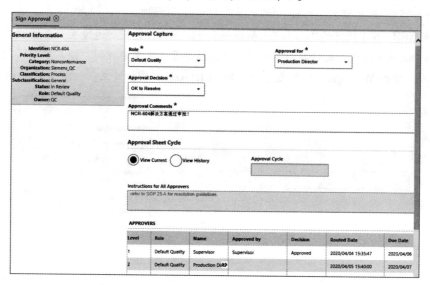

图 7-65 不合格品管理界面的流程审批界面

4）完成审批后，系统将显示以下信息，如图 7-66 所示。

（6）确定并关闭 NCR

1）使用 QC 账号登录 Opcenter 系统，在系统界面右上角中找到"消息中心"图标，单击它打开消息中心，如图 7-67 所示。在 My Assignments 列表，单击 NCR – 604 进入 Manage P/E界面。

图 7-66 系统显示成功页面

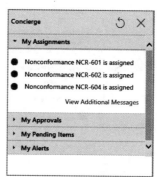

图 7-67 消息中心

2）选中 Resolution，可以分别看到主管和生产总监的审批结果、审批时间、审批评语等信息，界面如图 7-68 所示。至此，NCR – 604 已获得审批通过，关闭该 NCR。

3）单击 Resolve 按钮，进入 Quality Object Resolution 界面，单击 Resolve 按钮完成NCR – 604 的审批流程，界面如图 7-69 所示。

4）完成后，系统将显示以下信息，NCR – 604 已被关闭，并从消息中心移除，如图 7-70所示。

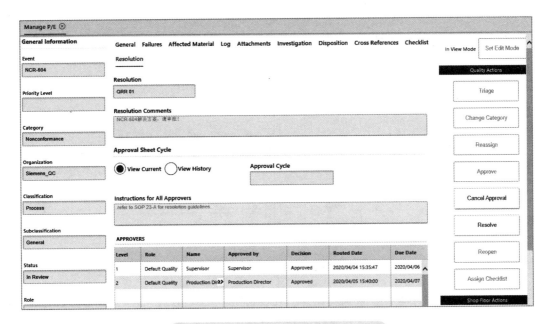

图 7-68 不合格品管理界面的解决界面

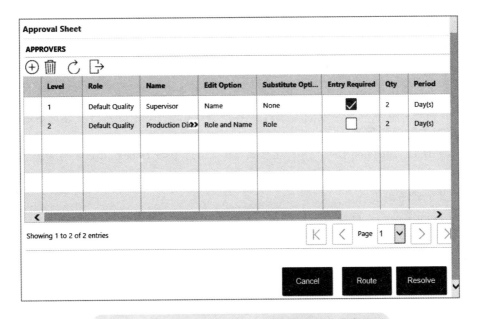

图 7-69 不合格品管理界面中审批流程发起与结束界面

❖ 练习

对"练习一"中的不合格批次创建 NCR，参考本章节操作完成不合格品处理流程，熟悉质量事件的管理与审批流程。

图 7-70 关闭成功页面

7.3.3 练习三：SPC 质量统计分析

1. 场景描述（各区域布局见图 7-71）

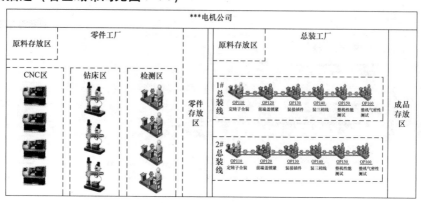

图 7-71 各区域布局

经过前工序的定转子合装、前端盖锁紧、装接插件、装三相线，已经完成了电机的整机装配，此时呈现的是一个成品电机，但是还需要进行整机性能测试和整机气密性测试来确保电机的性能和安全性，以避免生产出不合格的产品销售给顾客。在整机性能测试工序中，将会对电机总成 DJE-001 产品进行电机终检数据采集，采集项目项目为：堵转试验-转矩比值；空载电流；空载输入功率；升温试验-温度。

每次执行数据采集，Opcenter 系统将实时显示采样数据的趋势变化，这里以空载电流的 SPC 图显示为例：当成功采集到一组电机终检数据后，系统会显示空载电流的 SPC 图，如 Range 图、X 图；当对采集的多组电机终检数据分析后发现其中空载电流趋势异常，导致触发 SPC 失控控制程序，系统将冻结当前的电机总成 DJE-001 不良批次，并邮件通知相关人员进行处理。

2. 浏览相关的模型配置

（1）User Data Collection Def（用户数据采集） 通过 User Data Collection Def 模型对电机总成 DJE-001 的电机终检数据进行采集，项目包括：堵转试验-转矩比值；空载电流；空载输入功率；升温试验-温度。

- Data Point Layout：数据的排列方式。有效值包括：迭代表格、行列位置。
- SPC Chart Group：此数据的收集将附加到图表组。
- Display Limits：此复选框表示是否显示针对此数据点验证数据的上限值和下限值（如果已定义）。
- Data Point Name：数据点的唯一名称。
- UOM：数据点的度量单位将被关联。
- Row Position：行位置（即值数据点在用户数据收集中必须放置的位置）的数字值。
- Column Position：该值数据点的 X 坐标位置。该值必须是正整数。如果为多个数据点输入相同的列位置，则数据点将重叠。列宽取决于数据点宽度。如果不使用此字段，当收集数据时两列之间会空出一部分。
- Data Type：有效值选项包括布尔型、小数型、固定型、浮点型、整数型、字符串型、时间戳型。

- Upper Limit：数据点上限值。
- Lower Limit：数据点下限值。

浏览步骤：

1）使用对应账号登录 Opcenter 系统。

2）在菜单目录中找到 Modeling 子目录，单击它。

3）在打开的 Modeling 界面中，找到 Objects 过滤框，输入 User Data Collection Def，单击下方搜索出来的 User Data Collection Def 模型。

4）在打开的 User Data Collection Def 界面中，单击和浏览"电机终检数据采集"项目，界面如图 7-72 所示。

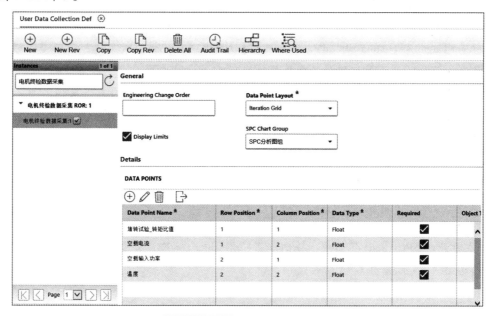

图 7-72　用户数据采集建模界面

（2）SPC Chart（SPC 图）　通过 SPC Chart 模型可以建模单个 SPC 图表所需的信息，包括图表类型、Statit 宏、Statit 规则文件、失控操作和流程（OCAP），以及绘制的变量。可用于堵转试验－转矩比值、空载电流、空载输入功率、升温试验－温度等数据的显示和控制。

注：Statit 为 Opcenter CR 内置的专业 SPC 统计工具。

Opcenter CR 提供了四个 SPC 图表供用户使用：移动极差图、极差图、试用 I－图、X 图。

- Chart Type：用于生成图表的宏中的脚本命令（例如，gxchart 或 gpchart）。
- Variable to chart：图表显示的变量。
- Chart Generating Macro：Statit 宏文件的位置（路径和文件名）。
- Chart Properties：规则文件的位置（路径和文件名）。
- SPC Chart Display Options：显示图表时要确定的选项。
- Trigger OCAPs（Out of Control Actions and Procedures）：此复选框表示是否允许图表在发生违规时触发"失控应对操作和流程"。如果未选中该复选框，则即使发生违规也不会触发"失控应对操作和流程"。
- Put Container on Hold － reason code：将指派给容器的搁置原因。如有发生违规，该批

次将以此为停工原因被设置为停工。

- Set Resource Status：违规发生后将指派给资源的状态原因。
- Document to View：在触发 OCAP 时引用要查看的文档的设置。通过对文档对象建模，可以创建文档实例。SPC 不支持文档集，只能查看单个文档。
- Require Annotation：此复选框表示在发生违规时用户需要提供注释。注释将应用到导致违规的数据点。在对数据点进行注释之前，SPC 图表显示弹出窗口无法关闭。如果用户尝试关闭弹出窗口，系统将显示一条消息，通知用户需要提供注释。
- List of e – mail address（separate with commas）：在发生违规时向其发送通知的电子邮件地址。用逗号分隔各电子邮件地址。
- E – mail Message："电子邮件消息"建模对象中定义的消息列表。
- Record against custom SPC data source：对数据源进行记录，此复选框表示是否根据所提供的自定义数据源（而不是应用程序数据收集）记录批注或违规。
- User Parameter（1 – 10）：以"ParamName = 值"格式输入的用户定义值。可以在字段中输入，用逗号分隔多个值。

浏览步骤：

1）使用对应账号登录 Opcenter 系统。

2）在菜单目录中找到 Modeling 子目录，单击它。

3）在打开的 Modeling 界面中，找到 Objects 过滤框，输入 SPC Chart，单击下方搜索出来的 SPC Chart 模型。

4）在打开的 SPC Chart 界面中，分别单击"X Chart_终检 – 空载电流"" Range Chart_终检 – 空载电流"，界面如图 7-73 所示。

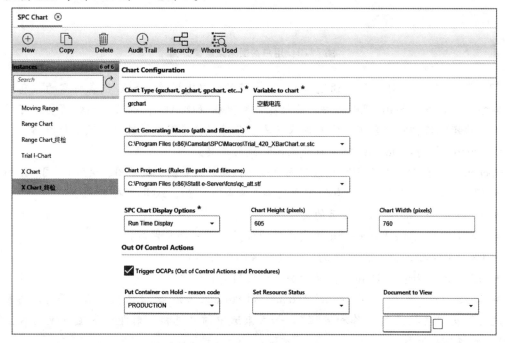

图 7-73　SPC 图建模界面

（3）SPC Chart Group（SPC 图组）　通过 SPC Chart Group 模型可定义显示单个图表或一组图表，它们可以同时进行处理。例如：堵转试验 – 转矩比值使用移动极差图，空载电流使用极差图，空载输入功率使用试用 I – 图，升温试验 – 温度使用 X 图。

● Entries：此表格列出已指派给此组的 SPC 图表。可用图表列表从"SPC 图表"页上已定义的图表中显示。

● Groups：此表格列出已指派给此组的其他图表组。可用图表组列表从"SPC 图表组"页上已定义的其他图表组中显示。

浏览步骤：

1）使用对应账号登录 Opcenter 系统。

2）在菜单目录中找到 Modeling 子目录，单击它。

3）在打开的 Modeling 界面中，找到 Objects 过滤框，输入 SPC Chart Group，单击下方搜索出来的 SPC Chart Group 模型。

4）在打开的 SPC Chart Group 界面中，单击和浏览"SPC 分析图组"，界面如图 7-74 所示。

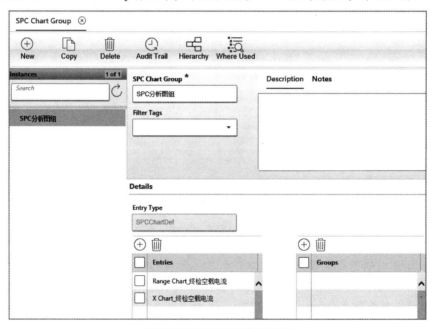

图 7-74　SPC 图组建模界面

3. 执行 SPC 质量统计分析

（1）将电机终检数据采集配置到 OP150 整机性能测试工序

1）使用对应账号登录 Opcenter 系统。

2）在菜单目录中找到 Modeling 子目录，单击它。

3）在打开的 Modeling 界面中，找到 Objects 过滤框，输入 Spec，单击下方搜索出来的 Spec 模型。

4）在打开的 Spec 界面中，单击打开 Transactions 栏，界面如图 7-75 所示。

5）在 DATA COLLECTION TXN MAP 列表中，在 Txn To Use 属性框下拉选择 Collect Data，在 Data Collection Definition 属性框下拉选择"电机终检数据采集"，界面如图 7-76 所示。

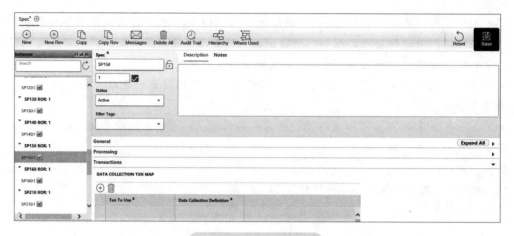

图 7-75　规范建模界面

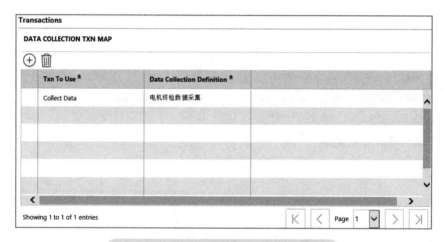

图 7-76　规范建模界面的数据采集映射表

6）单击 Save 按钮保存设置。

（2）基于工单创建电机总成 DJE-001 的生产批次

1）使用对应账号登录 Opcenter 系统。

2）在菜单目录中找到 Container 子目录，单击它。

3）在弹出的 Container 列表中找到 Order Dispatch，单击它。

4）在显示的 Order Dispatch 界面中，如图 7-77 所示，按以下顺序输入信息：

- 在 Mfg Orders 列表中，单击选中工单 WO-KT02-01。
- 在 Container 属性框中，输入 SPC-DJE-001-01。
- 在 Level 属性框中，下拉选择 Lot。
- 在 Owner 属性框中，下拉选择 Production。
- 在 Start Reason 属性框中，下拉选择 NORMAL。
- 在 Hide additional fields 的 Factory 属性框中，下拉选择 AssyFactory。

5）单击右上角的 Submit 按钮，生成电机总成 DJE-001 的生产批次 SPC-DJE-001-01。

6）创建成功，系统将弹出通知信息，如图 7-78 所示。

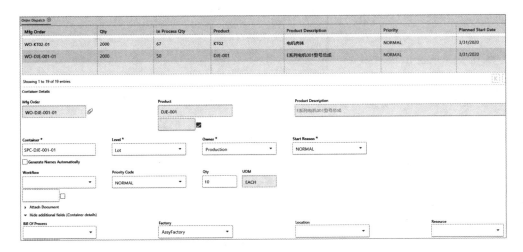

图 7-77　订单派工操作界面

（3）将电机总成 DJE-001 的生产批次移动到 OP150 整机性能测试

1）在菜单目录中找到 Container 子目录，单击它。

SUCCESS! SPC-DJE-001-01 started at 定转子合装 on 2020/04/07 14:24:22 by Camstar Adminstrator.

图 7-78　创建成功信息

2）在弹出的 Container 列表中找到 Operational View，单击它。

3）在显示的 Operational View 界面中，单击选中 IN QUEUE CONTAINERS 列表下的电机总成 DJE-001 的生产批次 SPC-DJE-001-01，界面如图 7-79 所示。

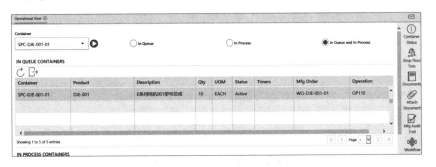

图 7-79　作业视图的 Move In 列表

4）单击 Operational View 界面右边功能栏中的 Shop Floor Txns 按钮，Opcenter 系统会根据 SPC-DJE-001-01 的状态显示可执行的操作事务。单击 Move In Immediate 按钮，SPC-DJE-001-01 将被 Move In 进入 OP110 定转子合装工序，并显示操作成功信息，如图 7-80 所示。

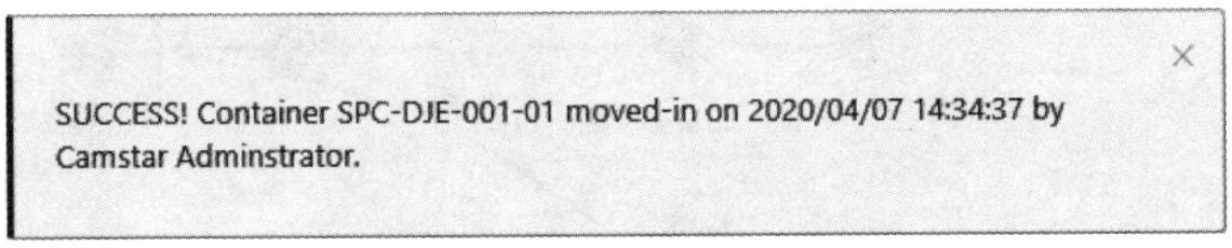

SUCCESS! Container SPC-DJE-001-01 moved-in on 2020/04/07 14:34:37 by Camstar Adminstrator.

图 7-80　Move In 操作成功信息

5）单击 Operational View 界面右边功能栏中的 Shop Floor Txns 按钮，在弹出列表中单击

Move Immediate 按钮。SPC－DJE－001－01 将被 Move 进入 OP120 前端盖锁紧工序，并显示操作成功信息，如图 7-81 所示。

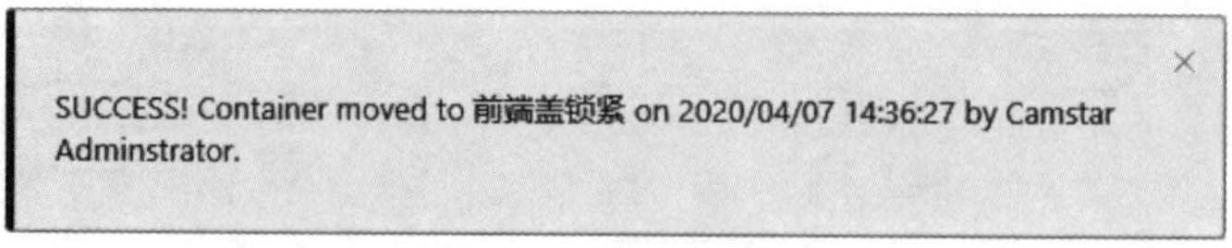

SUCCESS! Container moved to 前端盖锁紧 on 2020/04/07 14:36:27 by Camstar Adminstrator.

图 7-81　Move 进入前端盖锁紧成功操作信息

6）重复步骤 5）的操作，SPC－DJE－001－01 将被 Move 进入 OP130 装接插件工序，并显示操作成功信息，如图 7-82 所示。

7）重复步骤 5）的操作，SPC－DJE－001－01 将被 Move 进入 OP140 装三相线工序，并显示操作成功信息，如图 7-83 所示。

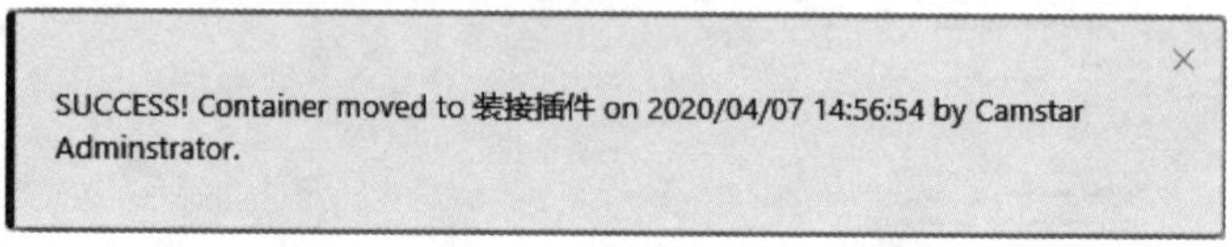

SUCCESS! Container moved to 装接插件 on 2020/04/07 14:56:54 by Camstar Adminstrator.

图 7-82　Move 进入装接插件信息

8）重复步骤 5）的操作，SPC－DJE－001－01 将被 Move 进入 OP150 装三相线工序，并显示操作成功信息，如图 7-84 所示。

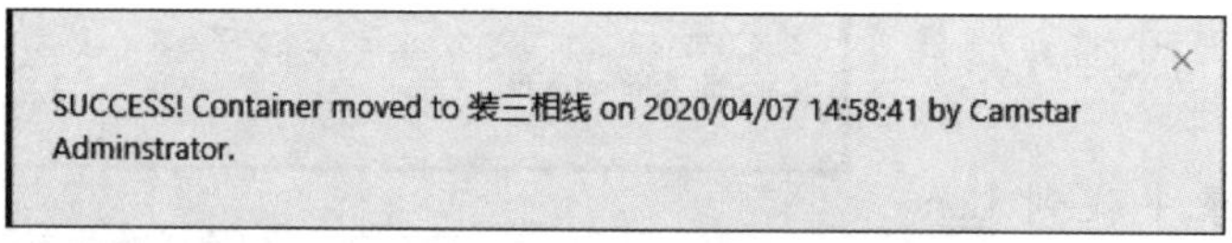

SUCCESS! Container moved to 装三相线 on 2020/04/07 14:58:41 by Camstar Adminstrator.

图 7-83　Move 进入装三相线信息

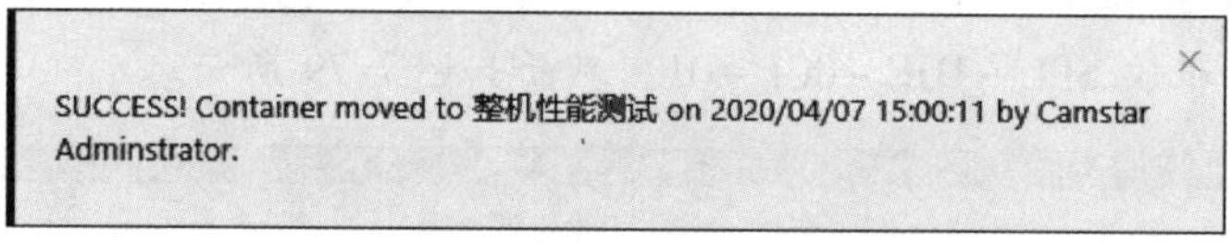

SUCCESS! Container moved to 整机性能测试 on 2020/04/07 15:00:11 by Camstar Adminstrator.

图 7-84　Move 进入整机性能测试信息

9）单击 Operational View 界面右边功能栏中的 Workflow 按钮，可以了解到电机总成DJE－001 的生产批次 SPC－DJE－001－01 当前所在工序，界面如图 7-85 所示。浏览完后，关闭 Workflow 浏览窗口。

Workflow
Zoom: 100%
定转子合装
前端盖锁紧
装接插件
装三相线
整机性能测试
整机气密性测试

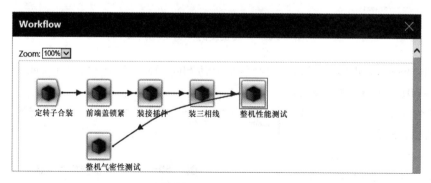

图 7-85　工作流程窗口

（4）执行数据采集并触发 SPC 控制

1）在菜单目录中找到 Container 子目录，单击它。

2）在弹出的 Container 列表中找到 Collect Data，单击它，进入 Collect Data 界面。

3）在 Collect Data 界面的 Container 属性框中输入 SPC – DJE – 001 – 01，系统自动显示需要执行的电机终检数据采集项，界面如图 7-86 所示。单击"横置"按钮将采集项横置。

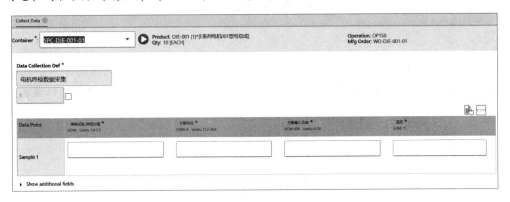

图 7-86　数据采集录入界面

4）在采集项中依次输入多组测试数据，基于 X 图的判异规则，输入的最后一组测试数据导致出现异常点，如图 7-87 所示。

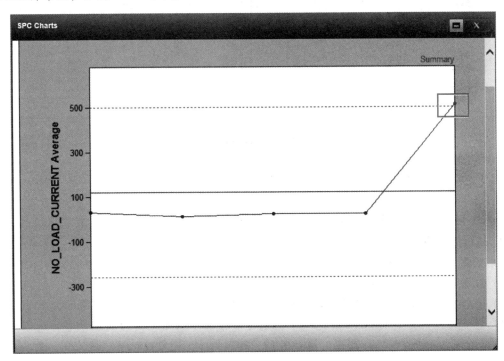

图 7-87　SPC 图窗口

5）系统将触发 SPC 的失控处理程序（OCAP），SPC – DJE – 001 – 01 生产批次被自动冻结，界面如图 7-88 所示，等待相关的质量人员做进一步的处理。

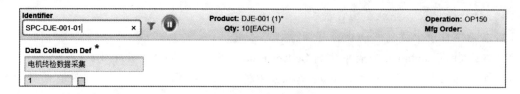

图 7-88　批次状态显示

❖ 练习

移动批次 SPC–DJE–001–01 至"整机气密性测试"工序，在系统内创建一个气密性测试 DataCollection，数据采集点为气压值，执行数据采集操作并通过 SPC 对趋势进行监控。

7.3.4　练习四：生产事件管理

1. 场景描述（各区域布局见图 7-89）

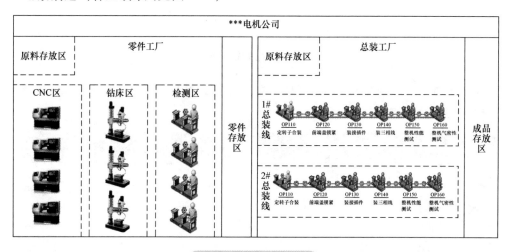

图 7-89　各区域布局

在 OP150 整机性能测试工序，由于电机总成 DJE–001 的生产批次 SPC–DJE–001–01 触发 SPC 的 X Chart 控制图，相关的质量管理人员将收到邮件通知。质量管理人员接收到异常信息后，会在系统中快速生成一条生产事件，做出初步分析和处置，并上报组织做进一步处理。

2. 执行生产事件管理

1）使用 QC 账号登录 Opcenter 系统。

2）在菜单目录中找到 Event 子目录，单击它。

3）在弹出的 Event 列表中找到 Record Generic Event，单击进入 Record Generic Event 界面。

4）首先看到的是 Classification 选项卡，通过该界面可以指定要为其记录事件的组织以及该组织内的分类和子分类，以帮助对事件进行分类。此外，还可以记录常规信息，例如：事件的简要和详细描述、优先级、发生事件的日期和时间、发现区域。在 Subclassification 属性框中下拉选择 General，在 Brief Description 和 Description 属性框中填写相关描述信息，界面如图 7-90 所示。

5）其他相关信息如图 7-91 所示填写。

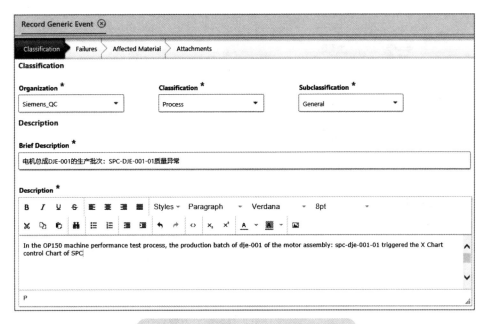

图7-90　创建生产事件界面的分类界面

- 优先级：Medium。
- 发现区域：ASSY_FinishGoodsArea。
- 异常产品：DJE – 001。
- 作业岗位：OP150 整机性能测试。

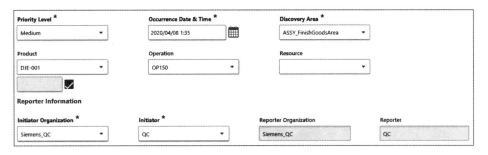

图7-91　创建生产事件界面中分类界面详细信息

6）单击 Save 按钮保存设置，然后单击 Next 按钮显示成功页面，如图7-92 所示。

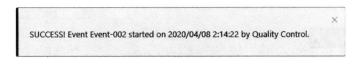

图7-92　显示成功页面

7）通过质量管理员的初步快速判断，为这一生产事件提供一个或多个失效模型用于后续的深入分析和决策。此处添加一个失效模型。单击 Failure Mode 属性框下拉选择 Defective Carrier，在 Failure Comment 栏中输入 "空载电流测试项异常！"，然后单击 Add Failure 按钮，将失效模型添加到 FAILURE MODES 列表中，界面如图7-93 所示。

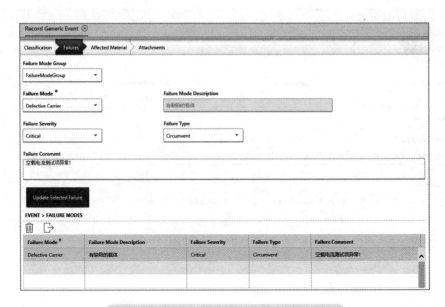

图 7-93　创建生产事件界面的失效模式界面

8）单击 Save 保存设置，然后单击 Next 按钮，显示成功页面，如图 7-94 所示。

SUCCESS! Event Event-002 started on 2020/04/08 2:28:38 by Quality Control.

图 7-94　显示成功页面

9）通过分析判断，需要将受影响的生产批次关联到当前创建的 Event－002 生产事件中，界面如图 7-95 所示。

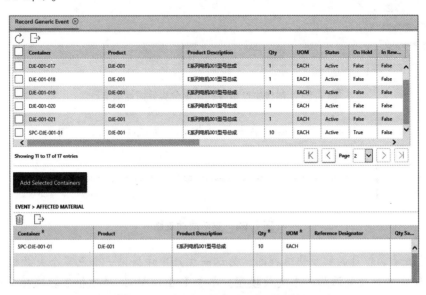

图 7-95　生产事件创建界面的受影响物料界面

10）单击 Save 保存设置，然后单击 Next 按钮。

11）可添加相关的附件文档为后续的决策提供支持，界面如图 7-96 所示。

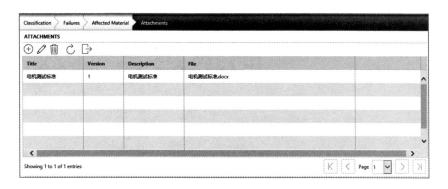

图 7-96 创建生产事件界面的附件界面

12）单击 Submit 按钮，完成该生产事件的创建，如图 7-97 所示。

图 7-97 显示成功页面

13）新创建 Event-004 生产事件将进入深度分析处理流程，界面如图 7-98 所示。

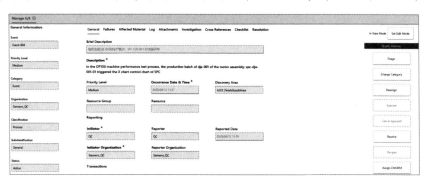

图 7-98 质量事件管理流程

❖ 练习

通过配置，在 SPC 异常时触发上述气密性检查生产事件。通过上述章节的练习，整理"数据采集"→"SPC 监控"→"异常触发"→"不合格品处置"的整体流程思路。

第8章

制造运营绩效管理

8.1 学习目标

本章主要介绍制造运营管理绩效管理模块的基本概念、主要功能、应用场景及实践操作。通过完成学习，学生能够达到以下学习目标：

(1) 了解智能制造绩效的基础知识。

(2) 了解KPI (Key Performance Indicator, 关键绩效指标) 的含义。

(3) 了解智能制造绩效如何与工厂管理关联。

(4) 熟悉运用智能制造工具制作报表与看板。

8.2 理论知识

8.2.1 制造运营绩效的应用背景

在没有智能制造运营绩效管理之前，工厂各部门均是以日会议或者周会议的方式，把数据统一录入 Excel 中，然后通过 Excel 计算出与工厂管理相关的各种绩效图表进行展示、讨论，这种方式存在着诸多弊端：

1) 数据录入不及时，发现问题时问题早已发生。

2) 数据录入可能出错。

3) 数据的主观性太强，可能会因私上传不准确的数据。

4) 当数据发生变更时，调整起来难度非常大。

5) 不能实现动态监控。

以上弊端引起管理上的混乱如下：

1) 因数据的滞后性，导致决策不及时。

2) 由于数据的不准确性问题而引发了决策错误。

3) 不能清楚地了解制造现状。

4) 不能及时响应下游客户的询问。

面对以上弊端和管理混乱的问题，生产决策者需要引入制造的智能工具，通过工具把生产决策者需要关注的 KPI 计算出来，并显示在报表和看板中，同时应用于生产过程和生产结果当中，因此引出两大管理思想：过程管理与结果管理。

（1）过程管理 关注生产过程中发生的生产事件，此事件以异常管理为主，同时具有短时效性、快速处理的特征，不同的行业对于时效性的要求不一样，一般均会在 20 分钟以内。由于过程管理的特性，对其过程中的 KPI 管理需要准确并快速计算，以实时的方式显示为主，当异常发生时，以颜色显示提示给生产人员或者向生产人员发送警告信息。生产人员看到警告信息并快速处理和解决问题，让生产平稳进行是过程管理的关键要素。

（2）结果管理 对于过程中采集的既成事实的数据进行事后分析，一般是以天、周、月的维度计算 KPI，然后运用 KPI 与工厂制定的标准体系比较是否达标，如果未达标，那么便从未达标的结果中分析是什么原因导致的，从而改进优化生产过程。结果管理一般会对某种 KPI 设置一个固定值，然后与生产结果的数据进行比较，判断生产是否符合期望。

快速分析过程数据或结果数据，必须要有一个工具，通过此工具定义指标并使用可视化看板和报表进行图形化展示。

看板是用来定时刷新数据展示到界面卡片的过程，每个卡片均可以独立刷新，如图 8-1 所示。

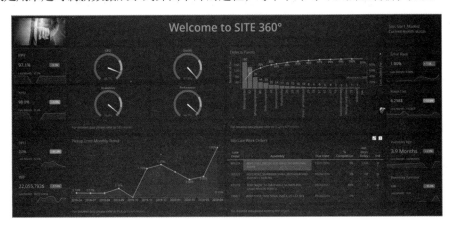

图 8-1 看板示例

报表是输入查询条件后，查询出的结果信息，结果出来后便不会刷新，如图 8-2 所示。

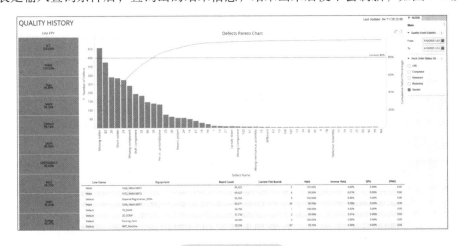

图 8-2 报表示例

8.2.2　制造运营绩效业务模式

从业务部门的角度来看，不管是过程管理还是结果管理，其主要目的都是为生产服务，而生产过程中各业务部门会制定本部门的 KPI 绩效，通过查看这些 KPI 可以清楚地了解制造业务的现状，既然 KPI 能带来好处，那么定义 KPI 时又需要考虑哪些问题：如何控制生产过程平稳进行；如何降低生产停机时间；如何减少质量缺陷；如何增加人员效率；如何增加机器效率；如何缩短订单交货期。

因为生产是一个庞大的体系，其问题还能找到很多，但对于某一问题进行考量之后，会慢慢发现每一问题的背后其实都隐藏了 KPI 作为其评判的标准，例如，如何缩短订单交货期？面对这个疑问，生产业务人员便定义了计划达成率，用于观察整个生产过程中实际产出与计划产出的比较，便可清楚知道计划达成的情况。

基于问题产生 KPI 的思路，又会产生另外一个对象，那便是数据，在当今制造企业中，一直提倡数据驱动管理，数据驱动管理的核心便是通过数据计算 KPI 的方式驱动管理，在这种管理下，各种决策均需要以数据为基础，通过准确计算的数值完成最佳决策的制定。那么对于各个业务部门有哪些主要的 KPI？下面通过部门示例的方式列出其对应的主要 KPI 信息：

（1）计划绩效管理

○ 计划部门的主要工作与订单相关：订单从销售订单转化成生产订单的过程、订单的完成进度、订单的交货状况等。

○ 主要以计划达成率、交货期准确率相关。

（2）物流绩效管理

○ 物流部门主要以收货、配送为主：在收货区域针对供应商的产品进行检测入库、把原材料准时配送至产线、把过程半成品及时配送至下道工序、对成品实现入库与发运。

○ 主要与供应商评估、配送准确率、物流时效相关。

（3）生产绩效管理

○ 生产部门以生产线为主体：其主要的关注点均和生产相关，生产过站、生产维修、生产组装、点检、产出等。

○ 与生产率、产出、工时、人员绩效相关。

（4）质量绩效管理

○ 质量部门关注生产过程中产生的质量问题。

○ 直通率、良率、SPC（统计过程控制）。

（5）设备绩效管理

○ 设备部门主要关注设备的生产率、维修、保养等。

○ OEE（设备综合效率）、MTTR（平均修复时间）、MTTF（平均故障时间）、MTBF（平均故障间隔时间）。

以业务部门为主体，针对部门定义其自身的 KPI 指标，通过指标体系完成整个部门的管理与考核，这种方式也被大多数工厂采用，通过数据判断整个部门的工作是优秀、良好或者不达标，因为有了 KPI 的考核体系，对于部门的管理才更加精细化。

无论业务上怎样区分 KPI 指标，在管理上还是以过程管理与结果管理为基础，过程管理以短、平、快的方式处理线上的问题，保证生产平稳的进行。结果管理是以事实数据为基础，建立指标模型，通过模型计算得到最终的KPI值来评判最终的结果是符合预期还是低于预期。过程管理与结果管理二者是相辅相成的关系，不能只专注于任何一方，前者侧重于线上管理者，后者侧重于生产决策者。

8.2.3　制造运营绩效与工厂管理

制造运营绩效与工厂管理的核心交集是闭环管理。实现闭环管理需要通过工厂业务和IT技术相结合。KPI绩效值虽然可以计算出来，若没有生产决策者的关注，KPI便失去了实际的意义，又因生产决策者应用KPI绩效管理工厂，数据的透明性及准确性在过程中又会得以验证，从而达到IT与业务闭环管理的效果。

在这种闭环模式下，需要IT系统做出更有效的数据管理，而数字化的进程，便是从经验管理到数字化管理的过程，系统需要提供更加准确透明的数字，管理者参与高效决策，以达到生产收益最优化。

某电机工厂在机加工设备上生产机壳时，由于新订单不断地涌入，导致其加工工序变成了瓶颈工序，车间主任在一次会议中提出增加设备应付当前增加的订单信息，并说明了当前生产已经满足不了后工序的要求。此时厂长打开了系统，并对其多个生产机壳的设备OEE进行了查看，发现其最高利用率在69%左右，平均利用率在65%，还有很大的改善空间，此时厂长向车间主任提出了等到OEE水平达到78%以上的时候再来谈新购入设备的需求。车间主任对每一台机器的损失进行了查看，发现整个OEE水平低下的原因是由于计划排产换模比较多，而每次换模都需要20～30分钟的时间，导致了整个OEE水平不高，此时通过前端APS优化了机器的排产之后，最终OEE的水平达到79%，增加的产能已经完全覆盖了新订单的要求。

以上的场景中给出了一个明确的数据驱动管理的示例，优化排产，减少换模，提高了机壳加工设备的OEE水平。但在整个过程中管理者不能一直依赖数据，若是在此情况下，还有比较多的订单涌入，需要设备从79%再提高10%才能完成额外的订单，此时若是管理者继续让车间主任增加OEE水平，便会适得其反，原因是外部订单水平、设备的维修保养、点检等都需要一定的时间，这些时间是保证设备生产高质量产品的基础，是无法继续压缩的，这时就需要购入新设备以满足业务的增长需求。

以数据驱动管理工厂的思维已经深入到整个制造业当中，数据的时代让智慧得到更好的发挥，通过对数据的认知形成数据管理的基础，让数据变得更有意义，辅助工厂快速反应处理问题，提高质量，减少流程节点，减少消耗，减少库存，从而大大地降低企业运营成本，提高市场竞争力，同时以制造智能为辅助工具，以KPI思维建立更高的企业运营标准。

8.2.4　智能制造基础概念

智能制造以BI（Business Intelligence）为基础，通过客户标准结合工厂要求定义出KPI考核体系，并在BI工具中制作，透明化呈现、监控并驱动改善生产现场，BI助力企业效益最大化追求。智能制造BI的特点如下：

1）数据处理，使大量未加工的数据进行分类处理。

2）转换格式，生产用户能看懂并且可以理解的格式，如：图、表格信息等。

3）提供工具，用于创建可视化图表，让管理者制定相关决策。

4）更智能，集成分析工具和可视化工具，并可实时监视数据，在发生不合格事件时提醒决策制定者。

5）减少变化，通过使用 BI 工具，制造商可透彻了解其生产工艺中的变化来源，进而执行操作来提升工艺稳定性、工厂生产能力以及品质合格率。

通过以上内容，已经清楚地了解制造运营绩效与 KPI 有着千丝万缕的关系，生产中的 KPI 是一个关键的指标，通过指标改善生产状况。那么 KPI 是如何定义？如何把它量化成固定指标？通过以下内容，可以了解 KPI 包含哪些内容：

（1）数据源　KPI 需要用数据填充，而数据的来源可能会多样化，如来源于 Excel、数据库、文本等，本书中涉及的西门子智能制造工具支持多种数据源聚合创建报表或者看板，本书中的内容仅连接 Oracle 数据源作为基础学习。

（2）度量（事实数据）　这些属性用于标识事实数据表中包含的数值，从而为用户提供业务事件的量化评估（如：产量、工时等）。可以在公式中组合度量来定义其他度量，度量只能用数字表示，度量界面如图 8-3 所示。

图 8-3　度量示例

（3）维度（实体）　通常用来将事实数据置于上下文中的生产实体（如：设备、班次、产品等）。维度显示用户要分析数据的方式，它们总是用字符串表示，也可以称为上下文或属性，维度界面如图 8-4 所示。

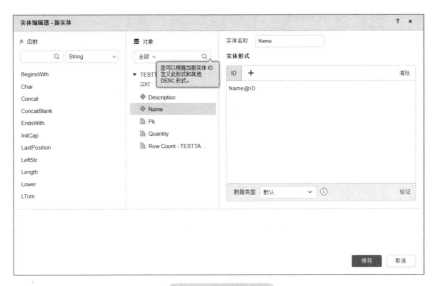

图8-4 维度示例

8.3 实践操作

前面讲到数据源、维度、度量的信息，但实际操作中为了更好地理解上下文的信息，则需要建立维度表与事实表的关联，二者的关联是做报表及看板的基础，下面将以实例的方式来说明 BI 工具中的报表与看板如何创建。

本章节中会模拟练习以下部分用于实践操作：

1）基础平台操作，包含数据源的链接、维度、度量的信息。

2）工单 Move out 明细报表，在本书中第 6 章节现场操作的工单进行演示。

3）工单 Move out 明细看板（分析报告），在本书中第 6 章节现场操作的工单进行演示。

8.3.1 练习一：基础平台的操作

基础平台是一个部署在 Centos 上，以浏览器浏览的 Web 网站，以下所有实践操作的内容均在浏览器中进行。

示例地址：一般默认机器 IP 加上 8080 的端口，打开浏览器，如：http：//192.168.50.134 8080/。

登录用户：一般提前定义，如图 8-5 所示为登录示例，直接用户名、密码登录即可。

1. 数据源的连接

不管做任何报表还是看板，都需要源数据的信息，源数据的信息可以通过添加数据源的方式实现，添加数据源的步骤如下：

1）添加外部数据，界面如图 8-6 所示。

2）搜索 Oracle，单击 Oracle Database Cloud，界面如图 8-7 所示。

3）选中"构建查询"，并单击"下一步"按钮，界面如图 8-8 所示。

图8-5 登录示例

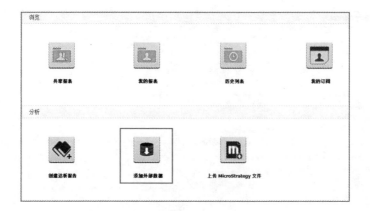

图8-6 添加外部数据示例

图8-7 Oracle 驱动示例

4）单击"增加"按钮＋，增加数据源，填写数据源信息如图8-9所示。

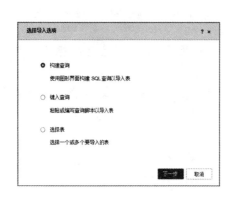

图8-8 选择表示例

图8-9 填写数据源信息

操作①～⑧说明如下：

① 无需 DSN 数据源。

② 勾选时仅显示有认证驱动的数据库。

③ 数据库选择 Oracle Database Cloud，并选择对应的版本，如 Oracle 18c。

④ 输入 Opcenter 对应数据库的 IP，因为是不同的机器，注意：除了机器可以相通以外，还要注意端口是否是通的。

⑤ 端口号，默认 1521。

⑥ SID，Oracle 连接的其中一种方式。

⑦ 输入 Oracle 的用户名与密码。

⑧ 设置数据源的名称。

5）选择需要用到的数据源 Opcenter Oracle，并输入 SQL，单击"查询 SQL"可以查询到相关的数据信息，界面如图 8-10 和图 8-11 所示。

```
SELECT
"m1".MFGORDERID,"m1".MFGORDERNAME,"m1".QTY,"c".CONTAINERID,"w".PRODUCTID,"
p1".PRODUCTNAME,"p".DESCRIPTION
PRDDESC,"c".CONTAINERNAME,"o".OPERATIONID,"o".OPERATIONNAME,"o".DESCRIPTIO
N,"w".TXNDATE FROM historymainline "w"

INNER JOIN OPERATION "o" ON "w".OPERATIONID = "o".OPERATIONID

INNER JOIN MOVEHISTORY "m" ON "w".TXNID = "m".TXNID

INNER JOIN CONTAINER "c" ON "w".CONTAINERID = "c".CONTAINERID

INNER JOIN MFGORDER "m1" ON "m1".MFGORDERID = "c".MFGORDERID

INNER JOIN PRODUCT "p" ON "w".PRODUCTID = "p".PRODUCTID

INNER JOIN PRODUCTBASE "p1" ON "p1".PRODUCTBASEID = "m1".PRODUCTBASEID

GROUP BY
"m1".MFGORDERID,"m1".MFGORDERNAME,"m1".QTY,"c".CONTAINERID,"w".PRODUCTID,"p1".
PRODUCTNAME,"p".DESCRIPTION,"c".CONTAINERNAME,"o".OPERATIONID,"o".OPERATIONNAM
E,"o".DESCRIPTION,"w".TXNDATE
```

图 8-10 相关的 SQL 信息

图 8-11 选择可用的表

6）第5）步完成之后会弹出一个对话框如图 8-12 所示，有两种方式可供选择：

① 实时连接。数据源会以定时刷新的方式获取数据，这里限制为单一数据源，如仅 Oracle 连接。

② 以内存中数据集的形式导入。多数据源导入时，只能以内存的方式导入，这里有一个弱点，当数据源刷新时，此处的内存不会及时刷新，需要通过界面中的操作或者按钮触发的方式才可以刷新。

7）在第6）步单击"实时连接"之后会弹出另外一个对话框，把本次选择的表对应的维度与度量的信息均会显示在"另存为"的文件中，便于在后面制作报表时使用，界面如图 8-13 所示。

图 8-12　数据的访问模式

图 8-13　数据的访问模式

2. 维度（实体）

维度是按照某一实体去统计的方式，如工单维度、产品维度、时间维度等，维度的创建一般在数据源定义时就已经在表中呈现，后期制作报表和看板时，无需再对维度进行定义，如果有需要合并或者拆分维度字段时，可以使用以下定义方式：

1）在主界面中单击"创建达析报告"，界面如图 8-14 所示。

图 8-14　创建达析报告

2）单击"现有数据集"，界面如图 8-15 所示。

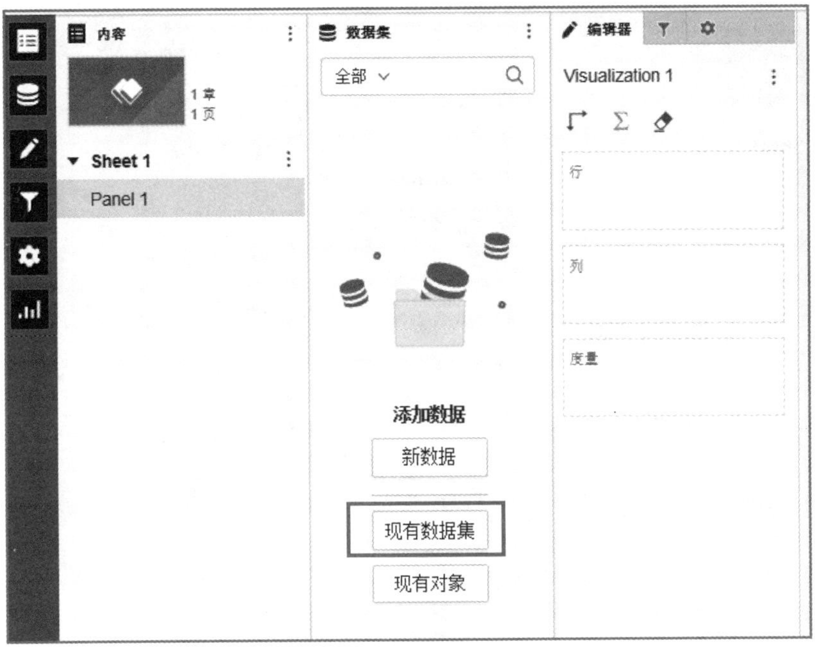

图 8-15 现有数据集

3）通过"选择现有数据集"，界面如图 8-16 所示。

4）单击"创建实体"，界面如图 8-17 所示。

5）"实体编辑器 – 新实体"界面参数设置如图 8-18 所示。

3. 度量

度量是一个实际的数值，在连接数据源时已经在表中记录了原始的部分，若需要新的度量统计时，则需要新创建度量的方式：

1）前面 3 步的操作信息与维度一致，参考维度 1）~3）步骤信息。

2）单击"创建度量"，界面如图 8-19 所示。

3）在"度量编辑器 – 新建度量"界面，通过内置公式体系建立新的度量，如图 8-20 所示。

图 8-16 选择现有数据集

8.3.2 练习二：工单 Move out 明细报表

在第 6 章中介绍现场执行部分时，执行的过程是通过工艺路径一步步的完成的，对于每个工艺的产出，这里会通过报表的方式呈现出来。

操作步骤：

1）单击"创建文档"，界面如图 8-21 所示。

2）单击"添加数据集"，界面如图 8-22 所示。

3）在"插入"工具栏中，选择表格进行插入操作，界面如图 8-23 所示。

4）拖拽字段，并修改表格属性信息，界面如图 8-24 所示。

5）增加过滤器，界面如图 8-25 所示。

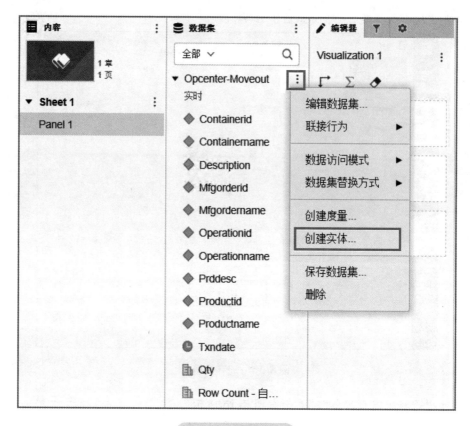

图 8-17　创建实体

图 8-18　新实体

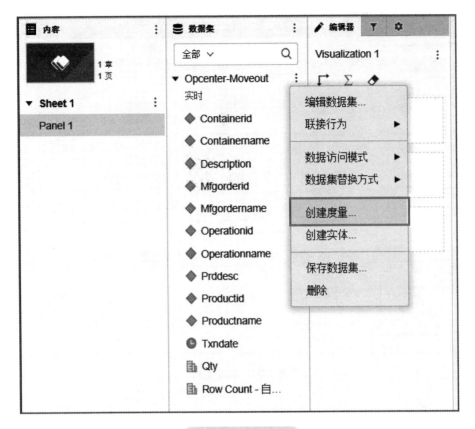

图 8-19　创建度量

图 8-20　新建度量

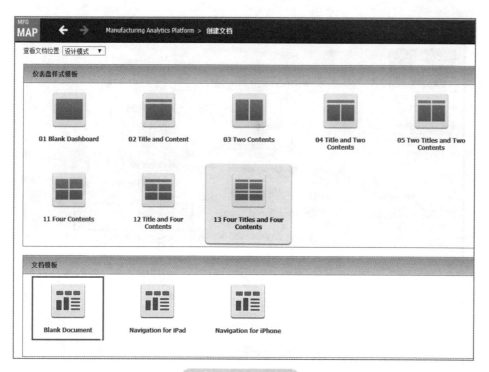

图 8-21　创建文档

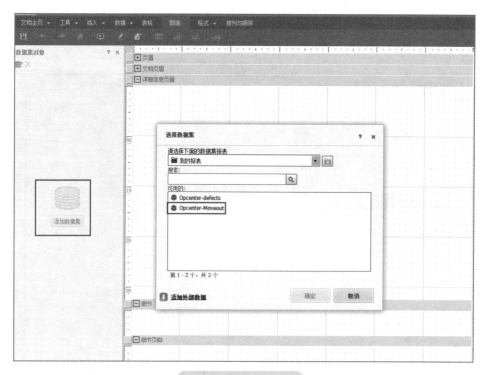

图 8-22　添加数据集

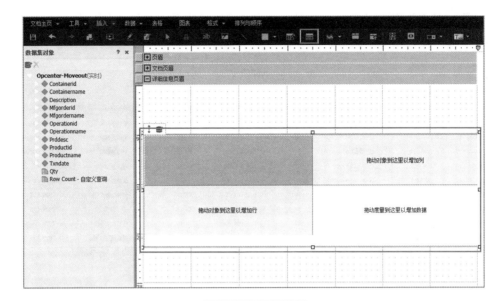

图 8-23　插入表格

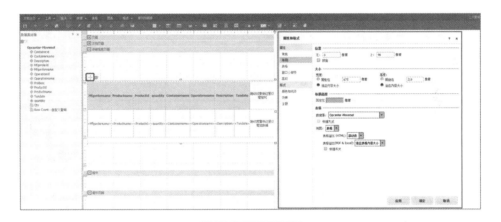

图 8-24　拖拽字段

图 8-25　增加过滤器

6) 单击"运行"按钮运行报表，通过过滤器可以过滤到工单显示的信息，运行结果报表如图8-26所示。

Mfgordername	Productname	Productid	quantity	Containername	Operationname	Description	Txndate
WO-DJE-001-02	DJE-001	00062c8000000006	50	DJE-001-006	OP110	定转子合装	4/1/2020 3:47:50 PM
WO-DJE-001-02	DJE-001	00062c8000000006	50	DJE-001-006	OP120	前端盖锁紧	4/1/2020 4:05:04 PM
WO-DJE-001-02	DJE-001	00062c8000000006	50	DJE-001-006	OP120	前端盖锁紧	4/1/2020 4:08:15 PM
WO-DJE-001-02	DJE-001	00062c8000000006	50	DJE-001-006	OP120	前端盖锁紧	4/1/2020 4:11:28 PM
WO-DJE-001-02	DJE-001	00062c8000000006	50	DJE-001-006	OP130	装接插件	4/1/2020 4:09:54 PM
WO-DJE-001-02	DJE-001	00062c8000000006	50	DJE-001-006	OP130	装接插件	4/1/2020 4:17:41 PM
WO-DJE-001-02	DJE-001	00062c8000000006	50	DJE-001-006	OP140	装三相线	4/1/2020 4:23:28 PM
WO-DJE-001-02	DJE-001	00062c8000000006	50	DJE-001-006	OP150	整机性能测试	4/1/2020 4:40:56 PM
WO-DJE-001-02	DJE-001	00062c8000000006	50	DJE-001-006	OP160	整机气密性测试	4/6/2020 2:38:13 PM

图8-26　运行结果报表

8.3.3　练习三：工单 Move out 明细看板

在现场执行部分需要把每个工艺点的明细出站信息列出来，而且可以以自刷新的方式，便可以使用达析报告创建看板信息。

操作步骤：

1) 单击"创建达析报告"，如图8-27所示。

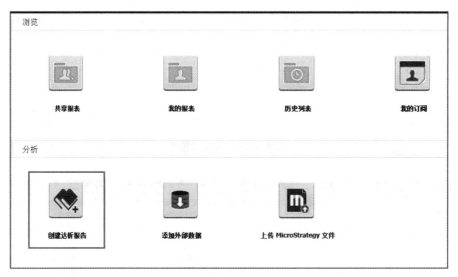

图8-27　创建达析报告

2) 进入设计模式，设计面板如图8-28所示。

3) 把需要显示的内容拖拽到右侧的可视化看板中，并单击修改其字段的名称为中文，界面如图8-29所示。

4) 需要修改某一部分内容及格式时，右键单击需要修改的部分，在"格式"属性里便可以根据想要的方式进行修改，界面如图8-30所示。

图 8-28　设计面板

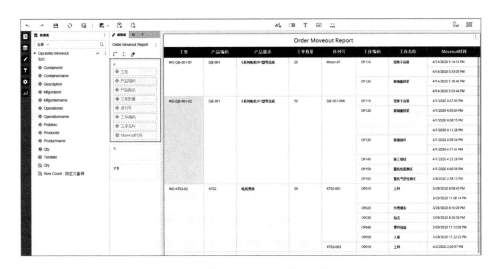

图 8-29　拖拽及修改字段名称

图 8-30　格式调整

5）增加新的可视化视图，只需要单击上方"可视化效果"便可以新增一个可视化视图，然后把对应维度和度量的信息拖拽到对应的格内，最后把相关格式修改一下即可，界面如图 8-31 所示。

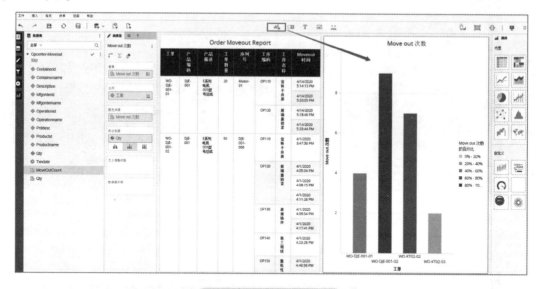

图8-31 增加可视化视图

6）单击上方的"预览"按钮进行预览，最终呈现结果如图 8-32 所示。

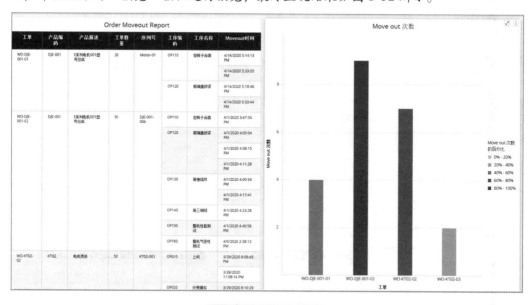

图8-32 结果显示图

第 9 章

制造运营系统设定

9.1 用户权限管理

Opcenter Execution Core 使用基于角色的访问控制作为其安全模型。在此模型中，除非显式授予访问权限，否则将隐式拒绝。这意味着在管理员授予对应用程序的全部或一部分的访问权限（通常是授予执行某项工作职能所需的最低权限集）之前，用户无权访问该应用程序。

通过以下建模对象为 Opcenter Execution Core 设置并管理用户权限：角色、员工、组织。

9.1.1 权限类型和访问模式

图 9-1 展示了 Opcenter Execution Core 的权限类型和相关访问模式。

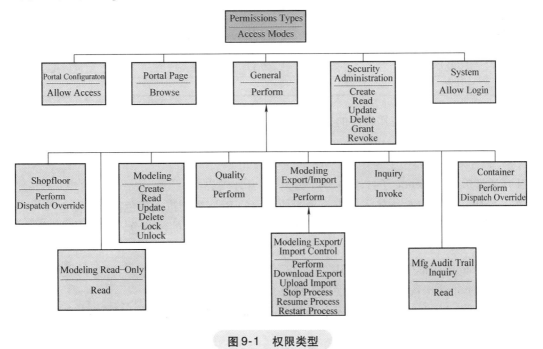

图 9-1 权限类型

9.1.2 最低权限要求

安装 Opcenter Execution Core 系统后，用户开始使用所需的最低权限见表 9-1。

表 9-1　所需的最低权限

员工需要执行的操作	必须拥有的权限（属于适当的角色）
执行安全管理任务	"安全管理"权限类型和所选权限的"允许"访问模式
登录并访问门户	"系统"权限和"允许登录"访问模式，以及"门户界面"权限类型和所选权限的"浏览"访问模式

9.1.3　角色模型

角色是基于操作功能的一组权限，用于授予对门户的全部或部分的访问权限。典型的角色，例如班次检查员、法规事务经理等。

角色由权限和权限访问模式的集合组成。权限是用于执行操作的授权，例如，用于启动容器或发起请求的权限，也可以将权限视为事务。

访问模式指定指派的权限的授权级别。例如，如果某个用户需要执行"开始"事务，则该用户必须与包含"开始"事务的权限且具有为该权限指派的"执行"访问模式的角色关联。默认情况下，在指派权限时，应用程序会指派所有访问模式。

Opcenter Execution Core 提供的默认角色见表 9-2。

表 9-2　默认角色

序号	名称	序号	名称
1	默认导出导入	8	默认质量
2	默认查询	9	登录
3	默认制造	10	制造审核追踪查询
4	默认建模	11	门户配置
5	默认建模（高级）	12	安全管理
6	默认建模（只读）	13	SPC
7	默认页		

注：系统不会自动将应用程序的扩展（如新页）的权限添加到默认服务，必须手动为这些角色授予权限。

（1）创建新角色操作步骤

1）通过单击 Modeling 子目录中 Modeling，打开建模界面。

2）在 Objects 过滤框中输入 Role，单击搜索出的 Role 模型进入角色模型界面。

3）单击 New 按钮，将创建一个可执行所有 Container 事务的新角色，在对应属性框中填入信息。

4）在 Role 属性框中输入 Role01。

5）在 Permission Type Filter 属性框中选择 Container。

6）在 Available Permissions 列表中，勾选 Permission Name 复选框以选择所有事务，单击 Add 按钮。

7）单击 Save 按钮，完成创建，界面如图 9-2 所示。

（2）修改角色权限操作步骤

1）通过单击 Modeling 子目录中的 Modeling，打开建模界面。

2）在 Objects 过滤框中输入 Role，单击搜查出的 Role 模型进入角色模型界面。

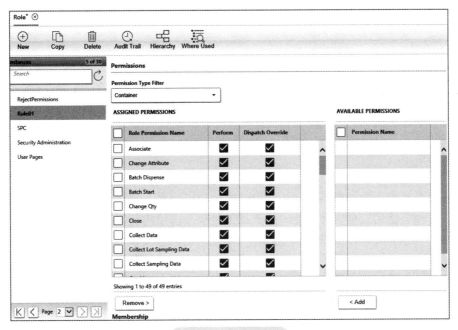

图9-2　创建角色

3）在 Instances 过滤框中输入 Role01，打开 Role01 角色对象。

4）在 Permission Type Filter 属性框中下拉选择 Container。

5）在 ASSIGNED PERMISSIONS 列表中，将 Associate 的 Perform 列复选框去掉勾选。

6）在 ASSIGNED PERMISSIONS 列表中，勾选 Collect Data 前的复选框，然后单击 Remove 按钮。

7）单击 Save 按钮，保存设置，如图9-3所示。

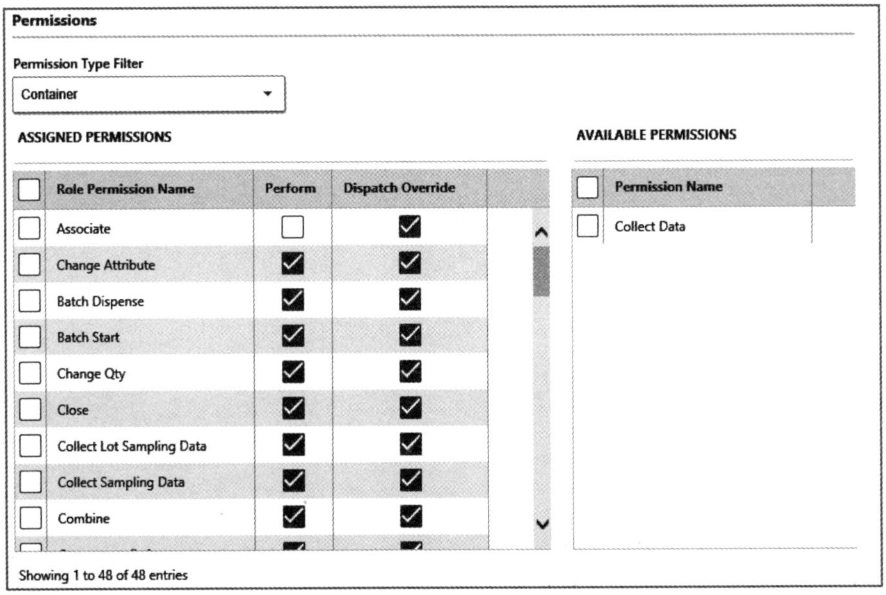

图9-3　修改角色权限

❖ 练习

1）创建一个新角色，包含以下信息：

- 角色名：Role02
- 授权类型：Container
- 授予权限：Collect Data、Associate 和 Combine

2）为 Role02 角色新增授权：Collect Sampling Data。

9.1.4　员工模型

员工是指在系统中执行如下活动的用户：维护建模定义、进行查询、安全管理或执行车间事务。系统管理员使用安全管理功能向员工授予特权，以使他们能够访问这些活动。

Opcenter Execution Core 的安全模型以基于角色的访问控制模型为基础。系统管理员为员工指派角色成员资格，以控制员工对整个系统或系统某些部分的访问权，为员工指定主要组织和角色成员资格时，需要为该员工设置安全权限。用户必须在组织中通过角色传播直接或间接地具有角色才能执行任何操作。

员工模型中组织和角色的关键字段描述见表 9-3。

表 9-3　员工模型中组织和角色的关键字段描述

关键字段	描　　述	类型
主要组织	组织列表。可以使用此字段为员工选择主要组织。为员工指定主要组织，还会决定处理质量记录期间对该员工可用的默认选择列表。记录生产事件之前，必须先为员工指派主要组织	可选
角色表格	与此员工关联的角色的列表。可以使用此表格为员工添加或移除角色。还可以通过角色对象，管理员工与角色的关联	可选
角色	与此员工关联的角色	可选
组织	该角色对其有效的组织	可选
传播	此复选框表示应用程序会将所选组织的关联角色传播到所有子组织	可选

创建新员工操作步骤：

1）通过单击 Modeling 子目录中的 Modeling，打开建模界面。

2）在 Objects 过滤框中输入 Employee，单击搜索出的 Employee 模型进入员工模型界面。

3）单击 New 按钮，将为该员工指派 Role01 角色。在对应属性框中输入以下信息：

- Employee 属性框：User01
- Primary Organization 属性框：Corporate

4）在 ROLES 列表中，Role 属性行中分别添加下列角色：

- Role01
- User Pages
- Login
- Security Administration

5）单击 Save 按钮，完成创建，如图 9-4 所示。

❖ 练习

创建一个新员工，包含以下信息：

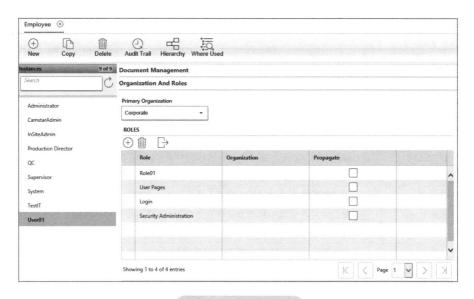

图9-4 创建新员工

- 员工名：User02
- 主要组织：Corporate
- 指派角色：Role02、User Pages、Login 和 Security Administration

9.1.5 组织模型

组织是为处理和报告目的而分离的业务实体。组织不与企业或工厂关联。可以通过员工与在组织环境中有效角色（作业功能）的关联来指派员工权限。这些关联决定了员工的权限。相关应用可参考本书"第7章 7.3.2节"中的组织模型配置内容。

9.2 用户菜单管理

西门子在实施中提供了标准门户菜单选项。可自定义这些菜单或自行创建菜单，以满足员工和组织的不同需求。通过自定义或创建菜单，可控制员工访问和使用的门户界面和事务。

Opcenter EX CR V8.0 Portal 提供的标准菜单见表9-4。

表9-4 标准菜单

菜单名称	描　　述
csiAttachments	提供对经典主题中的"附件"事务的访问
csiAttachmentsV8	提供对水平主题中的"附件"事务的访问
csiChangeManagement	提供对经典主题中的 Change Management 事务的访问
csiChangeManagementV8	提供对水平主题中的 Change Management 事务的访问
csiContainer	提供对经典主题中的 Portal Shop Floor 事务的访问
csiContainerMobileMenu	提供对移动设备上水平主题中的 Portal Shop Floor 事务的访问
csiContainerV8	提供对水平主题中的 Portal Shop Floor 事务的访问
csiEvent	提供对经典主题中通用事件记录事务的访问
csiEventV8	提供对水平主题中的通用事件记录事务的访问
csiExport/Import	提供对经典主题中的"门户导出/导入"事务的访问

（续）

菜单名称	描　述
csiExport/ImportV8	提供对水平主题中的"门户导出/导入"事务的访问
csiMobileMenu	提供对移动设备上水平主题中的顶层门户菜单的访问
csiModelingMenu	提供对经典主题中的"建模审核追踪""电子签名建模"和"建模"资源的访问
csiModelingMenuV8	提供对水平主题中的"建模审核追踪""电子签名建模"和"建模"资源的访问
csiPortalMenu	提供对计算机上经典主题中的顶层门户菜单的访问权限
csiPortalMenuV8	提供对计算机上水平主题中的顶层门户菜单的访问权限
csiResource	提供对经典主题中与资源相关的"资源审核追踪"和 Portal Shop Floor 事务的访问
csiResourceV8	提供对水平主题中与资源相关的"资源审核追踪"和 Portal Shop Floor 事务的访问
csiSearch	提供对经典主题中的"制造审核追踪""消息中心"和"搜索"事务的访问
csiSearchV8	提供对水平主题中的"制造审核追踪""消息中心"和"搜索"事务的访问
csiSPC	提供对经典主题中的 SPC 测试器界面的访问
csiSPCV8	提供对水平主题中 SPC 测试器界面的访问
csiTrainingMenu	提供对经典主题中的"培训记录"事务的访问
csiTrainingMenuV8	提供对水平主题中的"培训记录"事务的访问

通过 Portal Studio 工具，可快速便利地完成以下操作：创建菜单定义、打开现有菜单项、向菜单定义添加指定选项卡、向菜单定义添加菜单项、向菜单定义添加子菜单、向菜单定义添加界面流。

（1）员工模型中的菜单配置　由 Portal Studio 工具配置的菜单，将通过员工模型应用到每个员工账号中。员工模型中菜单关键字段描述见表 9-5。

表 9-5　员工模型中菜单关键字段描述

字段	描述	类型
门户菜单定义	与此员工关联的门户菜单	可选
门户主页	在此员工的应用程序中显示的主页。列表包含应用程序中含有的所有界面。可以从该列表中选择适当的界面 　为员工指定的门户主页优先于为组织指定的门户主页	可选
移动端菜单定义	与此员工关联的移动菜单。默认情况下，对 CamstarAdmin、InSiteAdmin 和 Administrator 员工设为 csiMobileMenu	可选
移动端主页	在此员工的移动应用程序中显示的主页。列表包含应用程序中含有的所有移动界面。可以从该列表中选择适当的移动界面	可选

（2）为员工配置菜单操作步骤

1）通过单击 Modeling 子目录中的 Modeling，打开建模界面。

2）在 Objects 过滤框中输入 Employee，单击搜索出的 Employee 模型进入员工模型界面。

3）在 Instances 过滤框中输入 User01，单击打开 User01 员工对象。

4）在对应属性框中填入以下信息：

- Mobile Menu Definition 属性框：csiPortalMenuV8
- Home Page 属性框：OperationalViewVP
- Mobile Menu Definition 属性框：csiMobileMenu

5）单击 Save 按钮，保存设置，如图 9-5 所示。

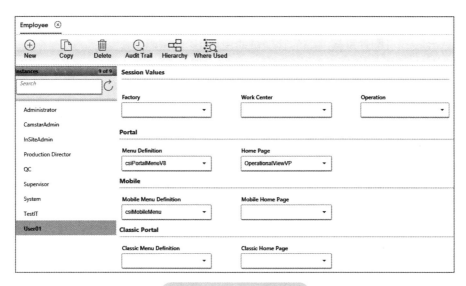

图 9-5 为员工配置菜单

❖ 练习

1）为自己的账号配置主页。

● 将 Home Page 设置为 OperationalViewVP

2）重新登录自己的账号，观察其变化。

9.3 制造审核追踪

9.3.1 配置审核追踪视图

制造审核追踪功能提供容器、事件记录的所有事务的完整历史。资源审核追踪提供资源的所有事务的完整历史。可以根据业务需求配置审核追踪中显示的信息。

1. Audit Trail Configurator 工具

Audit Trail Configurator 工具可用于定义"制造审核追踪"和"资源审核追踪"界面的历史视图。它还可用于配置显示在事务历史表格中的信息。

历史视图显示在选定记录（例如容器或事件）上执行的事务列表。历史视图显示为"制造审核追踪"或"资源审核追踪"界面上的"历史主线"表格。可以指定要在表格中查看的信息。

注：应用程序要求在首次访问 Audit Trail Configurator 工具时创建默认历史视图。此视图的名称为"默认"，无法重命名或删除此历史视图。

在"历史主线"表格中选择事务时，应用程序通常会显示"汇总/详细信息"选项卡。查看"制造审核追踪"或"资源审核追踪"时，应用程序可能会显示一个或多个选项卡。Audit Trail Configurator 工具可用于配置显示在这些表格中的信息，以及在容器、事件或资源上执行的每种类型事务的选项卡。

登录 Audit Trail Configurator 工具：

1）单击 Start→Opcenter Execution Core→Audit Trail Configurator，将显示"登录 InSite"

窗口。

2）输入经授权可配置审核追踪的管理员的用户 ID 和密码。

3）输入从中运行应用程序服务器的 XML 服务器的名称。

4）确保端口字段中的输入内容与 Management Studio 文件中指定的端口相匹配。

5）单击 Logon 登录，如图 9-6 所示。

6）Audit Trail Configurator 显示"历史视图维护"窗口，并指示是否需要默认视图。

a. 单击"确定"，将显示"历史视图维护"窗口，其中选定的默认视图数量最小。

b. 单击"保存"。

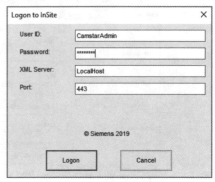

图 9-6　Logon 登录页面

c. 参考"如何配置历史主线视图"以配置默认视图。

至此，整个过程已完成。

2. 配置历史视图

历史视图是"制造审核追踪"和"资源审核追踪"界面上的"历史主线"表格。该视图列出了对容器、事件或资源执行的事务，并提供了这些事务的历史信息。默认情况下，门户包括每个容器、事件或资源的事务日期（Txn Date）和事务类型（Txn Type）信息。

图 9-7 所示为显示容器的默认"历史主线"表格的示例。应用程序按"事务日期"对事务进行排序。可以使用 Audit Trail Configurator 工具将"历史主线"配置为在各种选项卡上显示其他信息。可以创建多个历史视图。在查看"制造审核追踪"或"资源审核追踪"时，这些视图将可供选择。可以为每个历史视图指定要显示在"历史主线"表格中的列。

HISTORY MAINLINE				
Txn Date	**Txn Type**	**Compound Txn Type**	**Employee**	**Co**
08/16/2019 8:18:05 AM	Move In		CamstarAdmin	
08/14/2019 2:36:32 PM	Close Quality Object		CamstarAdmin	
08/14/2019 2:36:24 PM	Update Checklist		CamstarAdmin	
08/14/2019 12:57:58 PM	Doc Attachments Txn		CamstarAdmin	
08/14/2019 12:30:22 PM	Open Quality Object		CamstarAdmin	
08/14/2019 12:23:59 PM	Close Quality Object		CamstarAdmin	

Showing 1 to 13 of 13 entries

图 9-7　显示容器的默认"**历史主线**"表格的示例

登录到 Audit Trail Configurator 工具时，将显示"历史视图维护"窗口。它包含两个选项卡：

1）历史主线，具有两个次级选项卡：

① 视图选择，用于选择要进行配置的历史视图。

② 字段选择，用于选择要包含到历史视图中的字段。

2）事务详细信息，具有两个次级选项卡：

① 历史详细信息，提供可用历史详细信息对象列表。

② 已选历史对象，在"历史详细信息"选项卡上选择一个对象后显示可用字段，如图9-8所示。

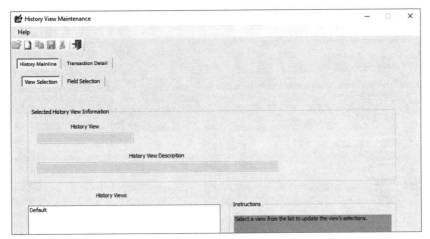

图9-8　历史视图维护

1）单击 New History View，将显示"新建历史视图"窗口，界面如图9-9所示。

2）输入新历史视图名称和新历史视图描述。

3）单击 Save，随即"历史视图"列表中将显示新视图，如图9-10所示。

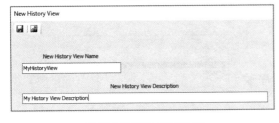

图9-9　新建历史视图

图9-10　历史视图列表

4）从历史视图列表中选中 MyHistoryView 视图。

5）单击 Field Selection 选项卡，应用程序将显示所有可用的字段和选择要显示在"历史主线"表格的所有字段。默认情况下，应用程序包括 TxnDate 字段，界面如图9-11所示。

6）执行下述中的一项操作，添加图中字段：

① 单击右向双箭头按钮以添加所有可用的字段。应用程序将"可用字段"列表中的所有字段移到"所选字段"列表。

② 在按住 < Ctrl > 或 < Shift > 键的同时单击，在可用字段列表中选择多个字段，然后单击右向单箭头按钮，应用程序将这些字段移到"所选字段"列表。

③ 在可用字段列表中选择所需字段，然后单击右向单箭头按钮，应用程序将该字段移到"所选字段"列表。

7）选择要移动的任何字段，然后使用向上和向下箭头按钮更改字段顺序，如图9-12所示。应用程序根据"所选字段"列表中的字段顺序显示"历史主线"表格中的列。

图 9-11　"历史主线"界面

8）单击"保存"，应用程序将更新视图。

3. 配置事务信息

在"历史主线"表格中选择事务时，应用程序通常会在"历史主线"表格下面显示"汇总/详细信息"选项卡。"汇总/详细信息"选项卡包含所选事务的历史信息，界面如图 9-13 所示。可以查看某些事务的其他信息，具体取决于事务类型和为事务配置的功能。例如，如果在所选事务的容器上收集了数据，则应用程序将显示带有"汇总/详细信息"选项卡的"数据收集"选项卡。也可以配置为其他详细信息和功能显示的信息。

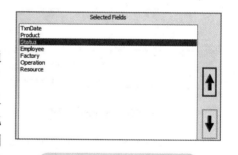

图 9-12　选择要移动的字段

1）从"历史视图"列表中选择 MyHistoryView 视图。

2）单击 Transaction Detail 选项卡，应用程序将显示次级选项卡："历史详细信息"和"已选历史对象"，界面如图 9-14 所示。

3）在事务列表中选择要配置的历史对象（事务），此处以配置 Start 事务为例进行介绍。单击选中 StartHistoryDetail，如图 9-15 所示。

4）选择 Selected History Object 选项卡，应用程序将显示所有可用的字段和为事务选定显示的所有字段。

5）添加图中字段，如图 9-16 所示。

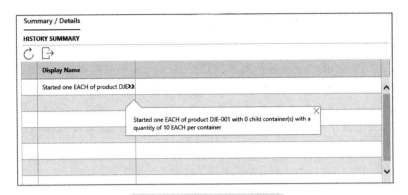

图 9-13　汇总/详细信息示例

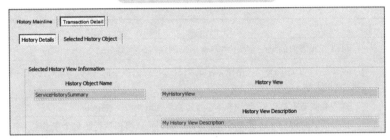

图 9-14　配置事务信息

6）选择要移动的任何字段，然后使用向上和向下箭头按钮更改字段顺序。

7）单击"保存"按钮，应用程序将更新历史对象（事务）。

8）为要配置的每个事务重复步骤 4）~8）。

9）单击"保存"按钮。

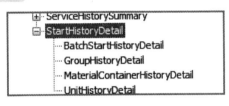

图 9-15　选择要配置的历史对象

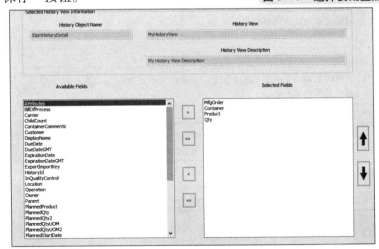

图 9-16　添加字段

9.3.2　查看制造审核追踪

制造审核追踪提供容器、物料箱或事件记录的所有事务的完整历史。容器、物料箱和事件记录历史文件中的所有数据都可供显示。容器和物料箱数据的示例包含：消耗的物料、使用的流程、收集的参数数据、异常和偏差、日期和时间以及电子签名。事件记录数据的示例包含对事件记录的更改，例如会审、检查表指派、类别更改、记录的常规更新和记录关闭。可以通过以下方式访问"制造审核追踪"：

1）从应用程序的"搜索"菜单中选择"制造审核追踪"，将显示"制造审核追踪"界面。

2）单击"制造审核追踪"图标，"制造审核追踪"图标在每个具有容器信息 Web 部件的车间事务界面上可用。此外，当为单个容器加载操作时，该图标在"容器搜索"界面的"可用操作"窗口中可用。

搜索选项卡关键字段描述见表9-6。

表9-6 搜索选项卡关键字段描述

关键字段	描述	类型
记录类型	可以查看历史的记录类型，"容器"是默认记录类型	必需
视图	定义在"历史主线"表格中显示的列及这些列的顺序的视图。历史视图由系统管理员使用 Audit Trail Configurator 工具定义	必需
名称	查看要制造审核追踪的实体（容器、物料箱或事件）的名称	必需
显示所有日期的事务	选择后，应用程序将返回对指定容器、物料箱或事件执行的每个事务	可选
选择日期范围	选中后，应用程序只返回指定容器、物料箱或事件在指定日期范围内执行的事务。选择此选项将启用"开始日期"和"结束日期"字段。可以同时指定开始日期和结束日期，或者只指定一个日期	可选
开始日期	指定实体发生事务的日期范围的开始日期。结果包含此日期之后发生的任何事务。选择"选择日期范围"选项时，应用程序会将开始日期默认为昨天的日期，时间为上午 12:00	可选
结束日期	指定实体发生事务的日期范围的最后日期。结果包含此日期之后发生的任何事务。选择"选择日期范围"选项时，应用程序会将结束日期默认为今天的日期以及当前时间	可选
按时间戳降序排列	选择后，应用程序将按降序显示事务结果，最近的事务显示在列表顶部	可选
显示事务撤销信息	选择后，除了其他历史之外，应用程序还会显示在"历史主线"表格中对指定容器、物料箱或事件执行的任何撤销事务 注：必须使用"撤销上个事务"来撤销事务	可选
显示所有事务类型	选择后，应用程序将返回针对实体执行的所有事务	可选
选择事务类型	可以选择一个或多个事务类型。该字段显示一个计数，表示只是所选事务类型的数量，而不是所选事务名称	可选
作业	执行事务的作业	可选
选择当前项	选择后，应用程序将返回在实体当前作业中执行的事务。选择此字段将禁用"作业"字段，应用程序将显示容器或物料箱的当前作业	可选
员工	执行事务的员工	可选
资源	执行事务的资源。应用程序使"历史主线"表格中返回的事务的资源可供选择。应用程序还包含电子流程任务中使用的工作站和"汇总/详细信息"表格中为事务引用的资源	可选

（1）查看容器、物料箱或事件的事务历史

1）从搜索菜单中打开"制造审核追踪"界面，将显示"制造审核追踪"界面。

2）在记录类型字段中选择要搜索的实体类型。

3）从视图字段中选择视图。

4）输入实体的名称。

5）输入或选择一个或多个参数以缩小搜索范围。

6）单击“搜索”，应用程序将显示指定实体的“状态”选项卡“属性”选项卡以及“历史主线”表格。

7）从“历史主线”表格中选择事务。应用程序在“历史主线”表格下的子表格中显示一个或多个事务详细信息选项卡。

（2）以追溯容器的事务历史为例

1）通过单击 Search 子目录中的 Mfg Audit Trail，打开“制造审核追踪”界面。

2）在制造审核追踪界面（见图 9-17）中输入以下属性信息，单击 Search 开始搜索。

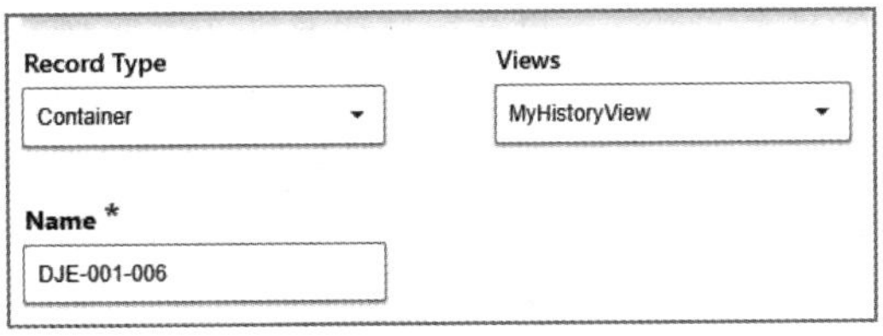

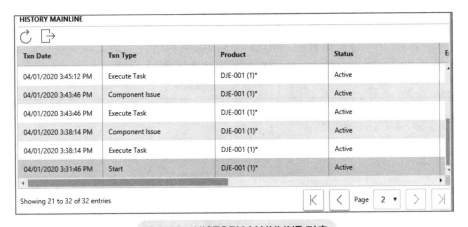

- Record Type = Container
- Views = MyHistoryView
- Name = DJE-001-006

图 9-17 制造审核追踪界面

3）HISTORY MAINLINE 表中显示所有的事务追溯信息，单击选中 Start 事务，如图 9-18 所示。

HISTORY MAINLINE

Txn Date	Txn Type	Product	Status
04/01/2020 3:45:12 PM	Execute Task	DJE-001 (1)*	Active
04/01/2020 3:43:46 PM	Component Issue	DJE-001 (1)*	Active
04/01/2020 3:43:46 PM	Execute Task	DJE-001 (1)*	Active
04/01/2020 3:38:14 PM	Component Issue	DJE-001 (1)*	Active
04/01/2020 3:38:14 PM	Execute Task	DJE-001 (1)*	Active
04/01/2020 3:31:46 PM	Start	DJE-001 (1)*	Active

Showing 21 to 32 of 32 entries Page 2

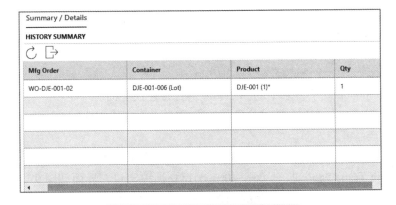

图 9-18 HISTORY MAINLINE 列表

4）HISTORY SUMMARY 表中显示 Start 事务的相关信息，如图 9-19 所示。

Summary / Details

HISTORY SUMMARY

Mfg Order	Container	Product	Qty
WO-DJE-001-02	DJE-001-006 (Lot)	DJE-001 (1)*	1

图 9-19 HISTORY SUMMARY 列表

9.4　建模审核追踪

建模审核追踪提供对建模对象的所有更改的完整历史（审核追踪），这有助于公司追踪对建模对象的更改。审核追踪还有助于受管制行业展现其符合质量要求。

审核追踪提供了对象活动（例如创建、修改或删除对象）产生的一系列审核记录，旨在提供所有编辑会话过程中向对象所做的全部更改的精确记录。当创建新对象时，审核追踪将记录这个新对象的所有信息。创建实例后，审核追踪将提供有关该实例被更改的属性、更改者以及更改时间的详细信息。当对已修订的基本对象进行更改时，更改记录将写入修订版本的审核追踪。

9.4.1　建模审核追踪信息

建模审核追踪可获取普通审核数据和详细审核数据。不管对象如何更改都会记录普通审核数据，而详细数据包括建模对象的所有持久字段的历史信息。

（1）普通审核数据　记录以下普通审核数据信息：执行事务的用户、事务日期（本地和GMT）、对象的备选关键信息（如已命名对象的名称、已修订对象的名称、修订版本）、执行的操作类型（创建、复制、编辑等）、备注。

（2）详细审核数据　针对审核追踪记录的详细数据信息，包括属性或字段的名称，属性的旧值和属性的新值。表9-7提供了特定类型的审核数据。

表9-7　特定类型的审核数据

审核数据类型	记录的信息
简单（次要）字段（如字符串、布尔型和数值）	字段的旧值和新值
对象参考	显示对象参考字段（对象类型为"所有权＝无"的字段）的名称和备选参考信息
组成（例如，Operation Scheduling Detail）	子实体对象名和字段，专用所属对象的旧值和新值
列表字段	被更改的每个列表项的输入，包括列表项的新旧值。同时也表示此更新是否是插入、更改或删除
次要列表（不是由对象组成的列表）	全旧和全新图像列表

9.4.2　查看建模审核追踪窗口

可以从两个位置访问"审核追踪"窗口：从对象现有实例的建模页，从"建模"菜单访问的"审核追踪"页。

（1）使用建模页访问审核追踪窗口操作步骤

1）通过单击 Modeling 子目录下的 Modeling，打开建模界面。

2）以审核追踪 DJE–001 产品对象为例，在 Objects 过滤框中输入 Product，单击搜索出的 Product 模型进入产品模型界面。

3）在 Instances 过滤框中输入 DJE–001，单击打开 DJE–001 产品对象。

4）单击 Audit Trail 按钮，打开 DJE–001 的审核追踪窗口，界面如图9-20所示。

5）通过 Data From 和 To 栏可以从时间维度过滤追溯信息。

6）在"审核追踪信息"列表中，普通审核数据会直接呈现。

7）单击打开第一条审核追踪信息，将会呈现详细审核数据，如图9-21所示。

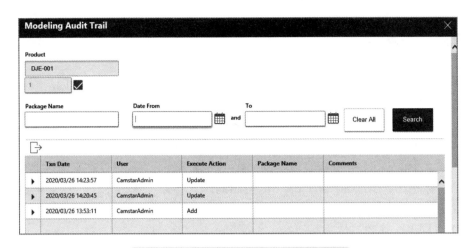

图 9-20　使用建模页访问审核追踪窗口

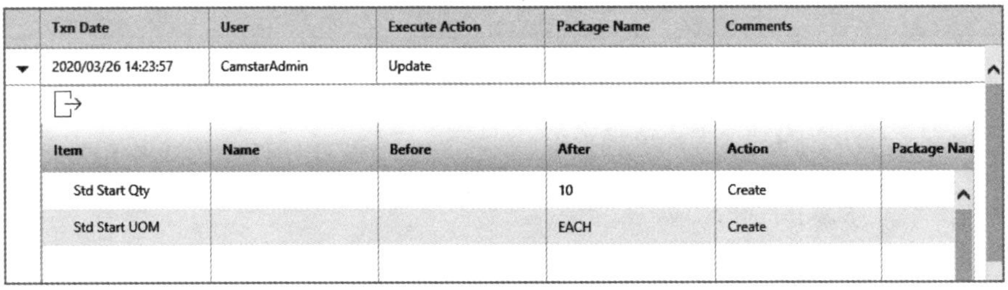

Txn Date	User	Execute Action	Package Name	Comments
2020/03/26 14:23:57	CamstarAdmin	Update		

Item	Name	Before	After	Action	Package Nam
Std Start Qty			10	Create	
Std Start UOM			EACH	Create	

图 9-21　详细审核数据

（2）使用审核追踪页访问审核追踪窗口操作步骤

1）通过单击 Modeling 子目录下的 Modeling Audit Trail，打开审核追踪页。

2）以审核追踪 DJE－001 产品对象为例，在 CDO Type 属性框中选择 Revisioned Object→Product，在 Product 属性框中选择 DJE－001，单击 View Audit 按钮，进入 DJE－001 的审核追踪窗口，界面如图 9-22 所示。

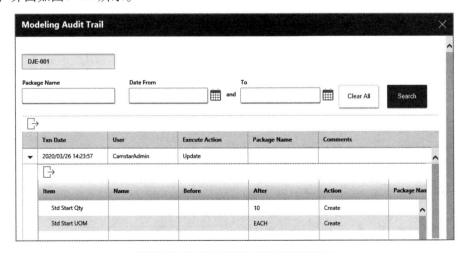

图 9-22　使用审核追踪页访问追踪窗口

9.5 语言字典配置

字典是指派给员工的自定义标签的集合。当拥有已指定字典的员工登录门户时，呈现给此员工的用户界面将显示包含在字典中的适当标签。如果员工没有指定的字典，则会显示默认标签。

可在以下两种类型的字典下分组转换标签：语言、术语。

在员工定义中指定这些字典类型或类别，将字典分配给员工。可以在术语字典中转换特定于行业术语的标签。例如，Opcenter EX CR 使用词语"容器"来表示工厂中生产的产品的离散集合，并使用"员工"来代表人员。可能在业务中使用不同的词，例如，用"箱子"代替"容器"，用"同事"代替"员工"。

语言字典关键字段描述见表9-8。

表9-8　语言字典关键字段描述

关键字段	描述	类型
类别筛选器	此过滤器将搜索限定在 Designer 中特定的标签类别（例如，csiCompletion），以使转换的仅是此类别中的标签	可选
标签名称筛选器	所搜索的标签的名称或部分名称	
标签值筛选器	在标签文本中搜索的特定文本。例如，输入"容器"将返回应用程序中包含"容器"一词的每个标签	
搜索结果表格	此表格显示标签搜索结果	仅显示
标签 ID	所转换的标签的系统生成 ID	
名称	所转换的标签的名称	
默认文本	在 Designer 中定义的标签文本，或使用定义用户标签的用户标签页的标签文本。此文本就是将提供转换的文本	
标签文本	如果登录用户在员工定义的"语言字典"或"术语字典"字段中引用此字典，将显示实际转换文本而非默认文本 注意：任何为字典提供的作为术语字典引用的字典条目将替代"语言字典"字段中指定的字典	可选

（1）创建语言字典

1）通过单击 Modeling 子目录下的 Modeling，打开建模界面。

2）在 Objects 过滤框中输入 Dictionary，单击搜索出的 Dictionary 模型，进入字典模型界面。

3）汉化以下内容：

- 菜单子目录 Attachment = 附件
- Employee 模型名称 = 员工

4）单击 New 按钮，在 Dictionary 属性框中输入 Chinese_CN。

5）单击 Save 按钮，创建 Chinese_CN 对象，如图9-23所示。

6）在 Category Filter 属性框中输入 CSI-

SUCCESS! Dictionary "Chinese_CN" added on 2020/04/09 13:36:59

图9-23　创建成功显示页面

PortalMenu，在 Label Value Filter 属性框中输入 Attachment，单击 Search 按钮搜索，结果如图 9-24 所示。

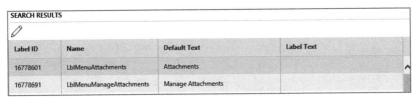

图 9-24　搜索结果（一）

7）在 SEARCH RESULTS 列表中，选中第一条 Label，然后单击 ✐。

8）在编辑窗口中，Label Text 属性框输入"附件"，单击 OK。

9）单击 Save 按钮，保存设置。

10）在 Category Filter 属性框中输入 CSICDOName，在 Label Name Filter 属性框中输入 Employee，单击 Search 按钮搜索，结果如图 9-25 所示。

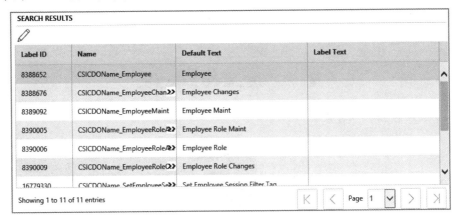

图 9-25　搜索结果（二）

11）在 SEARCH RESULTS 列表中，选中第一条 Label，然后单击 ✐。

12）在编辑窗口中，Label Text 属性框输入"员工"，单击 OK。

13）单击 Save 按钮，保存设置，如图 9-26 所示。

图 9-26　保存成功显示页面

❖ 练习

（1）创建新的语言字典

● 名称：Chinese_CN_New

● 对菜单子目录进行汉化

Change Management：变更管理

Container：容器

Event：事件

259

Export/Import：导入/导出

Modeling：建模

Resource：资源

Search：搜索

SPC：统计过程控制

Training：培训

（2）为员工配置语言字典

1）通过单击 Modeling 子目录下的 Modeling，打开建模界面。

2）在 Objects 过滤框中输入 Employee，单击搜索出的 Employee 模型，进入员工模型界面。

3）在 Instances 过滤框中输入 User01，单击打开 User01 员工对象。

4）在 Language Dictionary 属性框中输入 Chinese_CN，界面如图 9-27 所示。

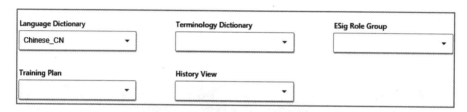

图9-27　为员工配置语言字典界面

5）单击 Save 按钮，保存设置。

❖ 练习

1）将 Chinese_CN 语言字典应用到 User01 账号中浏览汉化效果。

● 使用 User01 账号登录 Opcenter 系统。

● 查看菜单子目录中的"附件"，以及模型对象"员工"，汉化效果如图 9-28所示。

2）将 Chinese_CN_New 语言字典应用到自己的账号中，然后使用自己的账号登录 Opcenter 系统，浏览汉化效果。

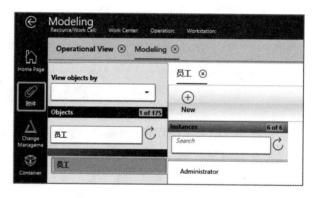

图9-28　汉化效果

9.6　制造日历配置

制造日历用于将事务的时间戳转换为特定的制造日期和班次。

Opcenter 提供两种方法用于向制造日历添加班次。可以导入具有班次信息的 Excel 文件，也可以手动添加每个班次。手动添加班次信息时，需要输入每天的每个班次。

向现有日历添加新班次时，应用程序要求导出日历，手动添加班次，然后重新导入日历。应用程序不要求输入班次开始日期和结束日期。但是，如果输入了其中一个日期，则应用程序要求同时输入另一个日期。例如，如果输入了班次开始日期和时间，则应用程序要求输入班次结束日期和时间。

可以使用"班次日历"表格中的"财政"列指定用于报告的财政年度。例如，如果制造日历从四月（开始）运行到下一年三月（结束）作为完整财年，但班次日历从 2013 年 1 月 2 日开始，则需要按如下所示输入 1 月 2 日条目的财政值：

- 财政（年） = 2012
- 财政（季） = 4
- 财政（月） = 10
- 财政（周） = 40

9.6.1 班组模型

对于在某个特定时间开始和结束工作的工人，班次是一种将基于管理责任的生产信息进行分组的机制。班次通常适用于具有不同工人群体的制造公司，这些工人的上下班时间是不同的，班组建模界面如图 9-29 所示。例如，"白班"班次的工作时间可能从凌晨 6:00 到下午 6:00，"夜班"班次的工作时间可能从下午 6:00 到次日凌晨 6:00。

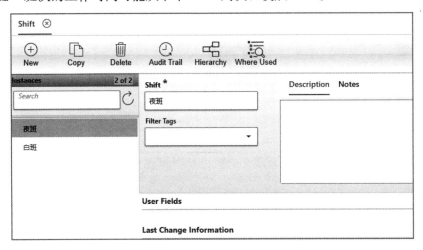

图9-29 班组模型建模界面

9.6.2 团队模型

团队用以分组生产信息，是班次的备用方法。例如，计划在星期一到星期四工作的"白班"和"夜班"班次可能被指派给"红色"团队，而在星期五到星期日工作的白班和夜班班次将被指派给"蓝色"团队，建模界面如图 9-30 所示。

9.6.3 配置制造日历模型

1）通过单击 Modeling 子目录下的 Modeling，打开建模界面。

2）在 Objects 过滤框中输入 Mfg Calendar，单击搜索出的 Mfg Calendar 模型，进入制造日历模型界面。

3）单击 New 按钮，在 Mfg Calendar 属性框中输入"一周制造日历"。

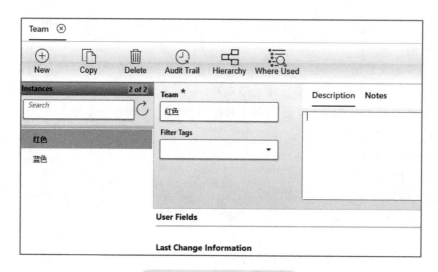

图 9-30　团队模型建模界面

4）在 Load from Excel File 属性框中导入"一周制造日历 . xlsx" Excel 文件，单击 Add Shift 按钮，如图 9-31 所示。

图 9-31　Add Shift 界面

5）单击 Save，完成创建。

9.7　电子流程配置

电子流程和流程计算提供了查看和追踪生产任务组的方法。可以通过它将任务集合指派给规范。任务是需要在规范中的容器上完成的工作单元。使用流程计算任务，可以在定义任务时合并用户定义的常量和详细计算表达式。

电子流程为各任务提供电子记录。通过向规范指派电子流程，可以执行多个工步来完成规范中的工作，而不必将每个任务分解为单独的规范，这将需要更多的移动事务。

定义电子流程模型时，可通过任务列表对任务进行逻辑分组，也可以设置每个任务是必须还是可选的。每个电子流程可包含一个或多个任务列表。

9.7.1 建模顺序

如图 9-32 所示用于定义计算、用户数据收集和电子流程的建模顺序。

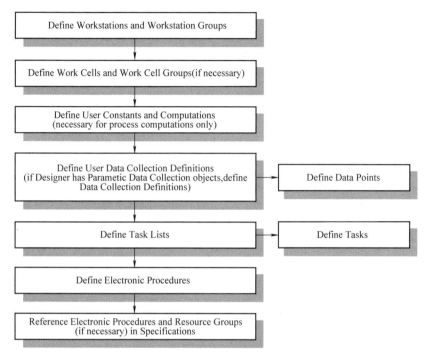

图 9-32 电子流程建模顺序

9.7.2 电子流程定义

1. 电子流程

电子流程由一个或多个预定义的任务列表组成，是完成规范所需的工步。将电子流程指派给规范时，只有在完成电子流程中的所有必需任务后，才能将容器移动到工作流程中的下一个规范。此外，电子流程提供完成单个任务的电子记录。

无需"移动"事务，电子流程便可跨工作站集合移动数量。这一功能适用于在所选工作单元内的特定工作站处理一定数量的工艺流程，而不适应于在工作单元外的工作站处理一定数量的工艺流程。

2. 工作站

工作站是用于完成任务列表的资源。可以将工作站指派给任务列表，以指定在该资源上完成工作。工作站将工作单元划分为多个站，并且只能属于一个工作单元。

3. 工作站组

工作站组标识执行与任务列表相同或等效流程的多个工作站。工作站组中的工作站应分配给不同的工作单元。

4. 工作单元

工作单元是执行指派给电子流程的所有任务的位置。当容器在工作单元内开始处理时，必须在该工作单元中执行容器的所有后续任务。整个电子流程在工作单元内进行处理。

虽然不是必须要定义工作单元，但强烈建议使用。工作单元的概念提供了其他界限的灵活性，其使用方法与任何其他资源将容器移入规范工步时一样。如果配置了生产线清理功能，则工作单元还可执行生产线清理。

5. 工作单元组

工作单元组标识执行同类流程的多个工作单元，这使得车间操作员能够选择哪个工作单元用来处理批次，也能确保所有工艺流程都处于选定的工作单元内。

6. 任务和任务列表

任务是需要在规范中的容器上完成的工作单元。可以将任务逻辑分组到任务列表中，并将一个或多个任务列表指派给电子流程。当任务列表标记为顺序时，电子流程强制执行定义的任务序列。任务是合格还是不合格，取决于收集的数据或车间操作员的决策。

7. 数据采集

数据点是生产流程中可以或必须收集数据的点。可以在数据收集定义中定义数据点，并在需要收集任务数据时将该定义指派给任务列表中的任务。数据点有助于定义上限和下限。数据点的布局可以是行位置或列位置，也可以是表格。

车间操作员收集任务的数据时，有两种方法：与电子流程一起使用的数据收集；数据收集向导。

8. 生产线清理

生产线清理可提供专门处理。可以配置电子流程，以便在容器级别或制造订单级别的工作站或工作单元中强制执行生产线清理。生产线清理确保只有单个批次或特定数量的批次才能在给定的资源上进行处理。可在资源定义中指定清理层次。

9.7.3 工作单元、工作站和组

工作单元、工作站和组是可选的资源和资源组，可用于进一步细化物理模型。这些可选定义促成了两种重要机制：可将任务列表指派给特定工作站，无需"移动"事务即可在该工作站进行处理，可精确跟踪跨设备的批次数量移动情况。

如图9-33所示展示了工作单元、工作站、工作单元组和工作站组之间的关系。工作站将工作单元分成多个站点。工作单元始终是属于它的工作站的父级。工作站仅应属于一个工作单元。工作站组中的工作站应分配给不同的工作单元。

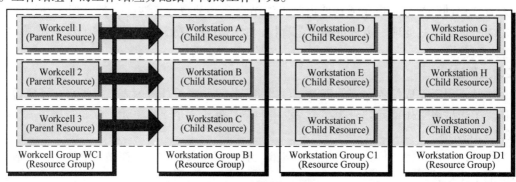

图9-33 四者关系

9.7.4 处理模式

电子流程既可用于任务驱动的处理，也可用于工作站驱动的处理。在任务驱动处理中，车间操作员不用在"生产线分配（Line Assignment）"字段中选择具体的工作站。在这种情况下，操作员可查看并完成车间中多个工作站的指定任务流程。在工作站驱动处理中，车间操作员需要在"生产线分配（Line Assignment）"字段中选择具体的工作站。在这种情况下，操作员只能查看并完成在此工作站筛选出的特定任务。

9.7.5 用户常量和计算

在应用程序中，可以创建和存储计算表达式，并将这些表达式变量映射到用户数据的收集数据点。然后在执行电子流程任务时可以使用这些计算，计算结果可供车间操作员查看。这样，制造操作员便可在制造工步中使用预定义的计算表达式，并根据这些计算表达式进行计算。系统根据提供给计算表达式的常量、参数和运算符输入返回计算结果。

1. 用户常量

通过用户常量，可以创建和维护像"Pi（圆周率）"一样不会更改或很少更改的常量值。可能有一些特定于业务流程的常量，这些常量用于多种计算。为用户常量输入文字时，用双引号（""）将该条目括起来。用户常量函数支持以下运算符：加法、减法、乘法、除法、求和（多个参数）、范围（多个参数）、一元减号/加号运算符、应用程序函数、基于时间戳的所有应用程序计算。

2. 计算

通过计算建模对象，可以创建和维护用于电子流程任务的过程计算定义。

在定义计算表达式时使用 Opcenter EX CR 统一表达式语法。表达式最多可包含 4000 个字符，可能包括：变量，例如（InQty），用户定义的常量，例如 Constant::Pi。

如果计算表达式包含变量，则当按 <Tab> 键使焦点移出"计算表达式"字段中或保存计算时，应用程序将变量添加到计算变量表中。每个变量的默认数据类型为"整数"。表达式中的变量必须与表中的变量匹配。如果在表达式中删除或修改变量，则必须手动删除或修改表中的变量。同样，如果在表中修改或删除变量，则必须手动更新表达式。

9.7.6 配置电子流程

1）通过单击 Modeling 子目录下的 Modeling，打开建模界面。

2）在 Objects 过滤框中输入 Task List，单击搜索出的 Task List 模型，进入任务列表模型界面，创建 TaskList_01 和 TaskList_02。

3）在 Objects 过滤框中输入 Electronic Procedure，单击搜索出的 Electronic Procedure 模型进入电子流程模型界面，创建"电子流程 Sample"，并关联 TaskList_01 和 TaskList_02，如图 9-34 所示。

4）在 Objects 过滤框中输入 Spec，单击搜查出的 Spec 模型，进入规范模型界面，将电子流程 Sample 关联到 Spec 中，如图 9-35 所示。

5）在对应工序执行电子流程时，系统将执行该电子流程，如图 9-36 所示。

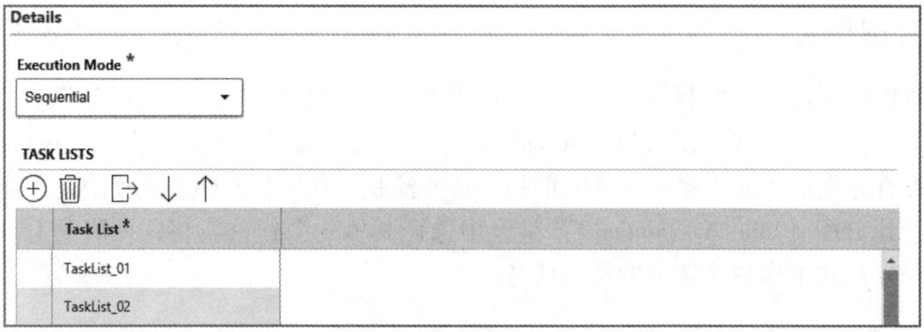

图 9-34　关联 Task List

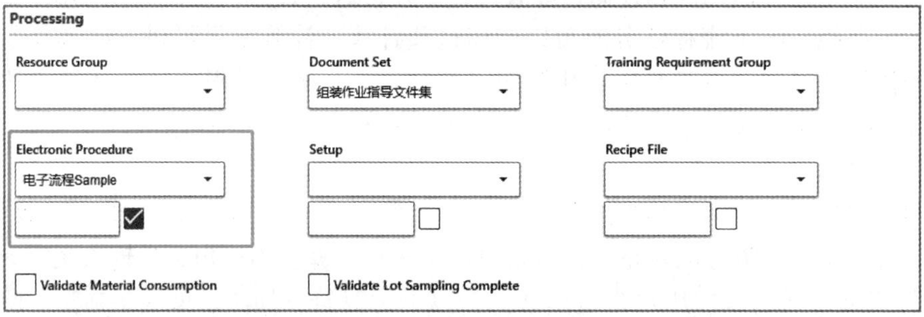

图 9-35　电子流程 Sample 关联到 Spec 中

图 9-36　系统执行电子流程

9.8　用户代码管理

　　用户代码是特定于每个安装要求的代码列表，可以提供有价值的追踪和报告信息。用户定义代码能指定特定字段的一系列允许值。

　　大多数用户代码都由三个属性组成：名称、描述和注释。某些用户代码包括更多属性，用于添加其他功能或用于验证。此外，如果某些用户代码与容器定义中的字段相关联，则其可以具有相关的 WIP 消息。

9.8.1　用户代码

　　表 9-9 为默认提供的用户代码。

表9-9 默认用户代码

用户代码	描 述
清单类型	清单类型用于区别此清单结构的含义。相同产品可存在多个清单。清单可处于高低不同的解决级别，这取决于使用该清单的部门。可以添加那些并非制造过程中物理部分的项目，以帮助标准的成本计算或者人工报告 清单类型是以下这些建模定义中的可选字段： • 物料清单 • ERP 物料清单
增长原因	增长是容器数量的增加，而增长原因是增长原因组建模定义中的可选字段。作业建模对象引用了增长原因，但仅在指定了增长原因组的情况下
购买原因	购买是容器数量的增加，通常归因于会计实体，例如工程部门。购买原因是购买原因组建模定义中的可选字段。作业建模对象引用了购买原因，但仅在指定了购买原因组的情况下
原因代码	标识失效的根本原因。原因代码指派给质量记录
更改状态原因	用于更改容器状态的原因代码
分类	与子分类建模对象结合使用的必需的指示器，用于指定质量记录类型
注释类型	添加到通用或生产事件中的用户注释的类别
组件缺陷原因	组件缺陷是指有缺陷的物料清单组件，不计入关联容器数量的损失。组件缺陷原因是组件缺陷原因组建模定义中的可选字段。作业建模对象引用了组件缺陷原因，但仅在指定了组件缺陷原因组的情况下
容器缺陷原因	容器缺陷原因是提供用于声明容器缺陷的原因。容器缺陷原因是容器缺陷原因组建模定义中的可选字段。作业建模对象引用了容器缺陷原因，但仅在指定了容器缺陷原因组的情况下
委托原因	将一名员工的任务重新指派给另一名员工的原因
电子签名联署原因	电子联合签名的原因
电子签名意义	代表签名的目的和责任
失效操作类型	可针对特定原因执行的操作
失效模式	失效的实际原因
失效严重性	事件期间失效的严重性
失效类型	失效的特征，并提供了一种分类失效的方法
过滤器标记	指派给建模对象实例，以便于数据过滤的标记
分发差别原因	所需数量与实际分发数量之间产生差异的原因
分发原因	组件分发的目的
损失原因	损失涉及处理中丢失的容器单位。损失原因是损失原因组建模定义中的可选字段。作业建模对象引用了损失原因，但仅在指定了损失原因组的情况下。如果所选操作为损失，则损失原因是事务更改数量中的必需字段
维护原因	资源维护的原因。维护原因是以下建模定义中的必需字段：日期要求、重复日期要求、生产量要求
消息类别	用于标识在任务中心和消息中心显示的消息类型的标签
订单状态	ERP 生产订单状态。可以包含如已发布、已完成、处理中、已关闭和已取消等
订单类型	ERP 制造订单类型。此处可能出现的几个不同值包括：标准、返工或测试运行
优先级	用于将处理优先级指派给质量记录的指示器
流程计时器类型	用于对流程计时器进行分组、过滤和报告的指示器
数量调整原因	数量调整原因通常用于描述调整（上调或下调），而与处理活动无关。例如，可以在完成年度库存计数时调整容器数量

（续）

用户代码	描　述
质量记录解决代码	解决（关闭）质量记录的原因
发布原因	容器从搁置状态发布的原因
移除原因	原因材料从 WIP 容器中移除
移除差别原因	为已分发数量和已移除数量之间可能存在的差别寻找原因
替换原因	替换组件的原因
资源状态代码	可以指派给资源的状态，最初为设置时的状态，之后为每个状态更改 此值用于查询和报告（失效平均时、修复平均时及状态时间等）
资源状态原因	资源当前状态（指派的资源状态代码）的原因
资源类型	用于标识设备类型的描述
累积原因	容器数量更改记录在最低级（子级）容器中，并且可以使用多个原因代码。数量随后累积到中级和最高级父级容器中。执行累积时，仅有一个原因代码应用到父级容器中
报废原因	将容器声明废弃时可能会给出的原因
销售原因	用于记录不会对产量产生负面影响的容器内部转移的原因。销售原因是提供的此类转移的原因。例如，一个批次可记录为销售给工程部门以在新过程中执行测试
子分类	与分类建模对象结合使用的必需的指示器，用于指定质量记录类型
替代原因	实际使用的产品与指定使用的产品不同的原因
培训记录状态	表明员工是否有资格执行任务的状态

9.8.2　带有 WIP 消息的用户代码

表 9-10 为可具有相关 WIP 消息的用户代码。

表 9-10　可具有相关 WIP 消息的用户代码

用户代码	描述
搁置原因	将搁置原因代码与容器关联可阻止该容器执行事务。搁置原因代码是用户定义的用来提供搁置的若干说明（原因）。搁置原因是搁置事务中的必需字段。当用户指示应搁置受影响的容器时，在记录生产事件时搁置原因是必需的
所有者	每个容器具有一个相关联的所有者代码。所有者代码用于为查询和处理而将容器分离的分组。所有者代码示例包括制造、项目、原型及销售样本等
优先级代码	优先级代码的实例是用于给容器分配处理优先级的一种方法。每个优先级代码包含一个说明和一个相对优先级值。相对优先级值用于排序进行调度的容器（独立于代码名称或说明）。优先级代码是唯一用于确定排程和调度数字值的运算法则
产品类型	产品类型代码用于区分如 WIP、原材料、制成品等产品类型
返工原因	返工原因的实例用于提供返工的一系列原因。当进入返工循环时，代码与容器相关联。处于返工循环时，代码就与容器产生的所有产出事务相关联。例如，一种用于区分第一遍生产量和报告中的返工生产量的方法
装运原因	装运原因与容器装运信息相关联
开始原因	每个容器具有一个相关联的开始原因代码。开始原因代码可用于 WIP 状态查询的选择标准和事务报告（基于事务历史）
计量单位（UOM）	度量单位的缩写。度量单位与容器数量相关联

第10章

制造运营系统部署

10.1 V8.0 安装准备及要求

本章以 Opcenter Execution Core（简称 EXCR）V8.0 版的安装配置为例进行讲解。

10.1.1 所需软件清单

所需软件清单见表10-1。

表 10-1 所需软件清单

操作系统	Windows Server 2019 Standard and Datacenter
数据库	Microsoft SQL Server 2017 Standard and Enterprise Oracle 18c（18.3.0）
浏览器	IE 11.0
门户开发	Silverlight
License 服务	Siemens PLM License Server
Web 服务	IIS 10
Microsoft Office	2016 64bit

10.1.2 最低硬件配置要求

Opcenter EX CR 安装的最低硬件要求。vCPU 表示虚拟 CPU（中央处理单元），清单见表10-2。

表 10-2 最低硬件配置要求

门户和应用程序服务器	8 个 vCPU、16GB RAM 建议使用 RAID 10 磁盘配置
生产制造客户端	2 个 CPU、4GB RAM
CIO 服务器	8 个 vCPU、8GB RAM
Intelligence 服务器（业务对象）	8 个 vCPU、16GB RAM
单用户开发环境需要至少 4 个 vCPU 和 8GB RAM（计算机功能越强，性能越好）	
多用户开发环境需要至少 8 个 vCPU 与 16GB RAM（计算机功能越强，性能越好）	

10.1.3 最低屏幕分辨率

以各种主题显示界面的任何监视器的最低屏幕分辨率如下：

269

横向，1366×768 像素；经典，1280×1024 像素。

10.1.4　使用的端口

Opcenter EX CR 使用的端口见表 10-3。

表 10-3　使用的端口

端口	应用于	端口	应用于
80/TCP	所有 HTTP	2882/TCP	Management Studio
389/TCP	基于 LDAP 的身份验证	2883/TCP	Microsoft Exchange
443/TCP	所有 HTTPS	443/TCP、80/TCP	Security Server
636/TCP（SSL）	基于 LDAP 的身份验证	88/UDP	基于 Active Directory/LDAP 的身份验证
443/TCP、80/TCP	应用程序服务器		
28000	Siemens PLM License Server		

注：默认 SQL Server 端口为 1433，默认 Oracle 端口为 1521。只要未使用表中所示的其中一个端口，就可以通过任何方式配置端口。

10.2　配置 Windows 操作系统环境

安装 Opcenter EX CR 系统之前，必须手动安装某些 Windows 角色和功能。可以使用"添加角色和功能向导"进行安装。或者使用 PowerShell 安装角色和功能。本章以 Opcenter Execution Core V8.0 版的安装配置为例，在已安装好的 Windows Server 2019 操作系统中进行安装配置。

10.2.1　Windows 角色和功能检查表

检查表见表 10-4。

表 10-4　Windows 角色和功能检查表

用于"添加角色和功能向导"的名称	用于 PowerShell 的名称	用于"添加角色和功能向导"的名称	用于 PowerShell 的名称
Web 服务器（IIS）	Web – Server	跟踪	Web – Tracing
Web 服务器	Web – WebServer	性能	Web – Performance
常见 HTTP 功能	Web – Common – HTTP	静态内容压缩	Web – Stat – Compression
默认文档	Web – Default – Doc	动态内容压缩	Web – Dyn – Compression
目录浏览	Web – Dir – Browsing	安全	Web – Security
HTTP 错误	Web – HTTP – Errors	请求过滤	Web – Filtering
静态内容	Web – Static – Content	摘要式身份验证（可选）	Web – Digest – Auth
HTTP 重定向（可选）	Web – HTTP – Redirect	URL 授权（可选）	Web – Url – Auth
运行状况和诊断	Web – Health	Windows 身份验证	Web – Windows – Auth
HTTP 登录	Web – HTTP – Logging	应用程序开发	Web – Applnit
自定义日志记录（可选）	Web – Custom – Logging	NET Extensibility 4.7	Web – Net – Ext45
日志记录工具（可选）	Web – Log – Libraries	应用程序初始化	Web – Application – Initialization
ODBC 日志记录（可选）	Web – ODBC – Logging	ASP.NET 4.7	Web – Asp – Net45
请求监视	Web – Request – Monitor	ISAPI 过滤器	Web – ISAPI – Filter

（续）

用于"添加角色和功能向导"的名称	用于 PowerShell 的名称	用于"添加角色和功能向导"的名称	用于 PowerShell 的名称
包含的服务器端（可选）	Web – Includes	NET Framework 4.7 功能	
管理工具	Web – Mgmt – Tools	ASP. NET 4.7	NET – Framework – 45 – ASPNET
IIS 管理控制台	Web – Mgmt – Console	WCF 服务	
IIS 6 管理兼容性	Web – Mgmt – Compat	HTTP 激活	NET – WCF – HTTP – Activation45
IIS 6 元数据库兼容性	Web – Metabase	Windows 进程激活服务	WAS
IIS 6 管理控制台	Web – Lgcy – Mgmt – Console	处理模型	WAS – Process – Model
IIS 管理脚本和工具	Web – Scripting – Tools	配置 API	WAS – Config – APls

10.2.2　添加 Windows 角色和功能

1）从"开始"菜单打开服务管理器。单击"开始"→Server Manager→Dashboard，如图 10-1 所示。

图 10-1　Dashboard 界面

2）单击 Add roles and features。

3）在 Before you begin 中单击 Next。

4）在 Installation Type 中选择 Role – based or feature – based installation，然后单击 Next。

5）在 Server Selection 中选择本地服务器，单击 Next。

6）在 Server Roles 中勾选 Web Server（IIS），在弹出窗口中单击 Add Features，然后单击 Next，如图 10-2 所示。

7）在 Features 中，根据 Windows 角色和功能检查表的要求，分别设置". NET Framework4. 7 Features"和"Windows Process Activation Service"，如图 10-3 所示。

8）在 Web Server Role（IIS）中，单击 Next，准备开始设置 IIS。

9）在 Role Services 中，根据 Windows 角色和功能检查表的要求，设置 Web Server，确定全部设置完成后，单击 Next，如图 10-4 所示。

10）在 Confirmation 中预览安装信息，如图 10-5 所示，确定无误后，单击 Install 开始安装。

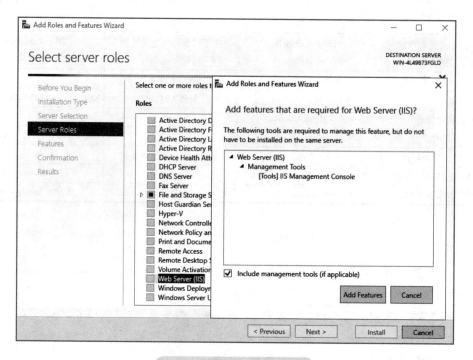

图 10-2　Server Roles 界面

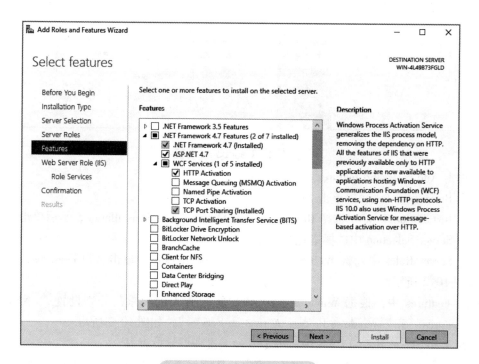

图 10-3　Features 界面设置

　　11）安装程序启动，安装过程大约需要几分钟时间。安装完成后，单击 Close 结束安装，如图 10-6 所示。

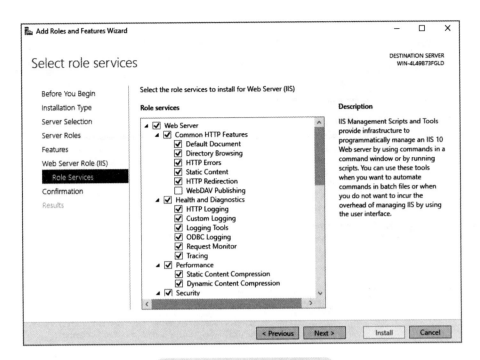

图 10-4　Web Server 设置界面

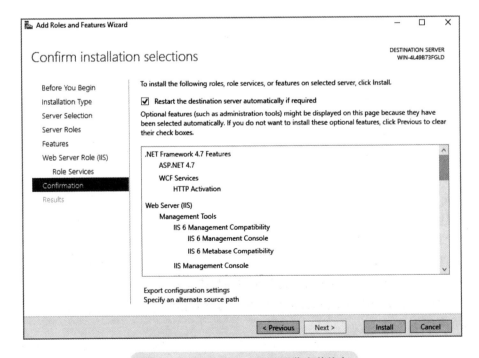

图 10-5　Confirmation 显示预览安装信息

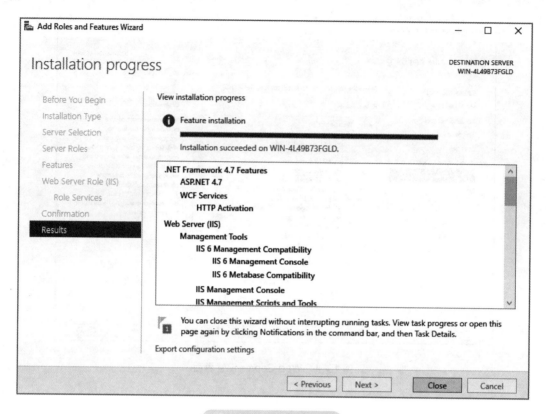

图 10-6　安装完成页面

10.3　安装配置数据库

10.3.1　数据库注意事项

1. DBMS 安装清单

1）选择安装支持的 DBMS：

○ Microsoft SQL Server。

○ Oracle；将最大游标设为≥5000。

2）按照供应商提供的安装指导说明安装 DBMS。

3）分配 Opcenter EX CR 使用的最大数据库大小。

4）添加默认数据库用户（对于 SQL Server，不要为此用户授予系统管理员特权）。

5）为一个或多个 Opcenter EX CR 数据库添加架构用户。

6）对于 Oracle，该用户的名称必须与数据库用户名相同。

2. 数据库实例

如果为 Opcenter EX CR 数据创建了多个数据库实例，则必须知道实例名称以创建数据源名称（DSN）。每个数据库实例必须具有唯一的数据源。通常将这些实例称为数据库类型，例如用于存储当前信息的事务数据库以及操作数据库（Data Store）。使用 Management Studio 可以输入有关这些数据库类型的信息。

3. 数据库用户

Opcenter EX CR 要求在数据库中配置默认用户和密码。Oracle 和 Microsoft SQL Server DBMS 仅支持本地数据库用户。要求使用默认用户和密码以建立到数据库的 ODBC 连接。在 Opcenter EX CR 安装设置过程中，需要输入相同的数据库和密码。

重要提示：如果 DBMS 是 Microsoft SQL Server，必须确保 Opcenter EX CR 表的默认数据库架构不是 DBO。不应向 Opcenter EX CR 数据库用户授予系统管理员角色，该用户必须成为架构的所有者。

4. 架构

对于 Microsoft SQL Server 数据库，需要获取 Opcenter EX CR 数据库的架构用户名称。在安装设置过程中需要此信息。

注：架构是数据库系统的结构，采用数据库管理系统支持的正式语言进行描述。

5. Opcenter EX CR 元数据的数据源

Designer 提供两个 MDB 格式的数据库：

1）InSite. mdb：它包含 Opcenter EX CR 的元数据信息。

2）SiteInfo. mdb：它包含特定站点的连接信息。

InSite. mdb 和 SiteInfo. mdb 是在安装过程中设置的数据源。

6. 数据库区分大小写

Opcenter EX CR 支持区分大小写。但是 Opcenter EX CR 数据库默认支持以不同方式处理大小写区分问题：

1）Oracle 区分大小写

2）Microsoft SQL Server 不区分大小写

在 Designer 中命名如下对象时区分大小写很重要：命名数据对象（NDO）、修订对象（RO）（包括修订版本）和命名子实体对象。区分大小写的数据库与不区分大小写的数据库之间的差异如下：

区分大小写：区分大小写的数据库在实例名称中考虑大小写。例如：系统将 CuttingPrewash 和 cuttingprewash 视为唯一名称，因此不会导致 Opcenter EX CR 发生错误。如果已将这两种实例保存至数据库，它们会视为可实例化的不同对象。

不区分大小写：不区分大小写的数据库在实例名称中不考虑大小写。例如：系统将 Cutting-Prewash 和 cuttingprewash 视为相同名称，因此会导致应用程序发生错误，因为名称必须唯一。

10.3.2　数据库用户的权限、角色和特权

数据库用户必须被设置成具有不同权限、角色和特权。这些要求根据所用的不同数据库管理系统的类型（SQL Server 或 Oracle）而异。下面介绍每种数据库的要求。

1. SQL Server 权限

表 10-5 列出 SQL Server 数据库用户的权限。此表用于指示权限对于所列功能而言为必需还是可选。

重要提示：在 SQL Server Management Studio 中设置 SQL Server 数据库时，需要确定为登录服务器角色选择 public。不要选择登录服务器角色为 sysadmin。

2. SQL 系统角色

表 10-6 列出 SQL 数据库用户需要的角色。

注：这些主题的表中的 N 表示"否"，即在授权时不指定"管理员"或"准许"选项。

表 10-5　数据库用户的权限

权限	CEP	DataStore	权限	CEP	DataStore
更改	必需	必需	创建视图	必需	必需
更改任何架构	—	—	删除	必需	必需
认证	必需	必需	执行	必需	必需
备份数据库	可选	—	插入	必需	必需
备份日志	可选	—	参考	必需	必需
连接	必需	必需	选择	必需	必需
控制	—	—	显示计划	必需	—
创建默认值	必需	必需	取得所有权	—	—
创建功能	必需	必需	更新	必需	必需
创建过程	必需	必需	查看更改追踪	—	—
创建架构	—	—	视图数据库状态	可选	—
创建同义词	—	必需	视图定义	可选	—
创建表	必需	必需			

表 10-6　SQL 数据库用户需要的角色

角色	管理员选项
—	必需
SQLAgentUserRole	N

3. SQL Server 对象特权

表 10-7 列出 SQL Server 用户要求的对象特权。

注：如果使用删除历史记录过程，db_owner 必须具有使用此检查点的许可。

表 10-7　SQL Server 用户要求的对象特权

对象特权	数据库	架构	对象
必需			
选择	MSDB	DBO	SYS_JOBACTIVITY
选择	MSDB	DBO	SYS_JOBHISTORY
选择	MSDB	DBO	SYSJOBS_VIEW

4. Oracle 权限

表 10-8 列出 Oracle 数据库用户需要的角色。

表 10-8　Oracle 数据库用户需要的角色

角色	管理员选项
必需	
CONNECT	N
RESOURCE	N
SELECT_CATALOG_ROLE	N

5. Oracle 系统角色

表 10-9 列出 Oracle 数据库用户需要的系统特权。

表 10-9 Oracle 数据库用户需要的系统特权

系统特权	管理员选项
必需	
创建任何内容	N
创建数据库链接	N
创建作业	N
创建具体化视图	N
创建过程	N
创建序列	N
创建同义词	N
创建表	N
创建触发器	N
创建类型	N
创建视图	N

6. Oracle 对象特权

表 10-10 列出 Oracle 数据库用户需要的对象特权。

注：对于 Oracle，Opcenter EX CR 不支持固定宽度多字节 Unicode 字符集；初始化参数 GLOBAL_NAMES 应设为 FALSE。

表 10-10 Oracle 数据库用户需要的对象特权

对象特权	架构	对象	授权选项
		必需	
执行	SYS	DBMS_APPLICATION_INFO	N
执行	SYS	DBMS_DATAPUMP	N
执行	SYS	DBMS_DATAPUMP_UTL	N
执行	SYS	DBMS_DB_VERSION	N
执行	SYS	DBMS_DEBUG_JDWP	N
执行	SYS	DBMS_JOB	N
执行	SYS	DBMS_LOB	N
执行	SYS	DBMS_LOCK	N
执行	SYS	DBMS_PIPE	N
执行	SYS	DBMS_RANDOM	N
执行	SYS	DBMS_SHEDULER	N
执行	SYS	DBMS_UTILITY	N
选择	SYS	GV_$INSTANCE	N
选择	SYS	V_$INSTANCE	N

10.3.3 安装配置 Oracle 数据库示例

1. 安装 Oracle 应用程序

1）从 Oracle 官方网站下载 oracle18c 安装包压缩文件，将获得的压缩包（WINDOWS. X64_180000_db_home. zip）进行解压，然后将 WINDOWS. X64_180000_db_home 文件夹移至 C 盘根目录下，如图 10-7 所示。

2）双击 WINDOWS. X64_180000_db_home 文件夹，右击文件夹内的 setup. exe 安装程序，以管理员身份运行，如图 10-8 所示。

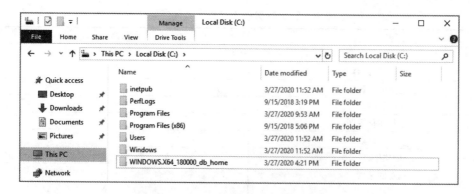

图 10-7　将文件夹移至 C 盘根目录下

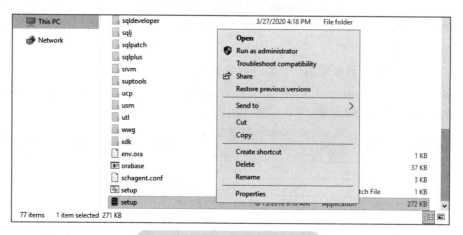

图 10-8　选择以管理员身份运行

3）选中 Create and configure a single instance database，单击 Next，如图 10-9 所示。

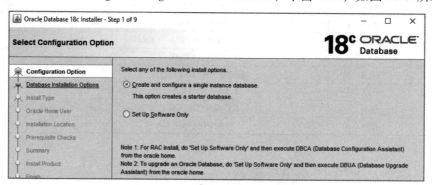

图 10-9　选择创建配置数据库

4）选中 Desktop class，单击 Next，如图 10-10 所示。

5）选中 Create New Windows User，新建一个 Windows 用户，输入其账号密码，如图 10-11 所示。然后单击 Next。

6）输入数据库安装所需的信息，参考图 10-12。然后单击 Next。

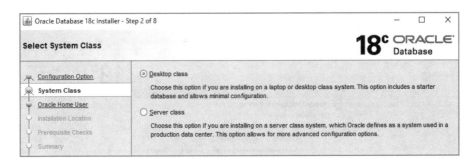

图 10-10　选择 Desktop class

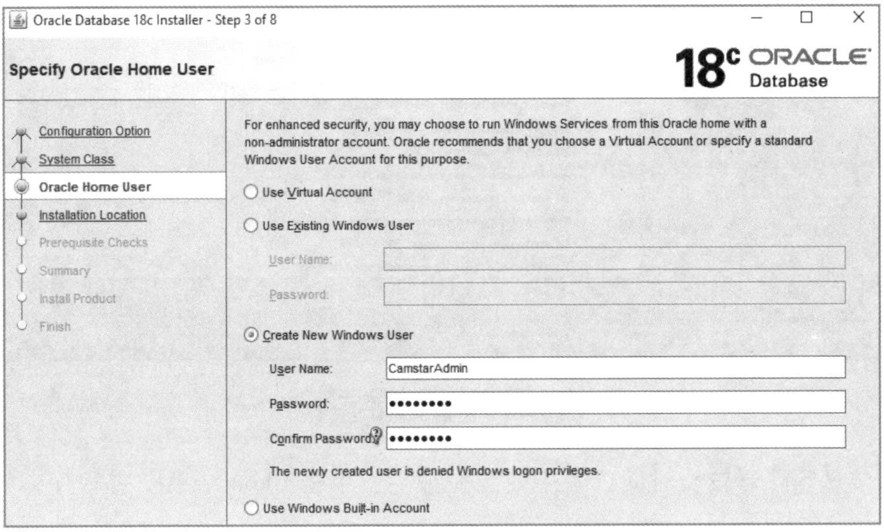

图 10-11　新建一个 Window 用户

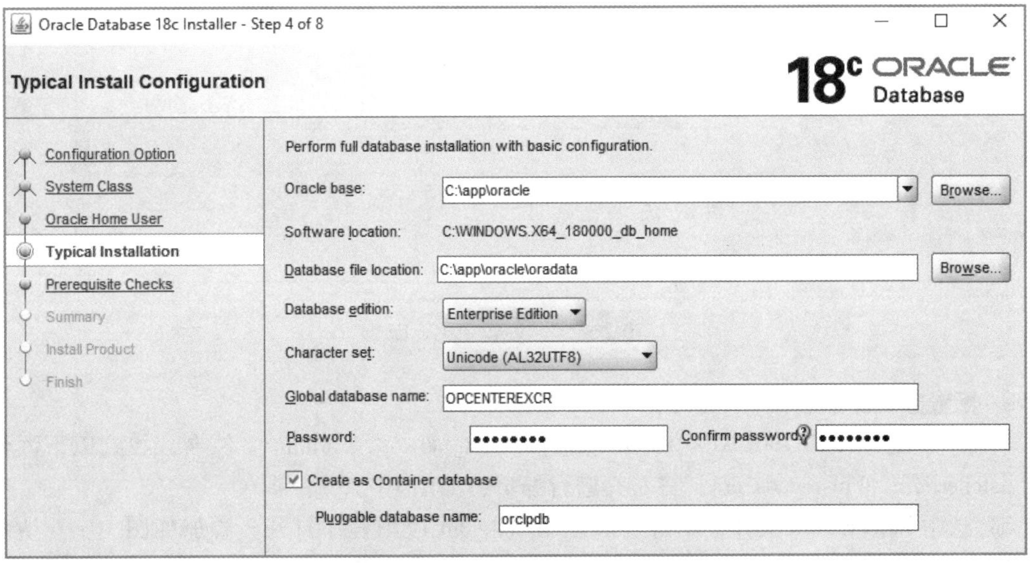

图 10-12　输入数据库安装所需信息

7）预览安装配置信息，确定后，单击 Install 开始安装数据库，如图 10-13 所示。

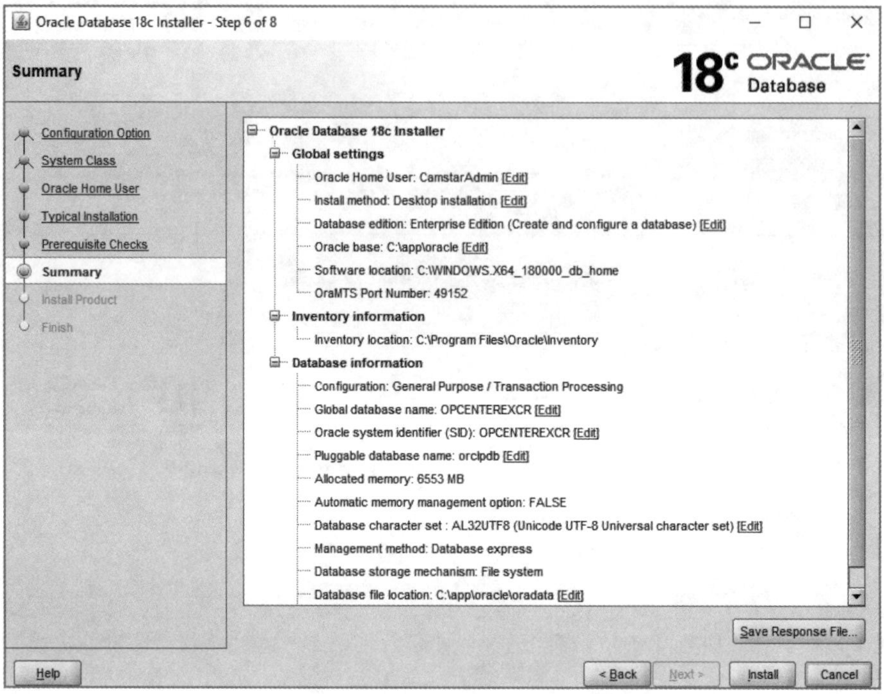

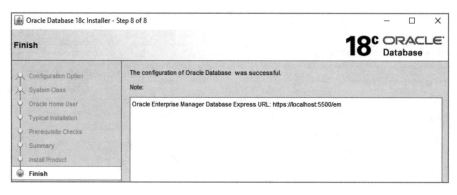

图 10-13　预览安装配置信息

8）安装过程需要较长时间，等待安装完成后，单击 Close 结束安装程序，如图 10-14 所示。

图 10-14　安装完成页面

2. 配置数据库监听文件

1）打开 C：\WINDOWS. X64_180000_db_home \ network \ admin 文件夹，找到以下两份文件：listener. ora 和 tnsnames. ora，将对其进行编辑，如图 10-15 所示。

2）选中 listener. ora 文件，单击右键使用 Notepad 应用程序打开。添加如图 10-16 所示框中的脚本，并保存修改，用于启动 orclpdb 数据库的监听操作。

3）选中 tnsnames. ora 文件，单击右键使用 Notepad 应用程序打开，添加如图 10-17 所示框中的脚本，并保存修改。

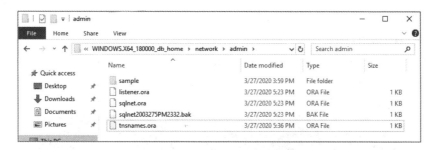

图 10-15 对文件进行编辑

```
listener - Notepad
File  Edit  Format  View  Help
# listener.ora Network Configuration File: C:\WINDOWS.X64_180000_db_home\NETWORK\ADMIN\listener.ora
# Generated by Oracle configuration tools.

SID_LIST_LISTENER =
  (SID_LIST =
    (SID_DESC =
      (SID_NAME = CLRExtProc)
      (ORACLE_HOME = C:\WINDOWS.X64_180000_db_home)
      (PROGRAM = extproc)
      (ENVS = "EXTPROC_DLLS=ONLY:C:\WINDOWS.X64_180000_db_home\bin\oraclr18.dll")
    )
    (SID_DESC =
      (GLOBAL_DBNAME = orclpdb)
      (ORACLE_HOME = C:\WINDOWS.X64_180000_db_home)
      (SID_NAME = orclpdb)
    )
  )

LISTENER =
  (DESCRIPTION_LIST =
    (DESCRIPTION =
      (ADDRESS = (PROTOCOL = TCP)(HOST = localhost)(PORT = 1521))
      (ADDRESS = (PROTOCOL = IPC)(KEY = EXTPROC1521))
    )
  )
```

图 10-16 添加脚本（一）

```
tnsnames - Notepad
File  Edit  Format  View  Help
      (SERVER = DEDICATED)
      (SERVICE_NAME = OPCENTEREXCR)
    )
  )

ORACLR_CONNECTION_DATA =
  (DESCRIPTION =
    (ADDRESS_LIST =
      (ADDRESS = (PROTOCOL = IPC)(KEY = EXTPROC1521))
    )
    (CONNECT_DATA =
      (SID = CLRExtProc)
      (PRESENTATION = RO)
    )
  )

ORCLPDB =
  (DESCRIPTION =
    (ADDRESS = (PROTOCOL = TCP)(HOST = localhost)(PORT = 1521))
    (CONNECT_DATA =
      (SERVER = DEDICATED)
      (SERVICE_NAME = orclpdb)
    )
  )

LISTENER_OPCENTEREXCR =
  (ADDRESS = (PROTOCOL = TCP)(HOST = localhost)(PORT = 1521))
```

图 10-17 添加脚本（二）

4）重启 Windows Server 2019 操作系统。

3. 创建表空间和用户

1）以管理员身份运行 CMD，输入“sqlplus sys/Cam1star@ORCLPDB as sysdba;”脚本（Cam1star 用自设密码替代），按<Enter>键，以 sysdba 权限登录 orclpdb 数据库，如图 10-18 所示。

Administrator: Command Prompt - sqlplus sys/Cam1star@ORCLPDB as sysdba;
Microsoft Windows [Version 10.0.17763.1]
(c) 2018 Microsoft Corporation. All rights reserved.
C:\Users\Administrator>sqlplus sys/Cam1star@ORCLPDB as sysdba;
SQL*Plus: Release 18.0.0.0.0 - Production on Fri Mar 27 23:48:18 2020
Version 18.3.0.0.0
Copyright (c) 1982, 2018, Oracle. All rights reserved.
Connected to:
Oracle Database 18c Enterprise Edition Release 18.0.0.0.0 - Production
Version 18.3.0.0.0
SQL>

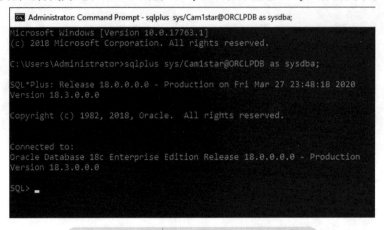

图 10-18　以 sysdba 权限登录 orclpdb 数据库

2）输入下列脚本，按<Enter>键，将 orclpdb 数据库更改为 Open 状态，如图 10-19 所示。

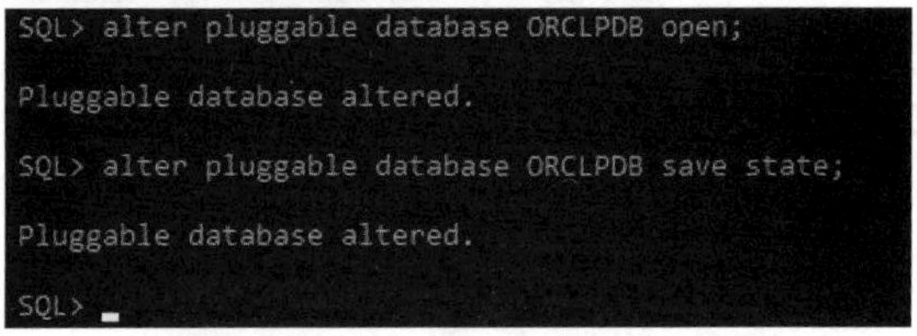

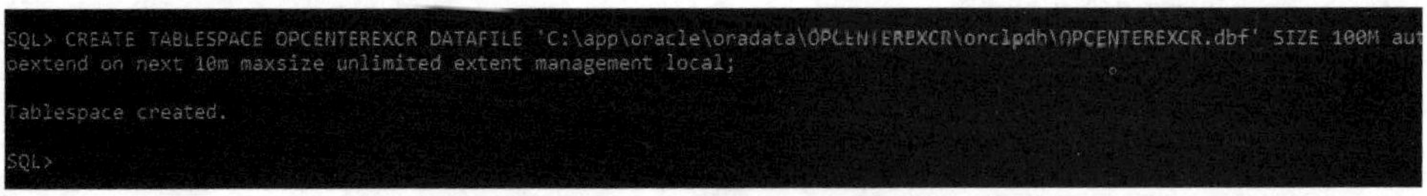

SQL> alter pluggable database ORCLPDB open;
Pluggable database altered.
SQL> alter pluggable database ORCLPDB save state;
Pluggable database altered.
SQL>

图 10-19　输入脚本（一）

3）输入下列脚本，按<Enter>键，以创建 OPCENTEREXCR 表空间，如图 10-20 所示。

4）输入下列脚本，按<Enter>键，以创建数据库用户，如图 10-21 所示。

SQL> CREATE TABLESPACE OPCENTEREXCR DATAFILE 'C:\app\oracle\oradata\OPCENTEREXCR\orclpdb\OPCENTEREXCR.dbf' SIZE 100M aut
oextend on next 10m maxsize unlimited extent management local;
Tablespace created.
SQL>

图 10-20　输入脚本（二）

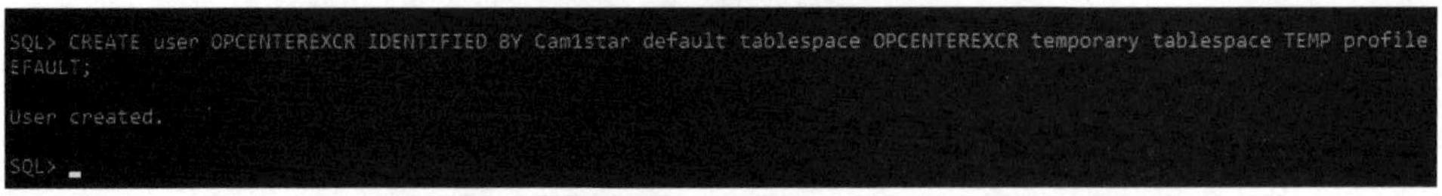

SQL> CREATE user OPCENTEREXCR IDENTIFIED BY Cam1star default tablespace OPCENTEREXCR temporary tablespace TEMP profile
EFAULT;
User created.
SQL>

图 10-21　输入脚本（三）

5）输入下列脚本，按<Enter>键，为新建的数据库用户添加所需权限，如图 10-22 所示。

4. 连接数据库

1）打开 SQL Developer 界面，通过单击“开始”→Oracle – OraDB18Home1→SQL Developer。打开过程中如有弹出窗口，单击 No，如图 10-23 所示。

2）单击绿色“+”按钮，在窗口中输入相应数据库信息，然后单击 Connect，成功连接 orclpdb 数据库，如图 10-24 所示。

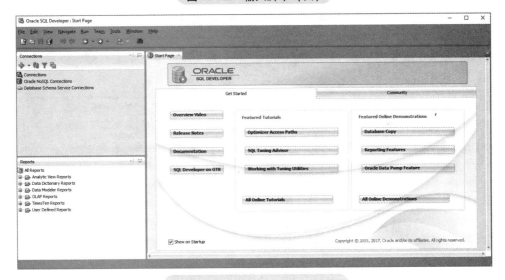

图 10-22 输入脚本(四)

图 10-23 SQL Developer 页面

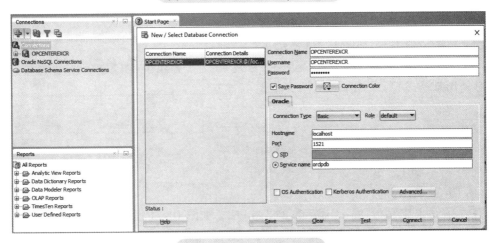

图 10-24 Connections 界面

10.4　安装 PLM Siemens License Server

在安装 Opcenter EX CR 之前，必须先安装 Siemens PLM License Server。

1）打开存放 Siemens PLM License Server 安装包所在的文件夹，如图 10-25 所示。

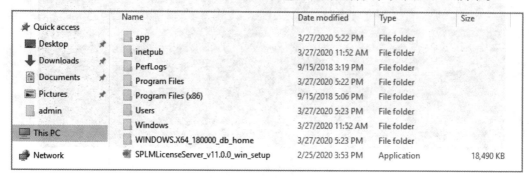

图 10-25　打开安装包文件夹

2）选中 SPLMLicenseServer_v11.0.0_win_setup. exe 安装程序，单击右键，以管理员身份运行，如图 10-26 所示。

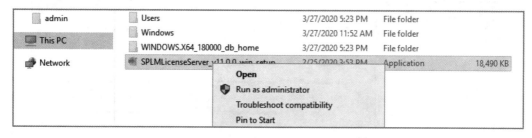

图 10-26　选中安装程序

3）可选择不同安装语言，此处选择"简体中文"，单击 OK，如图 10-27 所示。

4）进入 Siemens PLM License Server 安装向导的中文界面，单击"前进"，如图 10-28 所示。

5）设置 Siemens PLM License Server 的安装目录，此处使用默认设置，单击"前进"，如图 10-29 所示。

6）单击 图标，打开许可证文件所在的文件夹，选中 License 许可证文件（该文件需要向西门子工业软件公司申请），单击 Open，然后单击"前进"，如图 10-30 所示。

图 10-27　选择安装语言对话框

7）检查预安装汇总信息，无误后单击"前进"，如图 10-31 所示。

8）成功安装 PLM License Server，单击 OK，如图 10-32 所示。

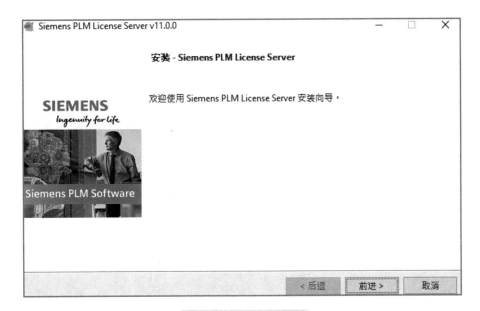

图 10-28　安装向导界面

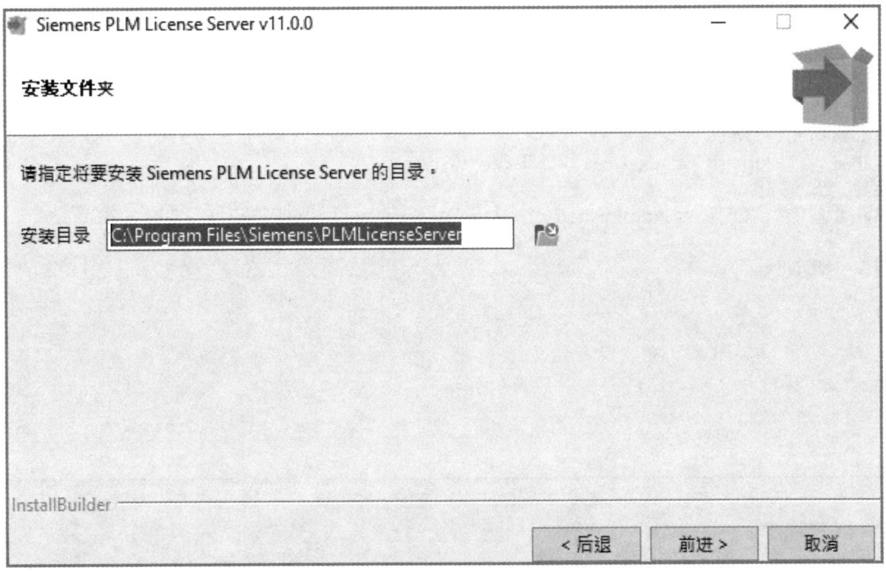

图 10-29　设置安装目录

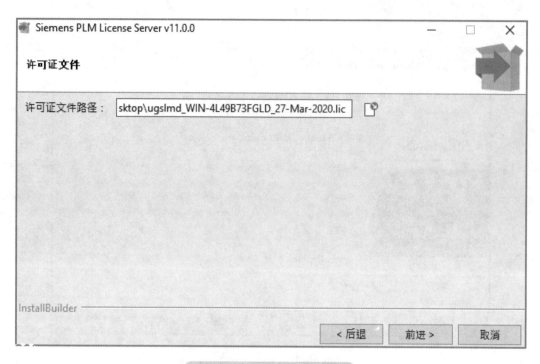

图 10-30　选择许可证文件路径

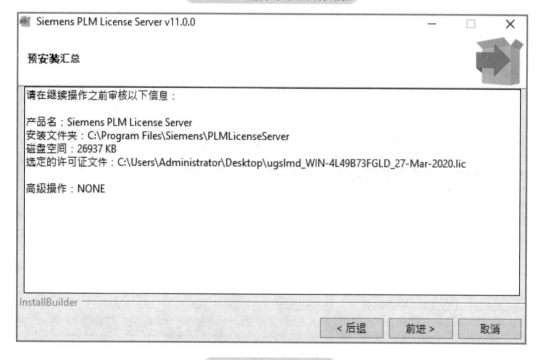

图 10-31　预安装汇总

9）完成安装向导程序，如图 10-33 所示。

10）打开 lmtools 工具，通过单击"开始"→Siemens PLM License Server 文件夹→lmtools，如图 10-34 所示。

图 10-32　显示安装成功界面

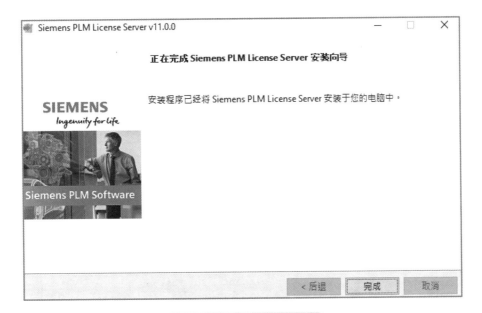

图 10-33　完成安装向导页面

图 10-34　打开 Imtools 工具

11）单击 Server Status 选项卡，单击 Perform Status Enquiry，查看 License 详细信息，如图 10-35 所示。

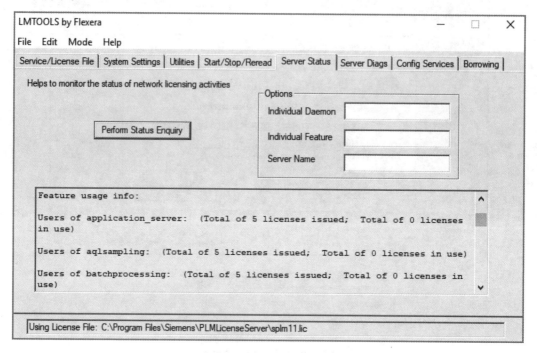

图 10-35　查看 License 详细信息

10.5　安装 Opcenter Execution Core

按照以下步骤在系统环境中将 Opcenter EX CR 安装到 Windows Server 2019。

1）将 Opcenter EX CR 安装包解压，单击右键，以管理员身份运行安装包文件夹中的 setup.exe 安装程序，如图 10-36 所示。

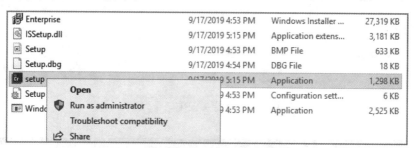

图 10-36　安装程序文件

2）单击 Install，安装 Opcenter Execution Core 8.0 所需的系统环境，如图 10-37 所示。

3）单击 Next，如图 10-38 所示。

4）显示"安全信息"对话框，单击 Next，如图 10-39 所示。（注意：安装程序不支持超链接）

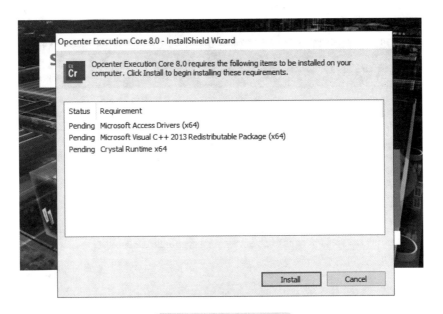

图 10-37 安装系统环境

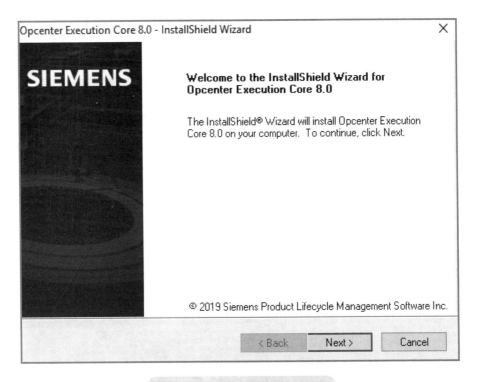

图 10-38 安装系统环境成功界面

5）显示"序列号"对话框，输入序列号（该序列号决定了可安装的产品和模块），单击 Next，如图 10-40 所示。

6）选择 Custom 自定义安装，如果需要指定其他安装目录，单击 Browse。此处使用默认路径，单击 Next，如图 10-41 所示。

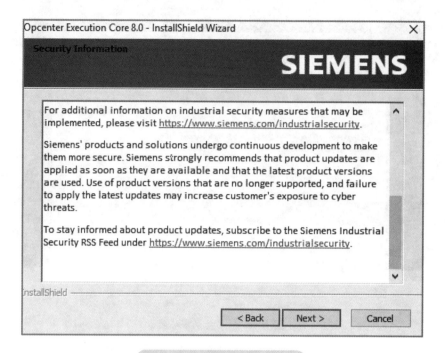

图 10-39　显示"安装信息"

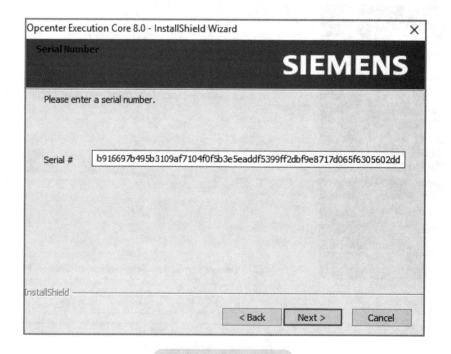

图 10-40　输入序列号

7）根据产品许可证选择要安装的产品或模块。此处，选择安装 Opcenter Execution Core，单击 Next，如图 10-42 所示。

8）显示"服务器主机"对话框，字段中的值是 Opcenter Execution Core 配置文件的默认值。单击"Next"，如图 10-43 所示。

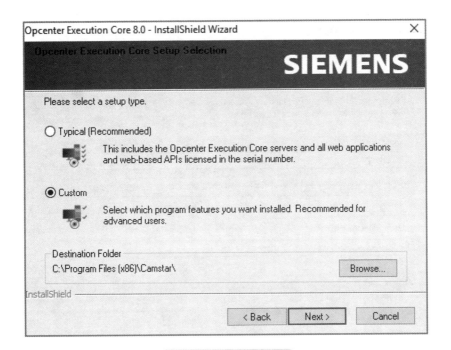

图 10-41 自定义安装

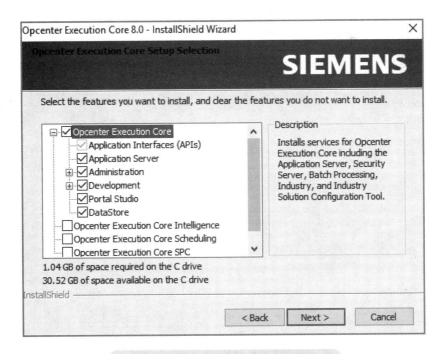

图 10-42 安装 Opcenter Execution Core

注：Siemens 建议获取有效的 SSL 证书，以便应用程序服务器可以安全地建立连接。客户端必须信任证书。证书的使用者应该与在此对话框中输入的应用程序服务器名称相匹配。

9）显示"服务账户"对话框，输入对应 Opcenter Execution Core 服务的 Active Directory 用户名和密码，单击 Next，如图 10-44 所示。

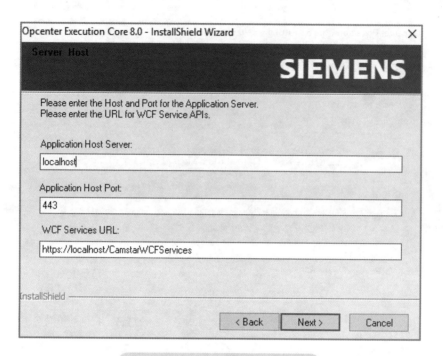

图 10-43　显示"服务器主机"界面

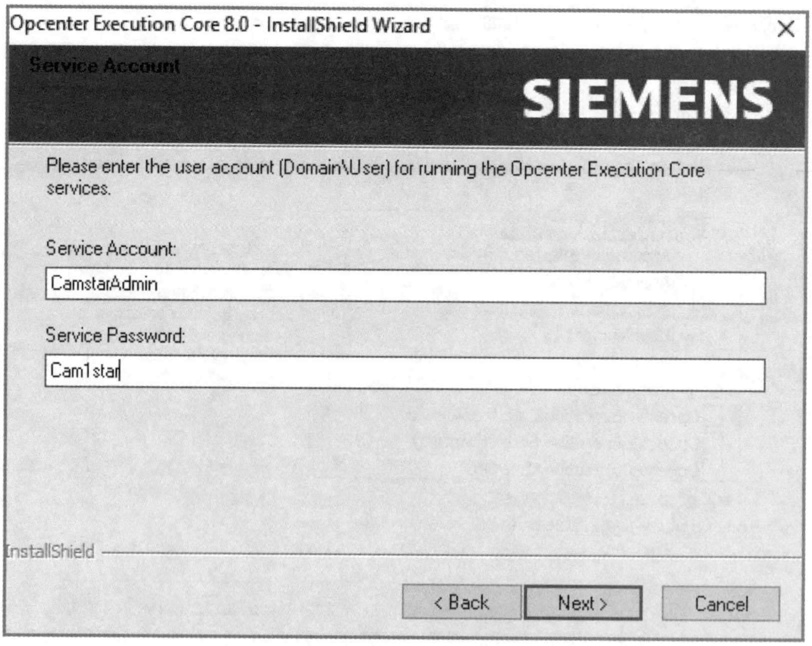

图 10-44　显示"服务帐户"界面

10）显示"确定选择"对话框，验证预安装信息是否正确，单击 Next，如图 10-45 所示。

11）显示"安装状态"对话框，并开始配置软件的安装，需要几分钟的安装时间，如图 10-46 所示。

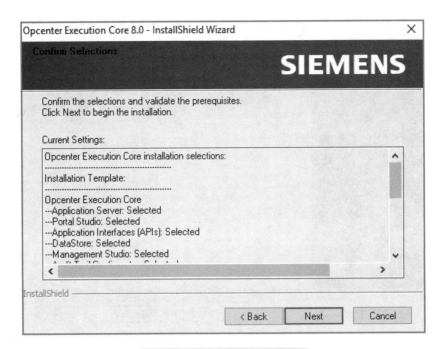

图 10-45　验证预安装信息界面

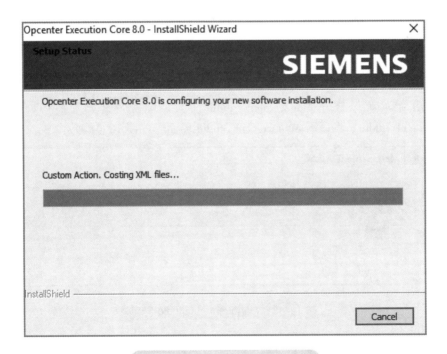

图 10-46　显示"安装状态"界面

12）安装完成后，将显示 InstallShield 向导完成对话框，单击 Finish，结束安装向导，如图 10-47所示。

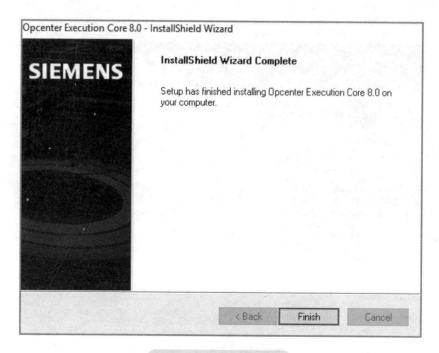

图 10-47　安装向导完成

10.6　配置 Management Studio

10.6.1　添加新的站点

1）从"开始"菜单打开 Management Studio 工具，单击"开始"→Opcenter Execution Core→Management Studio，将显示 Management Studio 界面，如图 10-48 所示。

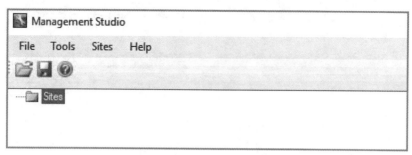

图 10-48　Management Studio 界面

2）右键单击 Sites 文件夹，然后选择 Add Site。此时将显示一个新的站点树，并且默认站点名称处于编辑模式，如图 10-49 所示。

3）在突出显示的 New Site 节点中输入站点的名称，例如：Site1；按 < Enter > 键，出现确定信息，单击 Yes，将新站点名称保存到此站点的配置文件中，如图 10-50 所示。

4）单击 OK，关闭警告信息，如图 10-51 所示。

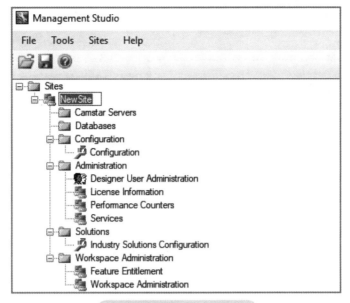

图 10-49 显示新的站点树

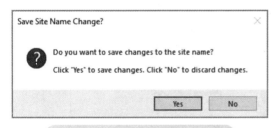

图 10-50 保存更改站点名对话框

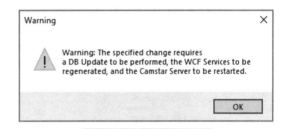

图 10-51 关闭警告信息

10.6.2 添加服务器

1）从"开始"菜单打开 Management Studio 工具，单击"开始"→Opcenter Execution Core→Management Studio，将显示 Management Studio 界面，如图 10-52 所示。

2）右键单击 Camstar Servers 文件夹，然后选择 Add Camstar Server，如图 10-53 所示。

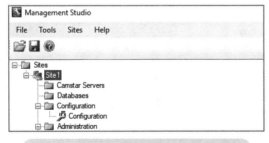

图 10-52 显示 Management Studio 界面

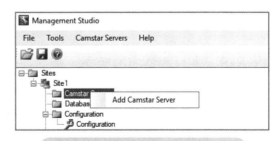

图 10-53 选择 Add Camstar Server

3）单击 OK，关闭警告信息。

4）新的服务器图标显示在 Camstar Server 文件夹下，Host Information for NewServer 字段显示在右边窗口中，并且服务器名称处于编辑模式，如图 10-54 所示。

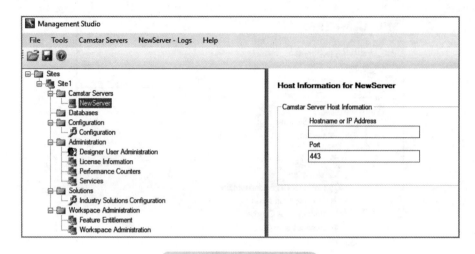

图 10-54　编辑服务器界面

5）在突出显示的 New Server 节点中输入新服务器的名称。此处输入服务器的机器名。输入服务器的主机名或 IP 地址，并确定端口字段中的条目是否为 443，单击 Save，如图 10-55 所示。

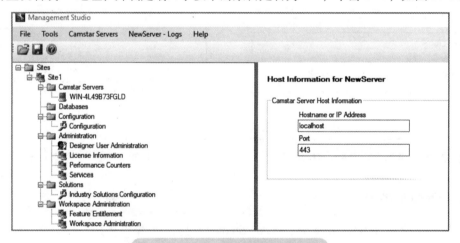

图 10-55　输入 NewSever 相关信息

6）单击 Yes，如图 10-56 所示。

7）单击 Save，保存配置文件，如图 10-57 所示。

10.6.3　配置元数据数据库

1）从"开始"菜单打开 Management Studio 工具，单击"开始"→Opcenter Execution Core→

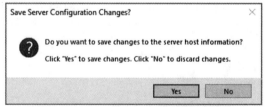

图 10-56　保存服务器配置更改

Management Studio，将显示 Management Studio 界面，如图 10-58 所示。

2）右键单击 Database 文件夹，然后单击 Add Metadata Database，如图 10-59 所示。

3）单击 OK，关闭警告信息。

4）界面将出现一个元数据数据库图标，并且元数据数据库配置信息将显示在右面窗口中，如图 10-60 所示。

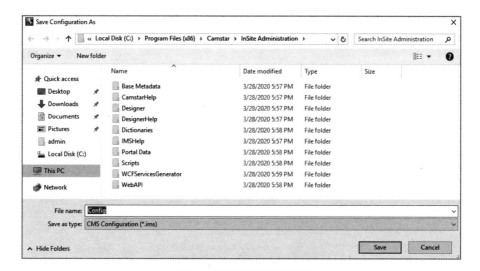

图 10-57 保存配置文件

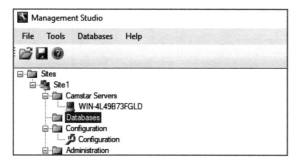

图 10-58 Management Studio 界面

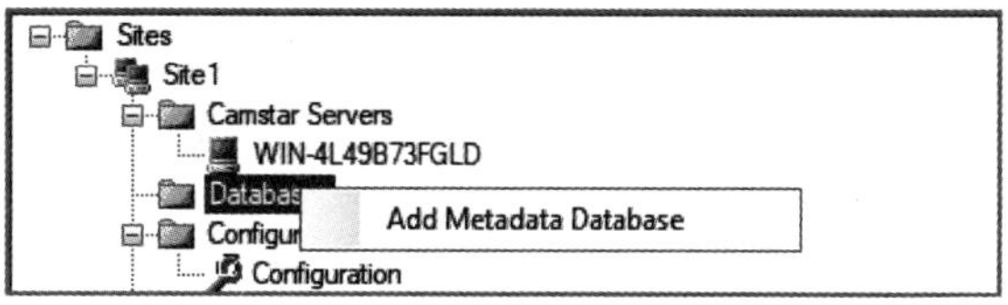

图 10-59 选择 Add Metadata Database

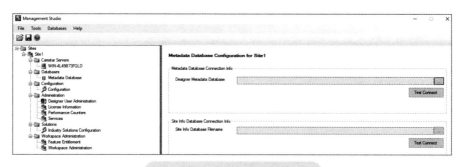

图 10-60 显示数据库配置信息

5）针对 Designer Metadata Database 字段，单击"…"图标，以打开"选择元数据数据库"窗口。InSite. mdb 是默认选择文件，单击 Open，如图 10-61 所示。

6）打开默认数据库，或在必要时选择其他数据库。数据库的选择将显示在 Designer Meta-data Database 字段中，如图 10-62 所示。

7）针对 Site Info Database Filename 字段，单击"…"图标，以打开"选择站点信息数据库"窗口。SiteInfo. mdb 是默认选择文件，单击 Open，如图 10-63 所示。

8）打开默认数据库，或在必要时选择其他数据库。数据库的选择将显示在 Site Info Data-

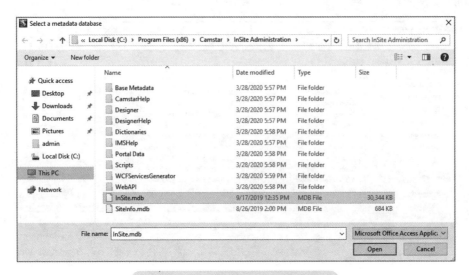

图 10-61　打开 Insite. mdb 默认文件

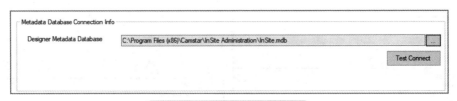

图 10-62　选择数据库（一）

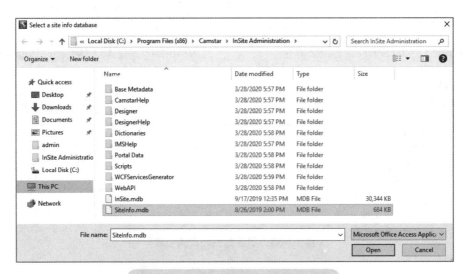

图 10-63　打开 SiteInfor. mdb 默认文件

base Filename 字段中，如图 10-64 所示。

9）单击 Management Studio 界面右下角的 Save，保存设置。在弹出的信息窗口中，单击 Yes，如图 10-65 所示。

10）单击每个数据库的 Test Connect。如果已成功建立连接，Management Studio 将显示 Connection Established 消息。否则，应用程序将显示错误消息提示，如图 10-66 所示。

图 10-64 选择数据库（二）

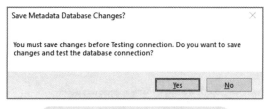

图 10-65 保存更改数据库对话框

图 10-66 成功建立连接对话框

11）单击 OK 关闭消息框。

10.6.4 配置事务数据库

1）从"开始"菜单打开 Management Studio 工具，单击"开始"→Opcenter Execution Core→Management Studio，将显示 Management Studio 界面，如图 10-67 所示。

2）右键单击 Databases 文件夹，然后选择 Add Transaction Database。此时将显示事务数据库图标，并且事务数据库配置信息会显示在右面窗口中，如图 10-68 所示。

3）单击右边的"…"图标。

4）在 ODBC 数据源窗口中，单击 ODBC Setup。

5）在 ODBC 数据源管理员窗口中，单击 System DSN 选项卡，再单击 Add，以添加新的 ODBC，如图 10-69 所示。

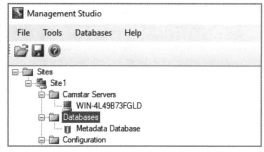

图 10-67 Management Studio 界面

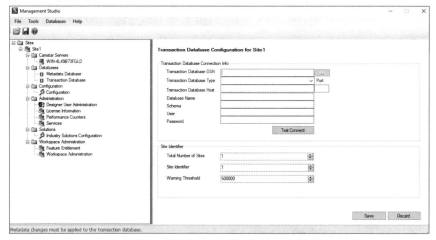

图 10-68 事务数据库配置信息界面

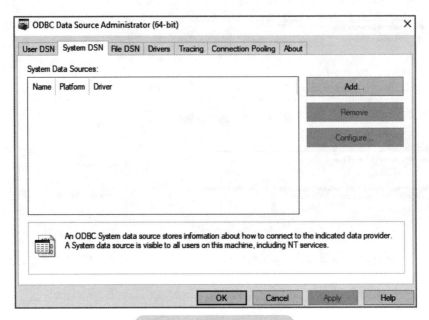

图 10-69　添加新的 ODBC

6）在创建新的数据源窗口中，选中 Camstar Oracle Wire Protocol Driver from DataDirect，然后单击 Finish，如图 10-70 所示。

7）在设置窗口中，输入正确的数据库连接信息，单击 OK，如图 10-71 所示。

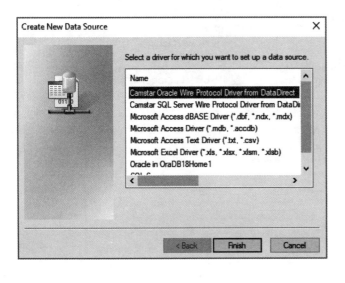

图 10-70　完成新数据源的创建

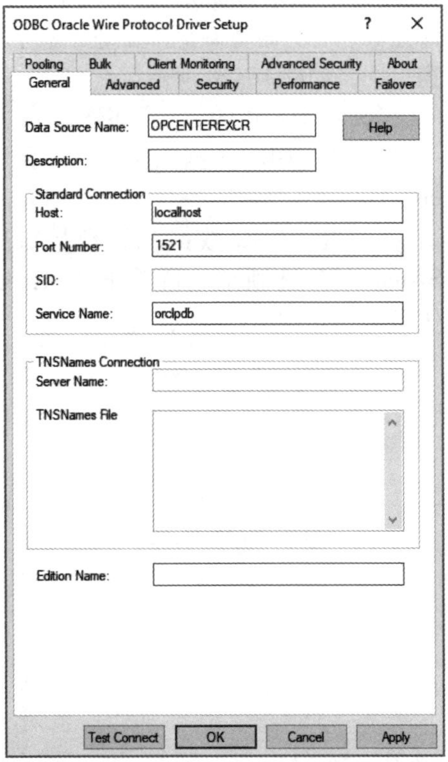

图 10-71　输入数据库连接信息

8）在 ODBC 数据源管理员窗口中出现新建的 ODBC，选中它并单击 OK，如图 10-72 所示。

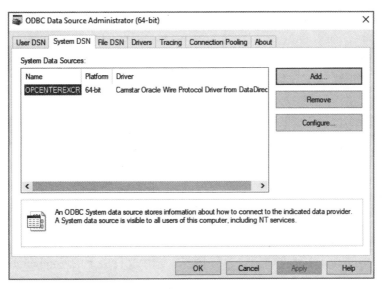

图 10-72　ODBC 数据源管理员窗口

9）在 ODBC 数据源窗口中，选中新建的 ODBC，然后单击 OK，以应用该 ODBC。

10）事务数据库部分信息将根据应用的 ODBC 自动填充，如图 10-73 所示。

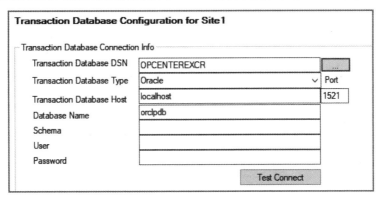

图 10-73　数据库部分信息自动填充

11）根据本章 10.3.3 中创建的数据库用户信息，将 Schema、User、Password 信息填写完整，如图 10-74 所示。

12）单击 Test Connect，如果已成功建立连接，Management Studio 将显示"已建立连接"消息，如图 10-75 所示。否则，应用程序将显示错误消息。

13）单击 OK 以关闭消息框。

14）单击 Save 保存，Management Studio 将显示成功消息。

10.6.5　设置配置信息

1）从"开始"菜单打开 Management Studio 工具，单击"开始"→Opcenter Execution

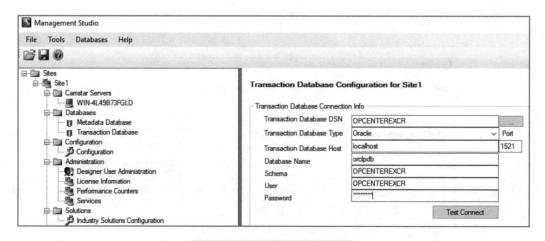

图 10-74　填写完整数据库信息

Core→Management Studio，将显示 Management Studio 界面，如图 10-76 所示。

2）单击 Configuration 文件夹前的"＋"图标，选中文件夹下的 Configuration。

图 10-75　成功建立连接对话框

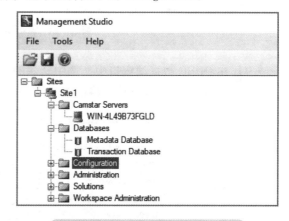

图 10-76　Management Studio 界面

3）选中 Security 栏目，在 Default Domain 中输入"."作为默认域，如图 10-77 所示。

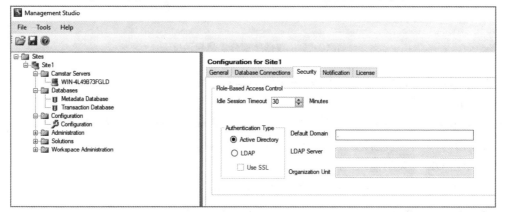

图 10-77　输入 Default Domain 选项

4）选中 License 栏目，在 Primary License Server 中输入 localhost，如图 10-78 所示。

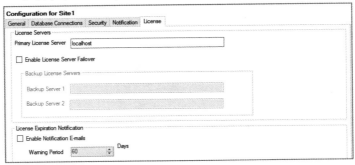

图 10-78　输入 Primary License Server 选项

5）单击 Save 保存。Management Studio 将显示成功消息（如有警告信息，单击 OK 关闭）。

10.6.6　创建 Opcenter EX CR 的数据表

1）从"开始"菜单打开 Management Studio 工具，单击"开始"→Opcenter Execution Core→Management Studio，将显示 Management Studio 界面，如图 10-79 所示。

2）单击"Databases"文件夹前的"+"图标，选中文件夹下的 Transaction Database，右键单击 Create New Database Tables，如图 10-80 所示。

3）在默认选项的基础上，再勾选 Generate WCF Services，然后单击 OK，开始创建数据表，如图 10-81 所示。

4）数据表创建完成后，Management Studio 将显示成功消息，如图 10-82所示。

5）重启 Windows Server 2019 操作系统。

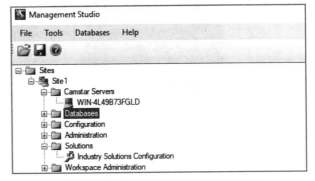

图 10-79　Management Studio 界面

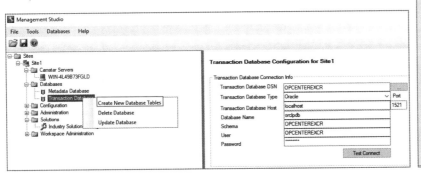

图 10-80　选择 Create New Database Tables

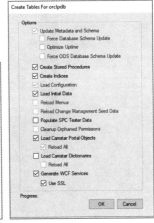

图 10-81　创建数据表

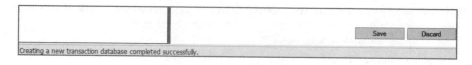

图 10-82　数据表创建成功消息

10.7　登录 Portal 验证安装是否成功

1）从"开始"菜单打开 Portal 登录界面，单击"开始"→Opcenter Execution Core→Portal，输入登录信息，单击 Log In，如图 10-83 所示。

图 10-83　Portal 登录界面

2）成功登录 Portal，至此，已完成 Opcenter EX CR 8.0 系统的安装，如图 10-84 所示。

图 10-84　完成系统安装

第11章

制造运营高级配置

11.1 电子签名配置

电子签名是以电子形式存储的记录，表示特定活动执行者的责任。其使用通过审核追踪进行追溯，使用电子签名相当于手写签名。

例如，可以定义一个电子签名要求，在"非标准移动"事务期间自动触发电子签名弹出窗口。建立此要求时，车间用户无法执行"非标准移动"事务记录，直到具有相应授权的签署人提供了审批事务的签名。每个捕获的签名都将被追踪并存储在事务历史中。每个条目都包含签名要求和满足它们的方式，以及当地时间和 GMT（格林尼治时间）。因此，可以从该数据生成完整的审核追踪和设备历史记录（DHR）。

11.1.1 模型对象

如图 11-1 所示用于定义流程计算、用户数据收集定义和电子流程的建模顺序。

1. 电子签名的角色

角色定义了一个具有一组固有权限的工作职能，这些 权限会授予对应用程序的全部或部分的访问许可。必须为每个必需的电子签名创建角色。每个授权员工都有一组指派的角色。要使得签名被接受，必须为员工指派每个必需的电子签名的角色。可以为单个角色要求多个签名。例如，生产一个产品可能需要四个签名：产品装配员、产品填充员、产品封装员和产品检查员。主管可以负责检查包装好的产品，为使主管能够提供产品检查员签名，必须为主管指派"产品检查员"角色，角色建模界面如图 11-2 所示。

2. 电子签名意义

电子签名（ESig）意义表示签名的用途和责任。它可用于确定应用电子签名时要验证的流程。可以在"电子签名意义"界面中定义每个所需签名的意义。例如，如果希望具有"产品检查员"

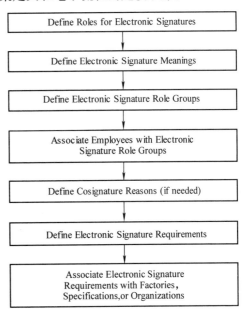

图 11-1　建模顺序

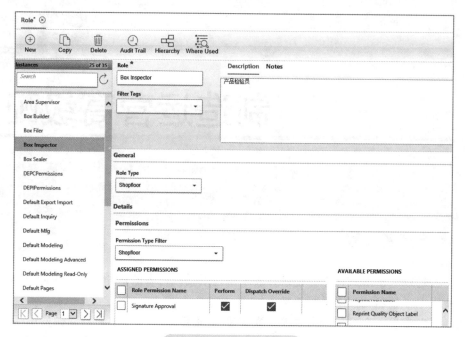

图 11-2　角色建模界面

角色的包装主管提供电子签名来验证产品是否已正确填充，可以创建电子签名意义——"产品已验证"。当产品检查员提供签名时，意味着其提供的签名表示该任务已通过验证。

3. 电子签名角色组

电子签名（ESig）角色组是一组相似的或相关的角色，随后可以指派这些角色来为员工提供多个电子签名角色。角色组可以包含各个角色条目和先前定义的角色组，建模界面如图 11-3 所示。

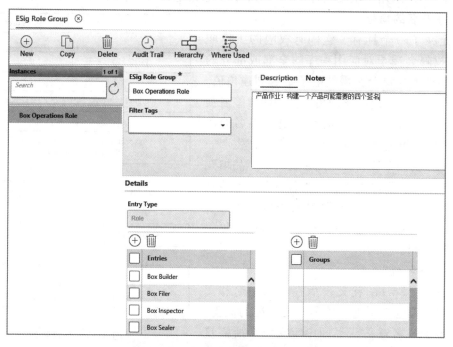

图 11-3　电子签名角色组建模界面

例如，如果作业员 A 需要提供签名来验证某些产品是否已填充并包装，可以创建"产品作业"角色组，并为该组指派"产品填充员"角色和"产品包装员"角色；然后可以将作业员 A 指派给"产品作业"角色组。

4. 联合签名原因

联合签名（电子签名连署）原因定义是当正常签名的人员由于某个原因无法通过验证时允许联合签名的原因。在主要签署人由于身份验证问题或密码问题而无法获得授权的情况下，该原因适用。在这种情况下，联合签名将与主要签署人的签名和密码一起添加到"电子签名捕获"弹出窗口中。联合签名的存在表示主要（默认）签名获得批准。

例如，如果作业员 B 由于其密码已过期而无法通过身份验证，区域主管可以提供联合签名来授权作业员 B 的签名。需要设置联合签名原因——"密码问题"来表示这种情况。如果执行车间事务期间显示"电子签名捕获"弹出窗口，区域主管应输入其签名和作业员 B 的签名，并为联合签名指示"密码问题"／"主管替代"原因。

5. 电子签名要求

电子签名要求可用于将多个电子签名组件分组为可与车间事务关联的单个定义。

例如，如果需要使用电子签名来验证某些产品是否已正确填充并包装，可以创建名为"产品验证"的要求，该要求将定义以下组件，见表 11-1 和表 11-2。

表 11-1　"产品验证"的要求

属性	描　　述
角色	应执行签名的人员
意义	该签名的用途
计数	所需的签名个数
联合签名角色	（如果使用）
验证方法	用于验证该人员的签名真实性的方法

表 11-2　"产品验证"的示例

属性	设　　置
角色	产品检验员
意义	已验证
计数	1
联合签名角色	区域主管
验证方法	密码验证

基于此示例，"产品验证"要求将包含以下组件。此要求使产品检查员可以通过提供签名由密码条目进行身份验证来验证某个产品是否已正确填充并包装。如果产品检查员的签名由于某个原因无法通过验证，区域主管可以提供联合签名来审批产品检查员的签名，电子签名要求建模界面如图 11-4 所示。

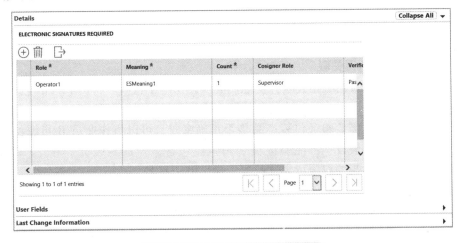

图 11-4　电子签名要求建模界面

11.1.2 有效的电子签名方案

电子签名功能适合具有不同业务需求的各种签名方案。应用程序只需要签署人姓名和密码即可满足签名要求，但在无法验证签署人身份或不能提供签署人的情况下，还提供了其他几种选择。有效的电子签名方案汇总见表11-3。

1）仅签署人：签署人完成"签署人"和"密码"字段才可对要求添加签名。

2）当无法验证签署人身份时，包括签署人和连署人：签署人完成"签署人"字段，且连署人完成"连署人""连署人密码"和"联署原因"字段才可对要求添加签名。签署人必须在本方案中保留"签署人密码"为空。尽管连署人用户名和密码可能有效，但应用程序不允许使用无效的签署人密码添加签名。两个签名都可以在审核追踪中查看。

3）当签署人具有有效的用户名和密码，但尚未通过对某项要求进行签署的认证时，包括签署人和连署人：签署人完成"签署人"字段和"签署人密码"字段，且连署人完成"连署人""连署人密码"和"联署原因"字段才可对要求添加签名。虽然应用程序只接受签署人姓名，但为了监管和审核目的，可能需要添加连署人姓名。两个签名都可以在审核追踪中查看。

4）当不能提供签署人时，仅连署人：连署人完成"连署人""连署人密码"和"联署原因"字段才可对要求添加签名。不需要签署人用户名和密码。

重要提示：在单独模式下捕获单个容器事务的签名和多容器事务的签名时，此方案是有效的。在批量模式下捕获多事务的签名时，应用程序要求提供签署人。

注：只有在电子签名要求建模对象中为签名要求指定了连署人角色时，连署人字段才可用。

表11-3汇总上述方案。

表11-3 有效的电子签名方案汇总

方案	完成？			
	签署人	签署人密码	连署人	连署人密码
仅签署人	是	是		
无法验证签署人身份	是		是	是
签署人未获认证	是	是	是	是
不能提供签署人 *			是	是

注：* 仅适用于单容器和多容器（单独模式）事务。

11.1.3 执行电子签名

1. 将员工与电子角色组关联

要将员工与电子签名角色组相关联，使他们能够提供电子签名。将员工与相应的电子签名角色组关联之后，员工可以为映射到该角色的所有交易记录提供电子签名。

例如，如果作业员B需要验证包装产品是否正确密封，可以将作业员B指派给"产品验证员"电子签名角色组。假设"产品验证员"角色组包含"产品封装员"和"产品检查员"角色，作业员B将具有适当的权限可为这些要求提供电子签名。

操作步骤如下：

1）通过单击Modeling子目录下的Modeling，打开建模界面。

2）在Objects过滤框中输入Employee，单击搜查出的Employee模型进入员工模型界面。

3）在Instanccs过滤框中输入QC，单击打开QC角色对象。

4）在 ESig Role Group 属性框中下拉选择 Box Operations Role，如图 11-5 所示。

5）单击 Save 按钮保存。

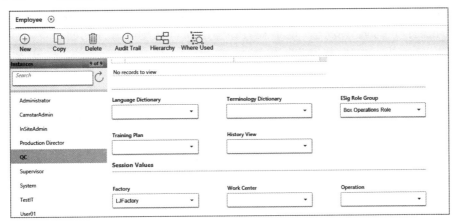

图 11-5　为 QC 关联电子签名组

6）在 Instances 过滤框中输入 Supervisor，单击打开 Supervisor 角色对象。

7）在 ESig Role Group 属性框中下拉选择 Area Supervisor，如图 11-6 所示。

8）单击 Save 按钮保存。

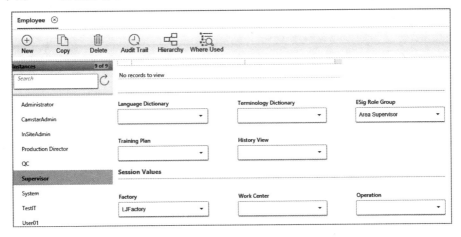

图 11-6　为 Supervisor 关联电子签名组

2. 将电子签名要求与建模对象关联

要将电子签名要求与建模对象相关联，才能要求对车间事务或质量事务进行电子签名身份验证。这些建模对象的界面包含"电子签名事务映射"，可用于选择电子签名要求和必须收集签名的事务：

- 工厂
- 规范
- 组织

在建模对象上执行车间或事件记录事务时，指定的"电子签名事务映射"定义可用于确定事务是否需要电子签名。例如，如果要求主管提供电子签名，以在包装箱移出"包装"工序之前验证包装箱是否已正确打包并封装，则应将电子签名要求与"包装规范"上的"标准移动"事务关联。

在上述的示例中，已创建"包装箱验证"电子签名要求，使"包装箱检查员"能够验证包装箱是否正确打包封装。要使"电子签名"弹出窗口在车间服务期间出现，可以将这些"电子签名事务映射"与"包装规范"相关联：

- 事务 ID：标准移动
- 电子签名要求：包装箱验证

此关联要求在"包装"工序期间启动"标准移入"事务时出现"电子签名"弹出窗口。该界面要求与"验证角色组"关联的某人提供签名，以验证该包装箱已正确包装和封装。

操作步骤如下：

1）通过单击"Modeling"子目录下的 Modeling，打开建模界面。

2）在 Objects 过滤框中输入 Spec，单击搜索出的 Spec 模型进入规范模型界面。

3）在 Instances 过滤框中输入 SP170，单击打开 SP170 规范对象（代替"包装工序"）。

4）在 ELECTRONIC SIGNATURE TXN MAP 列表中，关联 Move In 事务并设置"产品验证"电子签名，如图 11-7 所示。

5）单击"Save"按钮保存。

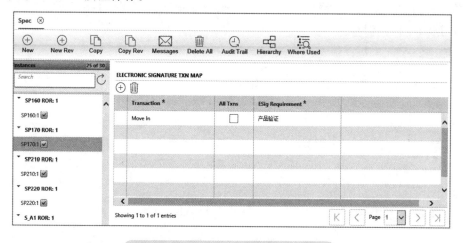

图 11-7　为 SP170 关联电子签名事务

3. 在电机包装入库时，执行电子签名

1）使用 QC 账号登录 Opcenter 系统。

2）在菜单目录中找到 Container 子目录，单击它。

3）在弹出的 Container 列表中找到 Operational View，单击进入 Operational View 作业界面。

4）在 IN QUEUE CONTAINERS 列表中选中处于 OP170 入成品库工序的产品批次，界面如图 11-8 所示。

5）单击界面右边控件面板的 Shop Floor Txns 按钮，在弹出的窗口中单击 Move In Immediate 按钮；Opcenter 系统将根据配置自动弹出电子签名窗口，强制要求作业员输入电子签名，如图 11-9 所示。

6）在电子签名弹窗中，输入 QC 的账号和密码，单击 Add Signature 按钮添加电子签名，界面如图 11-10 所示。

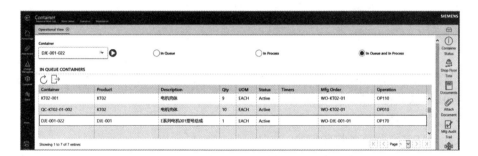

图 11-8 员工作业界面

图 11-9 电子签名弹窗

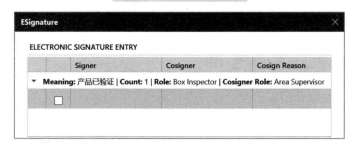

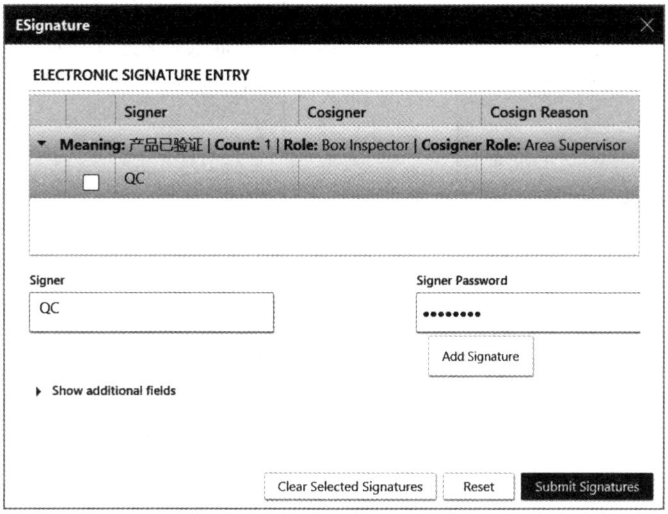

图 11-10 输入要求的电子签名

- Signer：QC
- Signer Password：Cam1star

7）单击 Submit Signatures 按钮，提交 QC 的电子签名凭证，该产品批次被成功移入 OP170 入成品库工序，如图 11-11 所示。

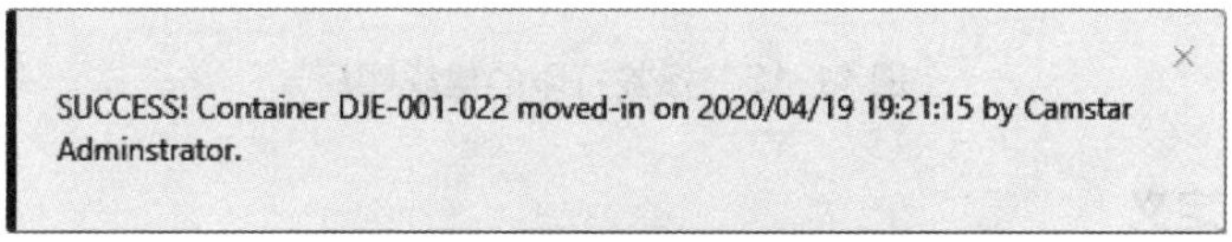

SUCCESS! Container DJE-001-022 moved-in on 2020/04/19 19:21:15 by Camstar Adminstrator.

图 11-11 成功移入成品库消息

11.2　标签打印管理

标签是打印出来的数据，通常包括一个唯一标识符（如以可读文本和/或条形码格式显示的容器名称）以及其他数据（如生产描述）。

"标签打印"功能如下：

1）自动为任何容器事务打印标签。

2）当车间中的容器在应用程序中被追踪，且不需要执行"移入"或"标准移动"等事务，但需要打印的标签时，手动打印标签。

3）根据存储在容器的制造审核追踪中的数据重新打印标签，例如，由于打印机问题，标签已损坏或未成功打印。

4）主配方和配方列表的引用标签打印。

可以在信息模型中定义标签打印，将此模块应用于车间容器事务。

11.2.1　建模对象

如图 11-12 显示"标签打印"的建模对象，它们的关系以及设置的每个值。

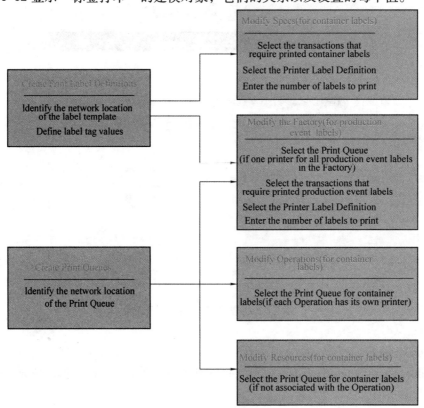

图 11-12　标签打印的建模顺序

1. 打印机标签定义

打印机标签定义是定义每个预定义标签模板的网络位置的对象，如图 11-13 所示，每个打印机标签定义实例包含：

- 标签模板的网络位置
- 标签标记（标签模板中参考的变量）

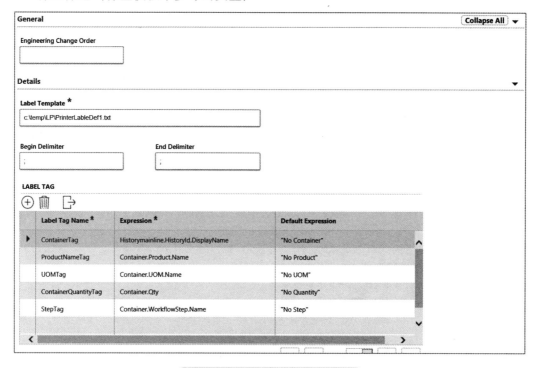

图 11-13 打印标签定义建模界面

2. 打印队列

打印队列是标识将要用于打印容器或不合格品标签的打印机网络位置的对象，如图 11-14 所示。

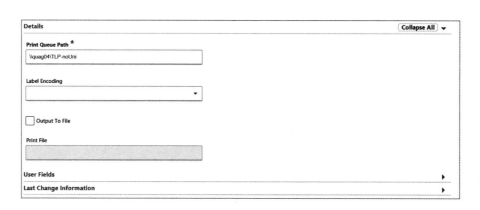

图 11-14 打印队列建模界面

3. 实施建模

为实施标签打印而创建和修改的主要建模对象及描述见表 11-4。

表 11-4　与标签打印关联的主要模型对象

建模对象	描　　述
打印机标签定义	创建"打印机标签定义"对象实例： ● 标识每个预定义的标签模板的网络位置 ● 定义标签标记
打印队列	创建"打印队列"对象实例，以标识每台标签打印机的网络位置
规范	修改相关"规范"对象的实例，以标识标签事务映射，它指定： ● 需要打印标签的容器事务 ● 要使用的打印机标签定义 ● 要打印的标签数量
作业	修改相关"作业"对象的实例，以标识与作业关联的容器事务的打印队列
资源	修改相关"资源"对象的实例，以标识与资源关联的容器事务的打印队列
工厂	修改相关"工厂"对象的实例，以标识将为工厂打印的生产事件事务的打印队列（这是为事务标识的工厂，如果未从客户端收到，则默认为员工的工厂） 修改相关"工厂"对象的实例，以标识生产事件标签映射，该映射指定： ● 需要打印标签的生产事件事务 ● 要使用的打印机标签定义 ● 要打印的标签数量 注：生产事件在 Portal Shop Floor 应用程序中记录和管理
主配方	修改相关主配方对象的实例，为主配方启动的任何目标物料指定默认打印标签定义
配方列表	修改相关配方列表对象的实例，以定义标签事务映射，该映射指定： ● 需要打印标签的容器事务 ● 要使用的默认打印机标签定义 ● 要打印的标签数量

11.2.2　标签模板和标记

1. 标签模板

标签模板是网络上的一个文件，用于定义要打印的容器标签格式的单独文档。Siemens 仅对支持多字节的打印机支持在标签打印模板文本文件中使用 ASCⅡ、UTF－8、UTF－16 LE 和 UTF－16 BE。不支持二进制标签打印模板文件。

模板既包括各式文本和图像元素在 XY 位置上的数据，也包括标记名称。

本文不介绍标签模板的设计。标签模板可以由外部系统提供，也可以由组织中的人员使用标签打印机制造商提供的设计工具进行设计。

2. 标签标记

标签模板中引用的标记是一个变量，该变量在定义"打印机标签定义"对象的实例时创建。标记中的变量定义在运行时与模板解析到一起。解析的数据与模板数据相合并，创建一个能打印或是能写入文件的完整文档。

标签标记包含的元素见表 11-5。

表 11-5 标签标记包含的元素

元素	描述
名称	将在标签模板中与占位符匹配的字符串 示例：ContainerName、ProductName
表达式	表达式文字或表达式。它在运行时解析并替换模板中的标记占位符。如果是表达式，则根据与事务关联的值计算。当表达式不包含值时，还可以标识将要用于代替该表达式的标签标记的默认值 示例：Container. Name、Container. Product. Name、Literal1
开始和结束分隔符	附加到标记名称中，以避免将标记名称用作模板自身中的文字时发生冲突 示例：模板可以包含容器:% 容器%，其中 % 被定义为开始和结束分隔符。如果没有分隔符，"容器"的两个实例将在模板中被替代

11.2.3 模板文件和标签示例

1. 标签打印机模板文件

该文件代表 ZIH 公司 Zebra® 打印机的特有示例标签模板，如图 11-15 所示。

2. 打印标签

如图 11-16 所示是使用示例模板打印标签的示例。

图 11-15 Zebra® 打印机的特有示例标签模板

图 11-16 打印标签的示例

11.2.4 执行标签打印

1. 创建打印机标签

1）通过单击 Modeling 子目录下的 Modeling，打开建模界面。

2）在 Objects 过滤框中输入 Printer Label Definition，单击搜索出的 Printer Label Definition 模型进入打印机标签模型界面。

3）单击 New 按钮，在 Printer Label Definition 属性框中输入 StartLabel。

4）在 Label Template 属性框中输入标签模板的链接地址，如图 11-17 所示。

5）在 Begin Delimiter 和 End Delimiter 属性框中输入"%"作为分隔符。

6）在 LABEL TAG 列表中输入如图 11-18 所示标签标记。

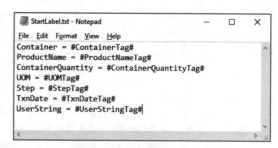

图 11-17　StartLabel 标签模板

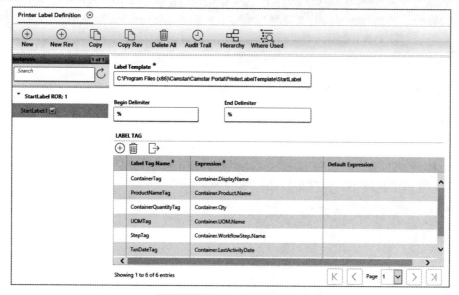

图 11-18　打印机标签建模

7）单击 Save 按钮，完成创建。

2. 创建打印队列

1）通过单击 Modeling 子目录下的 Modeling，打开建模界面。

2）在 Objects 过滤框中输入 Print Queue，单击搜索出的 Print Queue 模型进入打印队列模型界面。

3）单击 New 按钮，在 Print Queue 属性框中输入 Printer01。

4）在 Print Queue Path 属性框中输入打印机的网络路径。

5）在 Label Encoding 属性框中下拉选择编码格式。

6）为了演示打印标签，此处选择将模板数据写入文件中，而不是直接发送到打印机；勾选 Output To File 属性框。

7）在 Print File 属性框中输入模板数据需要写入的文件夹，如图 11-19 所示。

8）单击 Save，完成创建。

3. 在规范中引用容器标签打印

1）通过单击 Modeling 子目录下的 Modeling，打开建模界面。

2）在 Objects 过滤框中输入 Spec，单击搜索出的 Spec 模型进入规范模型界面。

3）在 Instances 过滤框中输入 SP110，单击打开 SP110 规范对象。

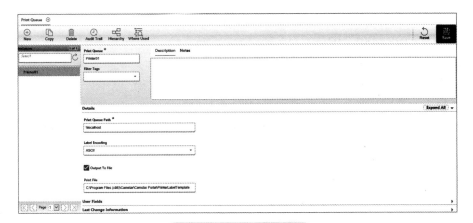

图 11-19 打印队列建模

4）在 LABEL TXN MAP 列表中做以下配置，如图 11-20 所示：

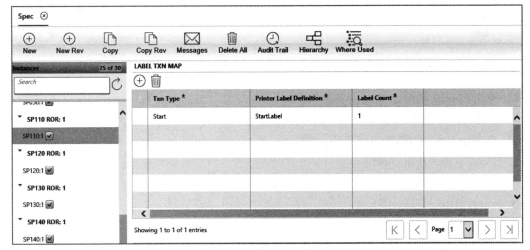

图 11-20 在 SP110 中关联 StartLabel

- Txn Type：Start
- Printer Label Definition：StartLabel
- Label Count：1

5）单击 Save，保存配置。

4. 在 Order Dispatch 事务中执行标签打印

1）使用对应账号登录 Opcenter 系统。

2）在菜单目录中找到 Container 子目录，单击它。

3）在弹出的 Container 列表中找到 Order Dispatch，单击进入 Order Dispatch 工单派工界面。

4）对 WO－DJE－001－01 工单进行派工。

5）在单击 Submit 按钮时，为执行标签打印，系统会提示一下警告，如图 11-21 所示。

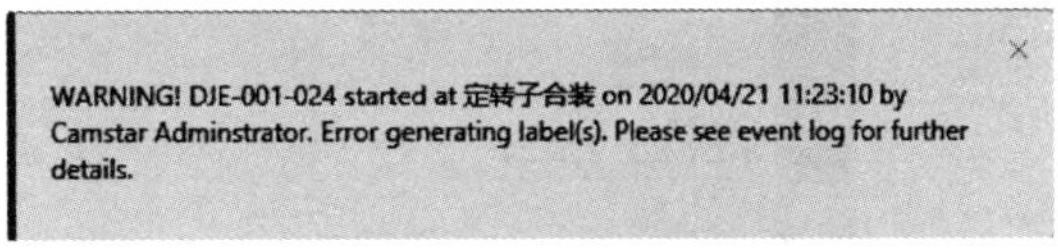

> WARNING! DJE-001-024 started at 定转子合装 on 2020/04/21 11:23:10 by Camstar Adminstrator. Error generating label(s). Please see event log for further details.

图 11-21 警告消息

6）因此需要先执行标签打印事务；在 Container 子目录的 Container 列表中找到 Print Container Label，单击进入容器标签打印界面。

7）在容器标签打印界面中做如图 11-22 所示配置：

- Container：DJE－001－024
- Printer Label Definition：StartLabel
- Print Queue：Printer01
- Label Count：1

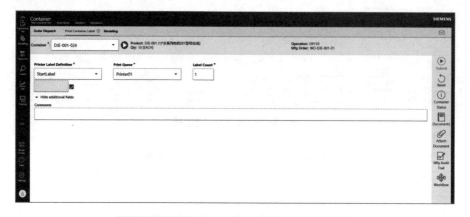

图 11-22 对 DJE－001－024 打印 StartLabel

8）单击 Submit 按钮，生成容器标签。

5. 查看标签打印结果

1）在 Mfg Audit Trail 界面输入以下信息：

- Record Type：Container
- Views：MyHistoryView
- Name：DJE－001－024

2）单击 Label Printing 栏，查看标签打印效果，如图 11-23 所示。

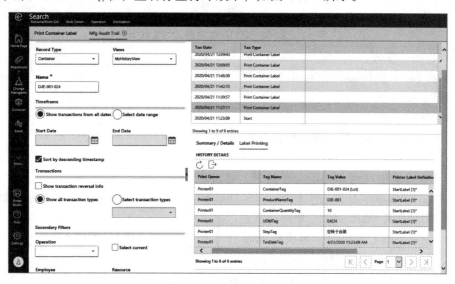

图 11-23 StartLabel 的打印效果

11.3 操作员培训和认证管理

员工培训业务流程要求生产员工在执行特定任务前，需经过适当的培训，并取得认证。通过操作员培训和认证功能，可以对信息模式进行配置，从而满足操作员培训和认证的目标。

定义培训必须满足以下两点：

1）定义培训要求并将其与不同的建模对象相关联

2）根据培训要求创建并更新员工的培训状态

雇主能够为员工指派培训要求，并追踪这些培训要求的培训记录状态。

只有在培训要求定义中指定的培训师才能执行培训记录管理。使用培训记录管理可以添加、更新和删除培训记录。也可以比较两个员工的培训要求，并将某个员工的培训记录复制给另一个员工。

11.3.1 模型对象

如图11-24所示为配置操作员培训和认证的建模任务顺序。

1. 培训要求

用户开始进行车间事务时，将对培训要求和用户培训记录进行验证。培训要求包括操作员培训和认证流程的详细定义，建模界面如图11-25所示。

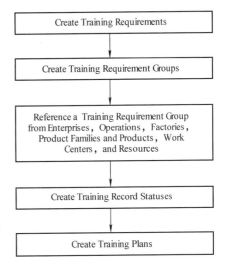

图11-24 建模顺序

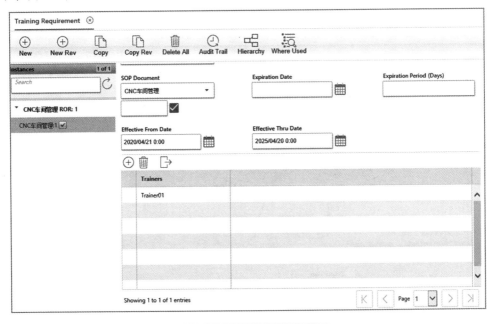

图11-25 培训要求建模界面

2. 培训要求组

培训要求组是单个培训要求和培训要求组（子组）的集合。组合培训要求如下：

1）提供一种简便的方法，将多个要求和指定的建模实体（如作业或工厂）相关联。

2）允许建模对象将多个相关要求作为一个集合进行引用，而不是一次引用一个要求，建模界面如图 11-26 所示。

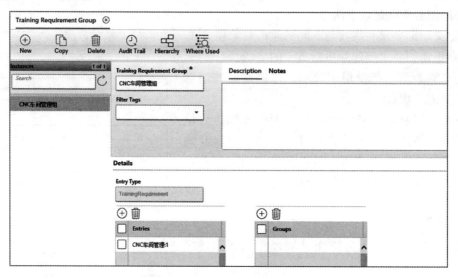

图 11-26　培训要求组建模界面

3. 培训记录状态

"培训记录状态"是一种用户代码。根据培训记录状态，可确定某员工是否有资格执行任务。在这里创建的培训状态代码，将成为培训师所使用的选择列表值。可以根据业务需求，创建多个自定义培训记录状态代码。以下是培训记录状态代码的一些示例，建模界面如图 11-27 所示：

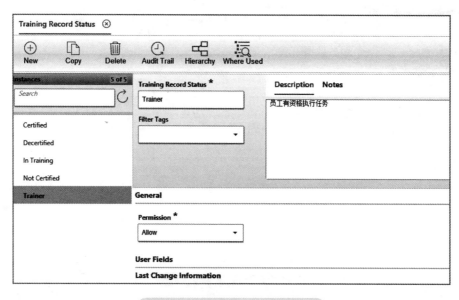

图 11-27　培训记录状态建模界面

- 培训中：指示员工目前正在接受认证培训。
- 已认证：指示员工有资格执行任务。
- 已取消认证：指示员工需要更新执行任务所需的技能。
- 未认证：指示员工尚未开始培训，没有资格或无权执行特定任务。
- 培训师：指示员工有资格执行任务。

4. 培训计划

培训计划包括一个或多个培训要求和子培训计划。培训师和经理将共同为员工确定和制定合适的培训计划，将该计划指派给员工，然后根据需要修改该计划。将新要求和新子培训计划添加到该培训计划时，该计划会同步进行修改。"培训计划"由"员工"引用，建模界面如图11-28所示。

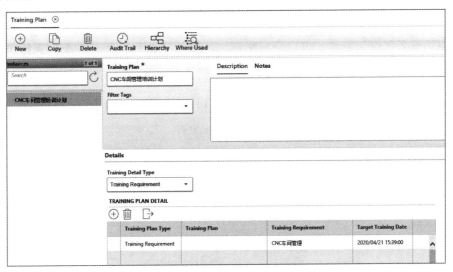

图 11-28　培训计划建模界面

11.3.2　培训要求和记录

1. 培训要求

创建培训要求时，需定义下列信息：

- 生效日期信息，判断培训要求是已处于活动状态，还是即将变为活动状态。
- 指定培训师列表，这些培训师可管理用户的培训记录。
- 对外部文件的引用，此文件包含标准操作流程和业务所需的其他详细信息。

可以对培训要求进行分组，并由建模对象（如企业、工厂、产品、产品系列、工作中心、作业、规范和资源）引用这些组。

2. 培训记录

培训记录可跟踪培训要求中特定用户的状态。西门子公司建议为用户指派每个培训要求的培训记录。培训记录由培训要求中指定的培训师创建并更新。

培训记录提供以下信息：

- 培训记录状态，指示记录的持有者是否有资格执行事务以及是否需要电子签名。
- 对特定修订版本培训要求的引用（非记录修订）。
- 截止日期，取决于培训要求或由培训记录管理员指定。

- 对每个用户的多个培训记录的引用。

3. 培训记录截止日期

可以在活动的培训要求中指定截止日期，并首先由关联的培训记录所使用。培训记录可以有其自身的截止日期。如果培训要求中指定的截止日期尚未过期，则培训要求仍被认为是"活动的"。培训记录将首先按照下列规则来确定截止日期：

- 只要在培训要求中指定了截止日期，那么该日期就是该记录的截止日期
- 只要在培训要求中指定了过期周期（按天），那么截止日期由所添加的距记录创建日期（事务日期）所剩的天数确定
- 如果在培训要求中既指定了到期日期又指定了到期周期，则应用程序逻辑上应用较早的日期
- 培训记录管理员可以随时更改截止日期

4. 为培训记录管理启用电子签名

在"电子签名建模"界面，可以向对培训记录管理服务执行的三种不同操作指派电子签名要求：创建，删除，更新。

5. 在车间事务中实施培训要求

用户为 Opcenter EX CR 应用程序池以及服务和容器引用的信息建模对象定义培训要求。例如，"移动"事务与工厂及其企业相关联；批次与资源、作业、产品及其产品系列相关联等。

6. 验证流程

当用户对某个容器执行事务时，应用程序会检查以下内容：

1）是否汇集了与建模对象相关联的所有培训要求。

2）是否阅读了用户的培训记录，并按照汇集的培训要求对其进行验证，从而查看哪个要求处于活动状态。

3）按照下列顺序验证培训记录：

- 事务日期必须在培训要求的有效日期范围之内。
- 用户必须拥有执行该事务的权限。
- 事务日期必须早于培训记录的截止日期。

如果满足以上条件，该事务将成功完成。否则，该事务失败并显示相应的错误消息。

7. 活动的培训要求和有效日期

培训要求可以是活动的，也可以是非活动的，这取决于要求的有效日期。当用户执行事务时，只验证活动的培训要求。使用下列字段值来确定培训要求是否处于活动状态：生效开始日期，生效结束日期。

使用下列规则确定培训要求是否仍处于活动状态：

- 如果在"生效开始日期"和"生效结束日期"字段中都输入了值，则用户执行事务的日期必须在这两个日期之间。
- 如果只输入了"有效开始日期"，那么事务日期必须等于或晚于"有效开始日期"。
- 如果只输入了"生效结束日期"，那么事务日期必须早于或等于"生效结束日期"。
- 如果保留两字段为空，那么培训要求将永不过期。

11.3.3 执行操作员培训和认证管理

1. 为 CNC 设备配置培训要求

1）通过单击 Modeling 子目录下的 Modcling，打开建模界面。

2）在 Objects 过滤框中输入 Resource，单击搜索出的 Resource 模型进入资源模型界面。

3）在 Instances 过滤框中输入 CNC003，单击打开 CNC003 资源对象。

4）在 Training Requirement Group 属性框中下拉选择"CNC 车间管理组"建模界面如图 11-29 所示。

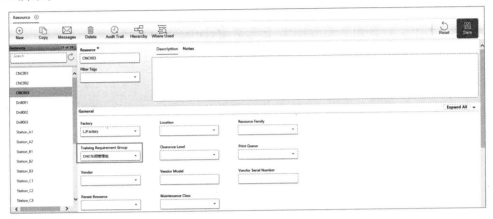

图 11-29　培训要求组建模界面

5）单击 Save，保存设置。

2. 为员工配置培训计划

1）通过单击 Modeling 子目录下的 Modeling，打开建模界面。

2）在 Objects 过滤框中输入 Employee，单击搜索出的 Employee 模型进入员工模型界面。

3）在 Instances 过滤框中输入 User01，单击打开 User01 员工对象。

4）在 Training Plan 属性框中下拉选择"CNC 车间管理培训计划"，界面如图 11-30 所示。

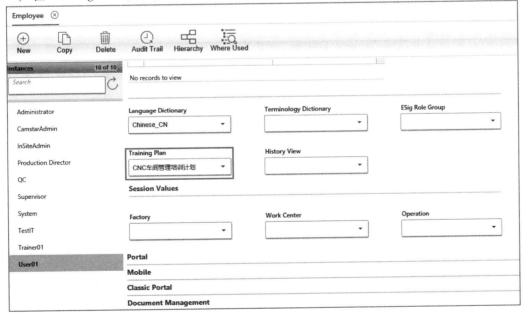

图 11-30　配置培训计划界面

5）单击 Save，保存设置。

3. 初始化员工培训状态

1）使用 Trainer01 账号登录 Opcenter 系统。

2）在菜单目录中找到 Training 子目录，单击它。

3）在弹出的 Training 列表中找到 Training Record Management，单击进入培训记录管理界面。

4）单击 Add Record 按钮，在 Training Record 窗口中输入以下信息：

- Employee：Trainer01。
- Training Requirement：CNC 车间管理。
- Status：Not Certified。

5）单击 Submit 按钮提交，界面如图 11-31 所示。

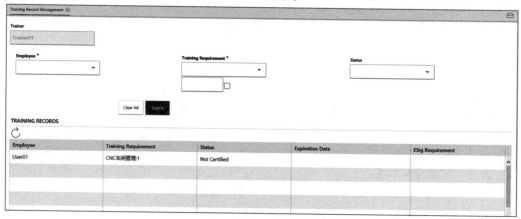

图 11-31 初始化员工培训状态界面

4. 为已完成培训的员工更新认证

1）使用 Trainer01 账号登录 Opcenter 系统。

2）在菜单目录中找到 Training 子目录，单击它。

3）在弹出的 Training 列表中找到 Training Record Management，单击进入培训记录管理界面。

4）在 Employee 属性框中下拉选择 User01，单击 Search 查询 User01 员工的所有培训记录。

5）选中"CNC 车间管理"培训记录，单击 Update Record 按钮。

6）在 Training Record 弹出窗口中，将 Status 属性框中的 Not Certified 值更改为 Certified 界面如图 11-32 所示。

7）单击 Submit 按钮，更新培训状态，界面如图 11-33 所示。

图 11-32 培训记录界面

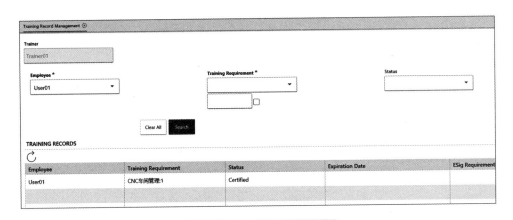

图11-33　更新培训状态界面

11.4　业务规则配置

业务规则可用于定义要满足的条件以及该条件成立时要执行的一个或多个操作。在质量管理流程期间，可以将多个站点中的业务规则关联，以便控制何时自动发生某些操作。

11.4.1　业务规则处理程序

"业务规则处理程序"确定了业务规则执行的操作。"业务规则处理程序"会被指派给业务规则。

利用"业务规则处理程序"建模对象可执行以下任一操作：定义在业务规则中实施业务逻辑的脚本，标识应用程序要调用的现有服务。

利用脚本处理程序可以指定条件，并且在该条件为真时应用程序将执行的操作。利用服务处理程序可以标识应用程序要调用的现有服务。

Opcenter EX CR 提供以下默认业务规则处理程序，建模界面如图11-34所示：

- BRH_ACTIVATION：管理与目标系统上的更改包相关联的建模实例的激活状态。
- BRH_DEPLOY：在用户请求部署包时管理更改包的部署状态。
- BRH_DEPLOYSTATUS：管理从导出完成直到包已交付时段内，源系统上更改包的状态。
- BRH_NOTIFICATIONS：脚本将更改管理包审批和协同工作的到期日期，与"更改管理设置"建模对象中"包审批提醒"表格和"内容协作提醒"表格中的信息进行比较。它将确定是否需要发送电子邮件提醒。

11.4.2　业务规则

"业务规则"建模对象用于定义需要满足的条件并且该条件为真时将执行的一个或多个操作。在质量管理流程期间，可以将多个点中的业务规则关联，以便控制何时自动发生某些操作。例如，可以创建用于在归类期间更改所有者的业务规则。

Opcenter EX CR 提供以下默认业务规则，建模界面如图11-35所示：

- BR_ACTIVATION：此规则链接到"处理程序"表格中的默认业务规则处理程序 BRH_

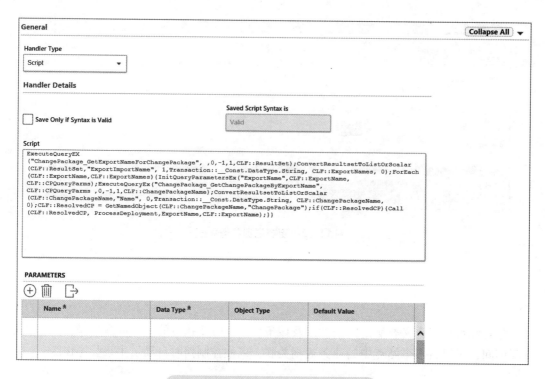

图 11-34　业务规则处理程序建模界面

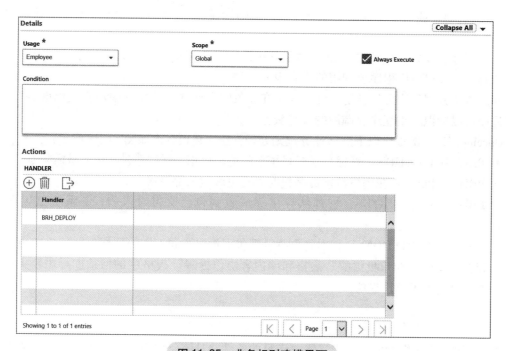

图 11-35　业务规则建模界面

ACTIVATION。

- BR_DEPLOY：此规则链接到"处理程序"表格中的默认业务规则处理程序 BRH_DE-PLOY。

- BR_DEPLOYSTATUS：此规则链接到"处理程序"表格中的默认业务规则处理程序BRH_DEPLOYSTATUS。
- BR_NOTIFICATIONS：此规则链接到"处理程序"表格中的默认业务规则处理程序BRH_NOTIFICATIONS。

11.4.3　计划的业务规则

计划的业务规则的建模对象用于定义可应用于业务规则以确定应用程序何时执行该规则的一组运行选项。可以指定执行是应该作为一次性事件发生，还是在很长一段时间内循环发生。

Opcenter EX CR 将计划的业务规则作为独立于任何用户输入事件的服务来运行。由于计划独立于任何用户服务运行，因此系统会识别关联，可以从其引用业务规则中的参数值。Opcenter EX CR 提供了以下默认的计划的业务规则：

- SBR_ACTIVATION：此计划的业务规则链接到 BR_ACTIVATION 业务规则。它每 5 分钟运行一次。
- SBR_DEPLOY：此计划的业务规则链接到 BR_DEPLOY 业务规则。它每 5 分钟运行一次。
- SBR_DEPLOYSTATUS：此计划的业务规则链接到 BR_DEPLOYSTATUS 业务规则。它每 5 分钟运行一次。
- SBR_NOTIFICATIONS：此计划的业务规则链接到 BR_NOTIFICATIONS 业务规则。它每 24 小时运行一次，从凌晨 4:00 开始。

注：系统将以其中每个默认计划的业务规则的安装日期和时间来填充开始日期。

11.5　调度管理

容器调度流程包括按预定义的顺序执行以下活动：

1）根据制造订单，按预定义的顺序启动容器。

2）将容器移入和移出作业。

可以在模型中建立调度规则，用来定义向车间用户显示的调度列表。随后，车间用户在工厂中启动或移动容器时，将以这些列表作为参考基础。

定义该流程时，必须创建或修改以下建模的定义：调度规则，制造订单，作业，工作中心，工厂。

11.5.1　模型对象

在创建调度管理模型时，遵循特定的步骤顺序非常重要。在调度管理的建模顺序中，第一步是定义查询，最后一步是将调度规则与作业、工作中心和工厂相关联。

如图 11-36 显示了调度规则定义的建模任务顺序。

1. 查询

对调度管理建模的第一步是建立基于规则的查询，查询会确定向车间用户显示项目的顺序。可以将规则基于用户查询或 Designer 查询。可以在应用程序中创建和

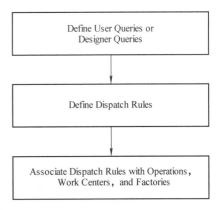

图 11-36　建模顺序

更新用户查询，即是在"用户查询"界面进行此类操作，如图 11-37 所示。

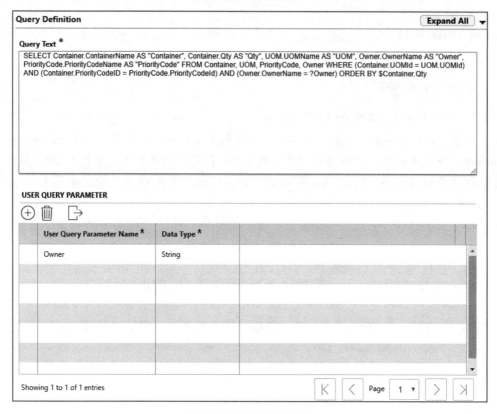

图 11-37　查询建模界面

2. 调度规则

调度规则的定义显示给车间用户的调度列表，建模界面如图 11-38 所示。随后，车间用户在工厂中启动或移动容器时，将以这些列表作为参考基础。

调度规则执行以下任务：

1）显示必须执行的工作的列表。

2）可以选择实施执行工作的顺序。

11.5.2　基于调度规则的容器处理

1. 调度规则类型和查询

表 11-6 提供有关调度类型以及与这些调度类型关联的 Siemens 相关查询名称的快速引用。选择"Designer 查询"作为查询类型时，这些查询是指在"调度规则"界面中使用的默认设计者查询，定义调度规则时需要此信息。

2. 基于制造订单的容器数量

业务规则要求应根据制造订单来启动容器（调度类型为"订单"）。在这种情况下，系统将向车间用户显示制造订单列表。如果"实施调度"设为"是"，则必须按容器在列表中出现的顺序启动它们。否则，可以按任意顺序启动容器。

列表顶部的制造订单基于已实施的查询。如果实施默认查询，则列表顶部的制造订单为计划开始日期最早的订单，后跟优先级最高的订单。

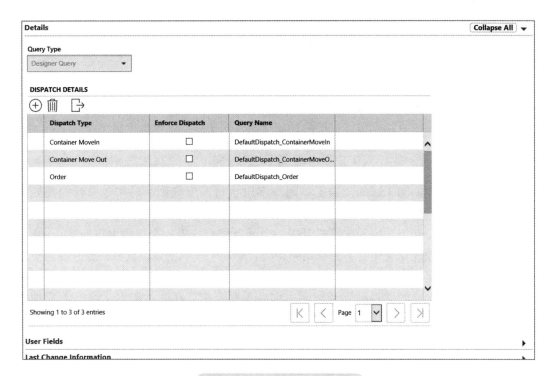

图 11-38　调度规则建模界面

表 11-6　定义调度规则时需要的信息

调度类型	描　　述	Siemens 提供的查询名称快速引用
批订单	"批订单"类型的调度规则显示制造订单列表，该列表可提供通过使用"启动批"事务来启动这些批的基础	DefaultDispatch_BatchOrder
容器移入	"容器移入"类型的调度规则显示队列中等待处理的容器列表。容器中将使用"移入"服务	DefaultDispatch_ContainerMoveIn
容器移出	"容器移出"类型的调度规则显示"标准移动"事务的容器列表	DefaultDispatch_ContainerMoveOut
电子流程	"电子流程"类型的调度规则显示每个用户关联查询的"电子流程"界面上的调度列表	DefaultDispatch_EProcedure
订单	"订单"类型的调度规则显示制造订单列表，该列表可提供通过使用"开始"事务创建容器的基础	DefaultDispatch_Order

使用默认查询时，Opcenter EX CR 根据在制造订单中指定的数量追踪容器数量。达到制造订单的数量时，该订单将从调度列表中移除。同时，Opcenter EX CR 使车间用户能够追踪制造订单的已处理数量。

3. 优先级规则

为作业、工作中心和工厂定义调度规则。Opcenter EX CR 逻辑基于以下优先级规则实施调度规则：

1）为作业定义的调度规则优先于为工作中心定义的调度规则。

2）如果没有为作业定义规则，则为工作中心定义的那些调度规则优先于为工厂定义的调度规则。

4. 制造订单

制造订单是在作业、工厂和工作中心内启动容器的基础，前提是为这些实体实施了调度规则类型"订单"。调度规则类型"订单"与"开始"事务相关联。

默认制造查询使用"制造订单"页中的以下值：计划启动日期，优先级。

车间用户访问"订单调度"页上的订单调度列表。该列表按最早的计划启动日期排序。如果未在制造订单中定义日期，或者订单的计划启动日期相同，则按优先级排序。

11.5.3 在作业、工作中心和工厂中配置调度规则

通过作业、工作中心和工厂的"调度规则"字段执行调度规则。对作业执行的规则优先于对工作中心执行的规则，对工作中心执行的规则优先于为工厂定义的规则。

在作业、工作中心和工厂中一次只能引用一个调度规则，但一个规则可以包含 1~4 种规则类型。因此，必须预先定义包含各种规则类型组合的多个规则变量，或者在业务需求更改时针对调度规则中的调度规则类型关闭"执行调度"标记。

在此作业示例中，"调度规则"字段显示调度规则实例。在此示例中，选中了"使用队列"复选框，这表示该作业必须使用"移入"服务。用户很可能会在此方案中执行一个包含"移入"调度类型的调度规则，界面如图 11-39 所示。

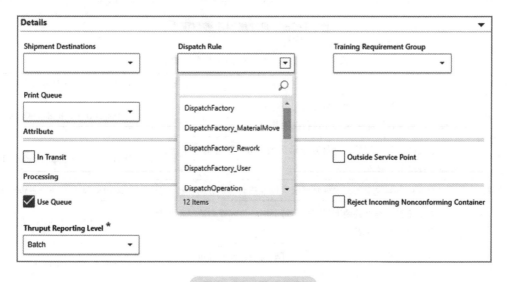

图 11-39　调度规则

11.5.4 调度列表示例

以下包含在定义和实施规则时向车间用户显示的调度列表的示例。列表中的信息基于 Opcenter 提供的查询。在所有列表中，网格中显示的列都由 Opcenter 提供的查询决定。如果要更改列，则必须自定义用户查询，并在调度规则中输入这些查询。

1. 启动制造订单的调度列表

如图 11-40 所示，订单调度页显示了由设计者查询 DefaultDispatch_Order 所填充的制造订单调度规则示例。界面显示的项见表 11-7。

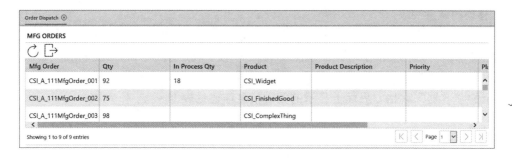

图 11-40 DefaultDispatch_Order 调度规则示例

表 11-7 订单调度页的关键信息

关键信息	描 述
制造订单	显示所有制造订单实例。如果实施了调度规则，则需首先处理表格上的第一项
数量	显示制造订单中指定的数量
处理中数量	显示到目前为止针对订单启动的容器的运行总数。履行订单之后（数量＝处理中数量），该订单将从列表中移除
产品	显示与制造订单关联的产品
产品描述	显示产品的描述
优先级	显示制造订单的优先级
计划开始日期	显示制造订单的计划开始日期。默认情况下，表格按此日期排序

2. 移入的调度列表

如图 11-41 所示，由设计者查询 DefaultDispatch_ContainerMoveIn 填充并向车间用户显示的调度列表的示例。此表格的标签为排队容器，位于"作业视图"页。此表格上的容器需要"移入"事务。界面上显示的项见表 11-8。表 11-8 中显示的项包括以下内容。

图 11-41 DefaultDispatch_ContainerMoveIn 调度规则示例

表 11-8 移入作业页的关键信息

关键信息	描 述
批次	显示要移入作业的容器。如果为移入实施了调度规则，则需要首先处理表格上的第一项
产品	显示与容器相关联的产品
描述	显示与容器相关联的产品的描述
数量	显示容器的数量
计量单位	显示与数量相关联的度量单位
状态	显示容器的状态
制造订单	显示与容器相关联的制造订单
作业	显示容器当前所在的作业

3. 移动的调度列表

如图 11-42 所示由设计者查询 DefaultDispatch_ContainerMoveOut 填充并向车间用户显示的调度列表的示例。此表格位于"作业视图"和"移动"页上。移动的调度列表会影响"作业视图"页上的"处理中容器"表格以及在从大多数容器事务页上的"容器"字段中选择容器时所显示的"容器"表格。界面上显示的关键信息描述见表 11-9。

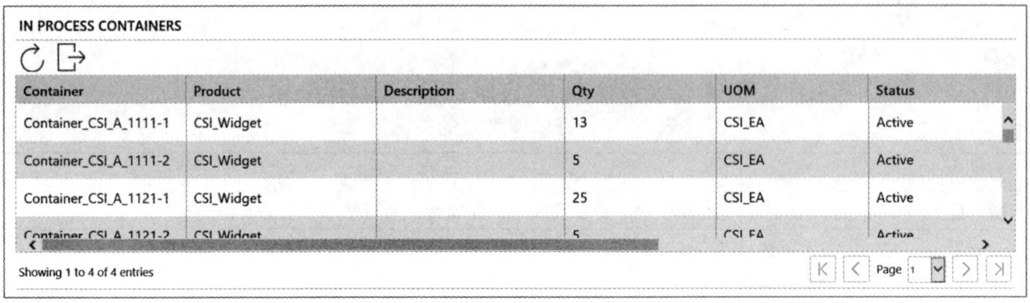

图 11-42 DefaultDispatch_ContainerMoveOut 调度规则示例

表 11-9 移出作业页的关键信息描述

关键信息	描述
批次	显示要移出作业的容器。如果为移出实施了调度规则,则需要首先处理表格上的第一项
产品	显示与容器相关联的产品
描述	显示与容器相关联的产品的描述
数量	显示容器的数量
计量单位	显示与数量相关联的度量单位
状态	显示容器的状态
制造订单	显示与容器相关联的制造订单
作业	显示容器当前所在的作业

11.6 WIP 消息管理

Opcenter EX CR 提供了显示与特定容器属性和任何服务关联消息的功能。当某容器的物料到达特定处理点时,在制品(WIP)消息功能会强制处理并发送特殊通知。

例如,可以创建一条在"移入"事务过程中显示的 WIP 消息,从而为操作员提供信息,然后根据此信息处理批次。

WIP 消息可用于:为执行操作的人员显示提醒或特殊处理说明;当批次到达某个特定点时,将其设置为停工状态;要求操作员或主管来确定已审阅 WIP 消息提供的特殊说明;通知工程师批次已经达到某个特定的位置。

WIP 消息能够以显示形式在事务过程中通知车间用户,或者以电子邮件形式通知其他人员(如工程师或主管)。

WIP 消息必须是表 11-10 所示类型之一。

表 11-10　WIP 消息类型

类型	意　义
全部关键字	在工作流程工步中，容器符合 WIP 消息的关联建模定义时，界面即会收到此容器的 WIP 消息
作业关键字	在符合 WIP 消息的关联建模定义的指定作业中，界面会收到容器的 WIP 消息 例如，可以使用 WIP 消息作业关键字为销售订单 1 创建 WIP 消息，然后选择"包装"作业。将在批次包装时显示消息，其中销售订单 1 是该批次的一个属性
标签关键字	可以使用标签关键字来定义 WIP 消息，并将该标签附加到多个工步中。在引用标签名称的工作流程工步中，容器符合 WIP 消息的关联建模定义时，界面会收到容器的 WIP 消息

11.6.1　WIP 消息模型

创建 WIP 消息需要两个过程：创建 WIP 消息；配置用于评估 WIP 消息的准则。

这两个过程都必须执行，但顺序无关紧要。当启动并处理属性与 WIP 消息相关的容器时，并且当该容器达到定义 WIP 消息的处理工序时，将检索与标准集匹配的所有消息。还可以将 WIP 消息配置为在容器到达生产流程中的某个步骤时向操作员以外的其他人（例如，工程师或主管）发送电子邮件，界面如图 11-43 所示。

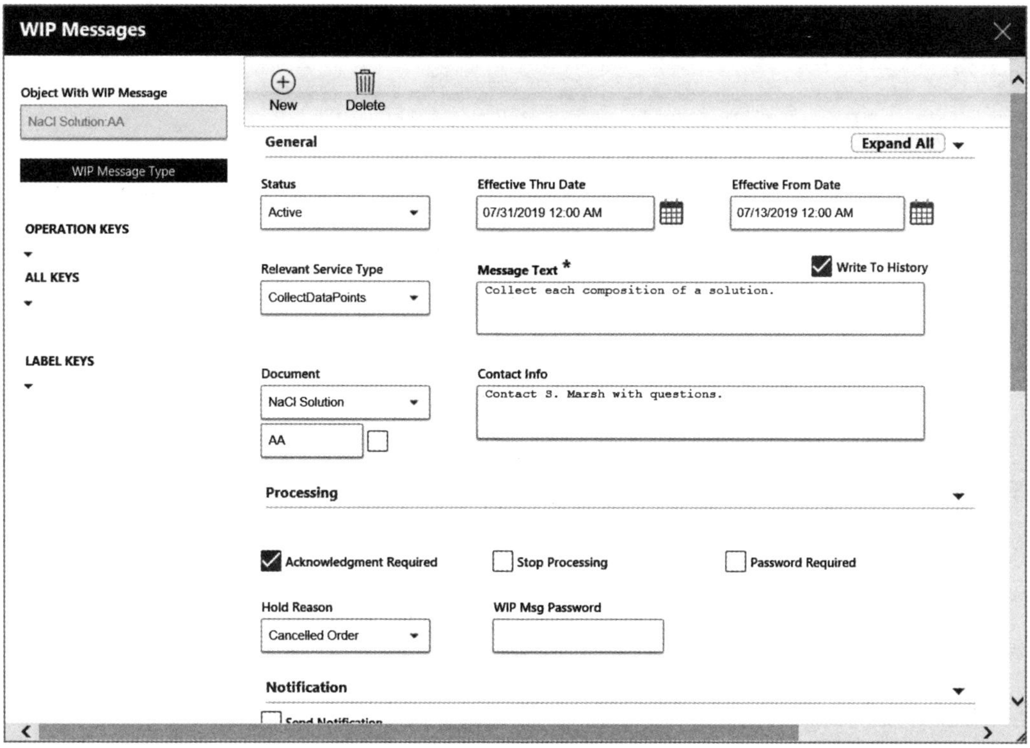

图 11-43　WIP 消息配置界面

可附加 WIP 消息的模型对象见表 11-11。
WIP 消息界面关键字段描述见表 11-12。

表 11-11 可附加 WIP 消息的模型对象

工艺清单	主配方	生产量要求
物料清单（BOM）	重复日期要求	培训要求
物料箱	报告模板	制造订单
更改管理规范	资源	作业
更改管理工作流程	返工原因	所有者
检查表模板	销售订单	打印机标签定义
容器级别	样本数据点	优先级代码
客户	样本测试	产品
数据收集定义	采样计划	产品系列
日期要求	测重器	产品类型
文档	设置	配方
电子流程	装运原因	配方列表
ERP 物料清单	规范	用户数据收集定义
ERP 路线	开始原因	UOM
工厂	切换规则	工作中心
搁置原因	任务列表	工作流程

注：带有 WIP 消息的用户代码：搁置原因、所有者、优先级代码、产品类型、返工原因、装运原因、开始原因。

表 11-12 WIP 消息界面关键字段描述

关键字段	描述	类型
生效结束日期	消息结束有效日期（格式为 yyyy/mm/dd 上午/下午 hh：mm）	可选
相关服务类型	可用服务的列表。WIP 消息显示在所选服务中	可选
消息文本	包含要传达的重要信息。消息文本的前 15 个字符包含显示 在 WIP 选择页上的 WIP 消息的名称。这 15 个字符可用于识别选择界面上的 WIP 消息	必需
写入历史	此复选框表示是否将消息写入事务的数据库	可选
文档	先前定义的文档列表。如果要通过 WIP 消息显示单独的文件，则选择一个。显示 WIP 消息时，便可在用户界面上访问该文档。必须先在"建模"中定义一个或多个文档，才能在此字段中查看有效选择。文档的文件名不得包含空格。如果文件名包含空格，则应用程序将无法识别该文件名	可选
联系信息	联系人的电子邮件地址、电话号码和姓名等信息	可选
处理		
要求确定	此复选框表示用户是否应确定 WIP 消息	可选
要求密码	此复选框表示用户界面中是否需要用户名和密码。输入的密码必须与"WIP 消息密码"字段中的条目匹配	可选
停止处理	此复选框表示显示此 WIP 消息时是否停止 WIP 流程。这可以防止容器通过任何未来的事务处理	可选
搁置原因	先前定义的搁置原因列表，这将指定停止处理的原因。必须先定义一个或多个搁置原因，才能在此字段中查看有效选择	可选
WIP 消息密码	在此 WIP 消息的用户界面中输入 WIP 密码时必须匹配的密码	可选
通知		
发送通知	此复选框表示是否将通知发送给其他收件人	可选
通知文本	通知文本电子邮件的主题	可选
通知目标表格	先前定义的电子邮件通知列表。此电子邮件地址将用于发送"通知文本"字段中指定的消息。必须先在"建模"中定义一个或多个电子邮件通知，才能在"名称"列表中查看有效选择	可选
名称	电子邮件通知目标的名称	可选

11.6.2 配置 WIP 消息

1. 创建 WIP 消息

1）通过单击 Modeling 子目录下的 Modeling，打开建模界面。

2）在 Objects 过滤框中输入 Mfg Order，单击搜索出的 Mfg Order 模型进入资源模型界面。

3）在 Instances 过滤框中输入 WO – DJE – 001 – 20，单击打开 WO – DJE – 001 – 20 制造订单对象。

4）单击 Messages 按钮，进入 WIP Messages 窗口。

5）单击 New 按钮。

6）在 Create New WIP Message 选项卡的 WIP Msg Type 属性框中下拉选择 All Keys，单击 Continue 按钮。

7）输入以下属性信息，如图 11-44 所示：

- Status：Active
- Relevant Service Type：Start
- Message Text：WO – DJE – 001 – 20 已完成派工！
- Acknowledgment Required：True
- Password Required：True
- WIP Msg Password：WIPMsg

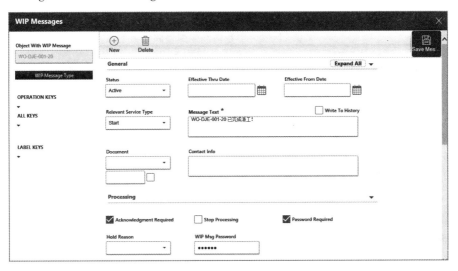

图 11-44　WIP Messages 界面

8）单击 Save Message，创建完成，如图 11-45 所示。

9）关闭 WIP Messages 窗口，然后单击 Save 保存设置。

2. 向 WIP 消息添加通知目标

1）通过单击 Modeling 子目录中的 Modeling，打开建模界面。

图 11-45　创建成功页面

2）在 Objects 过滤框中输入 E – mail Notification，单击搜索出的 E – mail Notification 模型进

入邮箱通知模型界面。

3）单击 New 按钮，在邮箱通知模型界面中输入以下信息，如图 11-46 所示，单击"保存"。

- E – mail Notification：OrderStartE – mail
- Sender：yongchang. yu@ siemens. com
- Recipient：yongchang. yu@ siemens. com

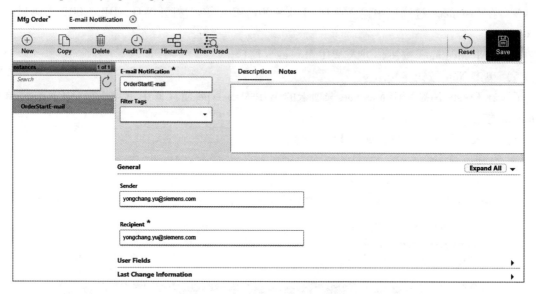

图 11-46　邮箱通知模型界面

4）打开 WO – DJE – 001 – 20 制造订单对象，单击 Messages 按钮，进入 WIP Messages 窗口。

5）单击选中 All KEYS 下面刚新建的"WO – DJE – 001 – 20 已完成派工！"

6）展开 Notification 部分，输入以下信息：

- Send Notification：True
- Notification Text：WO – DJE – 001 – 20 已完成派工！
- NOTIFICATION TARGETS 列表：OrderStartE – mail

7）单击 Save Message，完成配置。

8）关闭 WIP Messages 窗口。

3. 复制 WIP 消息

1）打开 WO – DJE – 001 – 20 制造订单对象，单击 Messages 按钮，进入 WIP Messages 窗口。

2）单击选中 All KEYS 下面刚新建的"WO – DJE – 001 – 20 已完成派工！"。

3）单击 Copy 按钮，在 Create New WIP Message 选项卡单击 Continue 按钮，完成拷贝。

4）修改以下属性信息，如图 11-47 所示：

- Relevant Service Type：MoveIn
- Message Text：WO – DJE – 001 – 20 已完成移入！
- Write To History：True
- Send Notification：False

5）单击 Save Message，创建完成。

6）关闭 WIP Messages 窗口。

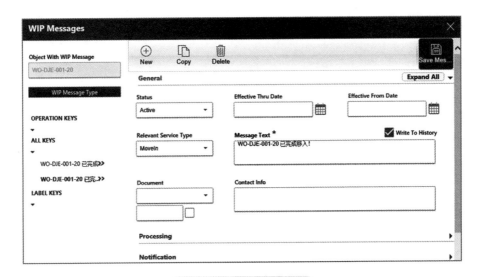

图 11-47　修改属性信息

4. 删除 WIP 消息

1）打开 WO－DJE－001－20 制造订单对象，单击 Messages 按钮，进入 WIP Messages 窗口。

2）单击选中 All KEYS 下面刚新建的"WO－DJE－001－20 已完成移入！"。

3）单击 Delete 按钮，删除 WIP 消息"WO－DJE－001－20 已完成移入！"。

4）关闭 WIP Messages 窗口。

11.7　流程时间管理

通过流程时间强制功能，系统管理员可以配置流程计时器并将其附加到制造流程中的特定工步，从而可以更密切地控制工作流程。流程计时器可以附加到与"移动"事务或"移入"事务关联的规范或任务。

11.7.1　模型对象

1. 流程计时器类型

创建流程计时器类型用户代码，可用于对不同类型的计时器进行分组、过滤和报告。

2. 流程计时器

流程计时器是一个修订数据对象，它通过定义在容器上发起处理时在满足最短时间之前或在经过待执行流程的最长允许时间之后要实施的操作，来控制和监控制造流程：

1）在工作流程中的指定工步对容器执行移动或移入。

2）在电子流程中对容器执行一项任务。

注：流程计时器只取决于"移动（标准）"和"移入"事务。应用程序不考虑可以在电子流程任务上执行的这些事务的数量。执行任务时流程计时器停止计时，建模界面如图 11-48 所示。

可以定义当计时器在最短时间之前结束、在最长时间之后结束，或这两种情况下发生的操作。可以指定允许或不允许执行结束事务和处置操作，也可以指定在获得电子签名的情况下不执行处置操作而允许结束事务。

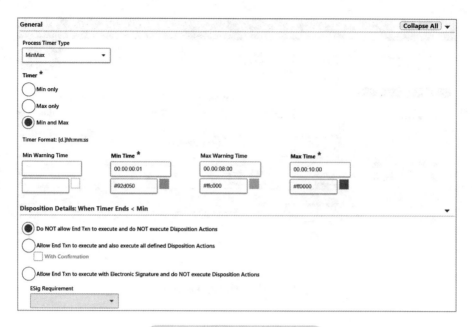

图 11-48　流程计时器建模界面

如果指定不允许执行结束事务和处置操作，则计时器将在达到最短或最长时间时继续运行。对于小于最短时间的情况，在计时器达到最短时间时允许结束事务。对于大于最长时间的情况，如果已超过最长时间，则必须手动操作容器（执行任何事务），并使用"流程计时器搜索"页上的"停止计时器"按钮手动停止计时器计时。

应用程序将验证四个计时器字段中的数据，以确保：最短时间大于最小警告时间；最长时间大于最大警告时间；最长时间大于最小时间；如果验证失败，则会发生错误。

11.7.2　强制流程时间

使用强制流程时间功能可以将流程计时器与容器相关联。流程计时器可确定当操作员或设备尝试对容器执行事务时，在已达到最短时间之前或在已经过了允许的最长时间后应执行的操作。

执行事务以确保没有任何计时器超出已定义的限制时，应用程序将执行验证。如果容器的计时器超出限制，则对该容器执行事务时，必须执行计时器中定义的操作。

1. 在建模中配置流程时间强制功能

要设置流程时间强制功能，系统管理员必须执行以下任务：

1）根据业务需求定义一个或多个流程计时器。

2）将一个或多个流程计时器添加到规范中。默认情况下，流程计时器只能与"移动"事务或"移入"事务关联。

3）将一个或多个流程计时器添加到任务中。默认情况下，只能将流程计时器添加到"移动"事务任务或"移入"事务任务。

2. 流程计时器

只有以下事务可以触发计时器：

- 移出

- 移入
- 执行任务

容器的计时器将由位于以下位置的"移动"事务和"移入"事务触发：

1）规范，如果在规范中配置了一个或多个流程计时器。

2）电子流程，如果在事务类型任务中配置了一个或多个流程计时器，并且为该任务指定了"移动"事务或"移入"事务。

如果在任务中配置了一个或多个流程计时器，则电子流程中的"执行任务"事务将触发容器的计时器。可以将流程计时器添加到所有任务类型有指示、计算和事务。

系统会存储容器和计时器的信息历史，可以在制造审核追踪中访问信息历史。

使用"关闭"事务关闭容器时，应用程序会检查活动流程计时器。存在的所有计时器都将停止，并且容器的制造审核追踪中的关闭事务将显示停止的任何计时器的流程计时器历史详细信息。

3. 查看流程计时器

可以触发容器的多个计时器，最重要的计时器显示在"计时器"字段中和"活动计时器"浮出控件的第一行中。"距离最大时间的时间"字段中具有值的计时器视为最重要的计时器。如果多个计时器的"距离最大时间的时间"字段中具有值，则具有最短剩余时间的计时器是最重要的计时器。如果所有计时器的"距离最大时间的时间"字段中都不具有值，则"距离最小时间的时间"字段中具有最短剩余时间的计时器是最重要的计时器。

任何可用的计时器会显示在应用程序中的以下位置：

1）"容器信息"："计时器"字段会显示在容器信息中。随即字段中将显示最关键的计时器。单击"计时器"字段标签旁边的三角形图标，将打开活动计时器浮出控件并显示所有活动计时器。

2）"作业视图"页："作业视图"页上的"计时器"字段会显示在"排队容器"表格和"处理中容器"表格中。最关键的计时器在字段中显示，并显示单击后激活"活动计时器"浮出控件的书名号。所有其他活动计时器会显示在"活动计时器"浮出控件。

3）"流程计时器搜索"页：可以在此界面中搜索计时器，对结果进行排序，查看计时器以及停止计时器。

4. 流程计时器的工作方式

（1）必需的计时器信息　定义计时器时，应包含以下信息：

1）计时器名称。

2）最短结束时间或最长结束时间（或两者）。

（2）可选的计时器信息　在"建模"中设置流程计时器时，系统管理员可以将颜色与每个最短结束时间和最长结束时间相关联。如果已达到最短结束时间或最长结束时间，应用程序将在计时器可见的任意位置处的计时器字段中显示关联的颜色。计时器在以下位置可见："容器信息""作业视图"页上的表格和"流程计时器搜索"页。

流程计时器可以具有最短警告时间或最长警告时间。可以在"建模"中为警告时间设置颜色。这将为容器设置一个警告期限，在警告期限内，系统会提醒即将达到最短结束时间或最长结束时间。达到最短结束时间或最长结束时间后，计时器字段或表格行的背景颜色会更改，指示容器正处于警告期限。

（3）一个容器中的多个计时器　可以无数次对同一个容器启动同一个计时器。这些计时器的实例可以并发运行。当计时器执行结束计时器事务时，应用程序将停止运行时间最长的计时器。计时器的其余实例将继续运行。

应用程序会阻止运行重复计时器。重复计时器是指具有相同名称的计时器、同一个容器中的计时器、由同一个事务启动的计时器以及工作流程中同一个工步的计时器。如果工作流程中有返工，可能会出现这种情况。应用程序将停止正在运行的计时器，并启动该计时器的新实例。

（4）计时器未达到最短时间或已超过最长时间　系统管理员可以指定应用程序在事务尝试执行且计时器未达到最短时间或已超过最长时间时的行为。

1）不允许执行结束事务和任何处置操作：

- 计时器继续运行。
- 已达到最短时间后，允许执行结束事务。
- 如果已达到最长时间，则必须手动操作容器（执行"非标准移动"事务）并使用计时器搜索页上的"停止计时器"按钮停止计时器。

2）允许执行结束事务和任何处置操作：

- 计时器停止。
- 执行结束事务和任何处置操作。

3）允许使用电子签名执行结束事务，并且不执行任何处置操作：

- 事务完成之前，将显示电子签名弹出窗口。
- 如果完全满足电子签名要求，将执行结束事务。
- 如果未完全满足电子签名要求，则不会执行结束事务，并且计时器不会停止。

（5）处置操作　系统管理员可以指定当结束事务在未满足要求的情况下执行时应用程序应执行的处置操作。系统管理员可以选择以下处置操作，这些处置操作的执行顺序如下：

1）业务规则。

2）生产事件。

3）返工。

4）非标准移动。

5）搁置。

如果管理员未指定任何处置操作并且计时器已设为允许执行结束事务和处置操作，则结束事务将成功执行并且不会执行任何其他操作。如果指定了多个处置操作并且其中一个处置操作失败，则不会执行后续的处置操作。例如，同时指定了生产事件和返工。如果生产事件失败，则不会执行返工事务。如果后续的处置操作失败，不会返回已成功的处置操作。如果使用"流程计时器搜索"页上的"停止计时器"按钮停止了计时器，则不会执行任何处置操作。可以指定允许在未满足电子签名要求的情况下执行结束事务以及停止计时器。使用此选项时，不会执行处置操作。

11.7.3　执行流程时间管理

1. 创建流程计时器

1）通过单击 Modeling 子目录下的 Modeling，打开建模界面。

2）在 Objects 过滤框中输入 Process Timer，单击搜索出的 Process Timer 模型，进入流程计

时器模型界面。

3）单击 New，在流程计时器模型界面输入以下信息，如图 11-49 所示：

- Process Timer：CNC 加工时间控制
- ROR：1
- Process Timer Type：单工序进出
- Min only：True
- Min Warning Time：15s 黄色
- Min Time：20s 绿色

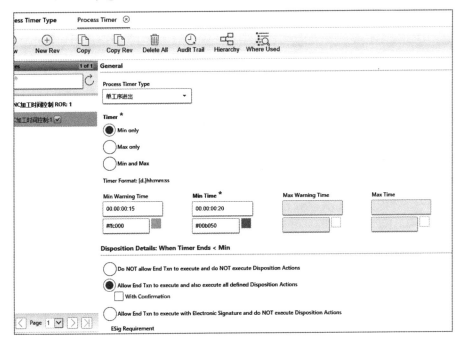

图 11-49　输入流程计时器信息界面

4）设置计时器最终计时时间小于要求的最短时间时，执行搁置操作：

- Allow End Txn to execute and … ：True
- Hold：True
- Hold Reason：ENGINEERING

5）单击 Save，创建完成。

2. 为工序配置流程计时器

在 OP010 上料工序移出时，启动流程计时器"CNC 加工时间控制"。

1）通过单击 Modeling 子目录下的 Modeling，打开建模界面。

2）在 Objects 过滤框中输入 Spec，单击搜索出的 Spec 模型，进入规范模型界面。

3）在 Instances 过滤框中输入 SP010，单击打开 SP010 规范对象。

4）在 START TIMER TXN MAP 列表中，输入以下信息，如图 11-50 所示：

- Timer：CNC 加工时间控制
- StartTxn：Move

5）单击 Save，保存设置。

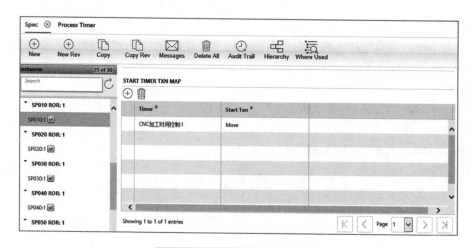

图 11-50　输入开始计时器信息

在 OP020 外壳精车工序移出时，停止流程计时器"CNC 加工时间控制"。

1）在 Instances 过滤框中输入 SP020，单击打开 SP020 规范对象。

2）在 END TIMER TXN MAP 列表中，输入以下信息，如图 11-51 所示：

- Timer：CNC 加工时间控制
- End Txn：Move

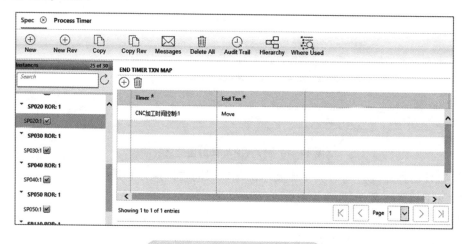

图 11-51　输入结束计时器信息

3）单击 Save，保存设置。

3. 使用"CNC 加工时间控制"计时器

1）在菜单目录中找到 Container 子目录，单击它。

2）在弹出的 Container 列表中找到 Operation View，单击它。

3）在显示的 Operational View 界面中，单击选中 IN PROCESS CONTAINERS 列表下处于 OP010 的 KT02 生产批次，如图 11-52 所示。

4）单击 Shop Floor Txns，在弹出的列表中单击 Move Immediate 按钮，将该 KT02 生产批次移出 OP010 上料工序，同时启动"CNC 加工时间控制"计时器，如图 11-53 所示。

5）单击 Shop Floor Txns，在弹出的列表中单击 Move Immediate 按钮，将该 KT02 生产批次

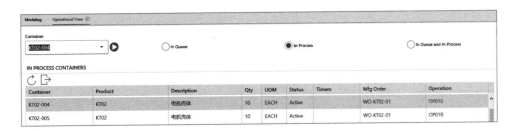

图 11-52　选择生产批次

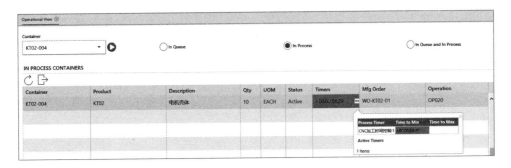

图 11-53　启动计时器

移出 OP020 外壳精车工序，同时停止"CNC 加工时间控制"计时器。

6）由于"CNC 加工时间控制"计时器的结束时间大于设定的最短时间，因此该 KT02 生产批次可正常移出 OP020 外壳精车工序，且不执行"CNC 加工时间控制"计时器中设定的冻结动作。

4. 查看流程计时器

1）在菜单目录中找到 Search 子目录，单击它。

2）在弹出的 Search 列表中找到 Process Timer Search，单击进入流程计时器查询界面。

3）在 Product 属性框中下拉选择 KT02，单击 Search 按钮进行查询，如图 11-54 所示。

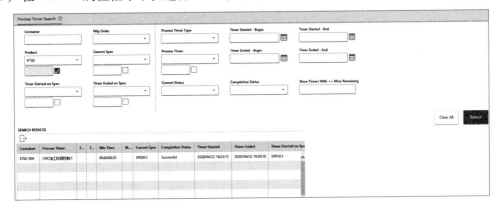

图 11-54　查询流程计时器